"十四五"时期国家重点出版物出版专项规划项目

京津冀水资源安全保障丛书

海河流域水治理战略研究

赵 勇 户作亮 王庆明 等 著

科学出版社

北 京

内 容 简 介

海河流域是京津冀协同发展、河北雄安新区建设等国家重大战略的承载地，本书立足海河流域经济社会高质量发展全局，针对流域水安全现状，系统分析了流域水治理存在的重大问题和面临的形势，提出了海河流域水资源高效利用与保障、地下水修复与保护、主要河湖保护与修复、水土保持生态建设、洪涝灾害防御以及水治理能力提升等战略措施，为海河流域水治理提供技术支撑。

本书可供从事水资源管理、地下水保护、河湖生态流量修复、水土保持、防洪减灾等方面学者和科研人员参考，也可作为流域水资源管理人员和相关科研人员的查阅用书。

审图号：GS 京（2023）1030 号

图书在版编目（CIP）数据

海河流域水治理战略研究／赵勇等著. —北京：科学出版社，2023.6
（京津冀水资源安全保障丛书）
"十四五"时期国家重点出版物出版专项规划项目
ISBN 978-7-03-074628-3

Ⅰ.①海… Ⅱ.①赵… Ⅲ.①海河–流域–水环境–环境管理–研究
Ⅳ.①X143

中国国家版本馆 CIP 数据核字（2023）第 016413 号

责任编辑：王 倩／责任校对：樊雅琼
责任印制：吴兆东／封面设计：黄华彬

科学出版社 出版
北京东黄城根北街 16 号
邮政编码：100717
http://www.sciencep.com
北京中科印刷有限公司 印刷
科学出版社发行 各地新华书店经销

*

2023 年 6 月第 一 版 开本：787×1092 1/16
2023 年 6 月第一次印刷 印张：17 1/4
字数：400 000
定价：228.00 元
（如有印装质量问题，我社负责调换）

总　　序

　　京津冀地区是我国政治、经济、文化、科技中心和重大国家发展战略区，是我国北方地区经济最具活力、开放程度最高、创新能力最强、吸纳人口最多的城市群。同时，京津冀也是我国最缺水的地区，年均降水量为538mm，是全国平均水平的83%；人均水资源量为258m³，仅为全国平均水平的1/9；南水北调中线工程通水前，水资源开发利用率超过100%，地下水累积超采1300亿m³，河湖长时期、大面积断流。可以看出，京津冀地区是我国乃至全世界人类活动对水循环扰动强度最大、水资源承载压力最大、水资源安全保障难度最大的地区，京津冀水资源安全解决方案具有全国甚至全球示范意义。

　　为应对京津冀地区水循环显著变异、人水关系严重失衡等问题，提升水资源安全保障技术短板，2016年，以中国水利水电科学研究院赵勇为首席科学家的"十三五"国家重点研发计划项目"京津冀水资源安全保障技术研发集成与示范应用"（2016YFC0401400）（以下简称京津冀项目）正式启动。项目紧扣京津冀协同发展新形势和重大治水实践，瞄准"强人类活动影响区水循环演变机理与健康水循环模式"，以及"强烈竞争条件下水资源多目标协同调控理论"两大科学问题，集中攻关4项关键技术，即水资源显著衰减与水循环全过程解析技术、需水管理与耗水控制技术、多水源安全高效利用技术、复杂水资源系统精细化协同调控技术。预期通过项目技术成果的广泛应用及示范带动，支撑京津冀地区水资源利用效率提升20%，地下水超采治理率超过80%，再生水等非常规水源利用量提升到20亿m³以上，推动建立健康的自然–社会水循环系统，缓解水资源短缺压力，提升京津冀地区水资源安全保障能力。

　　在实施过程中，项目广泛组织京津冀水资源安全保障考察与调研，先后开展20余次项目和课题考察，走遍京津冀地区200县（市、区）。积极推动学术交流，先后召开了4期"京津冀水资源安全保障论坛"、3期中国水利学会京津冀分论坛和中国水论坛京津冀分论坛，并围绕平原区水循环模拟、水资源高效利用、地下水超采治理、非常规水利用等多个议题组织学术研讨会，推动了京津冀水资源安全保障科学研究。项目还注重基础试验与工程示范相结合，围绕用水最强烈的北京市和地下水超采最严重的海河南系两大集中示范区，系统开展水循环全过程监测、水资源高效利用以及雨洪水、微咸水、地下水保护与安全利用等示范。

　　经过近5年的研究攻关，项目取得了多项突破性进展。在水资源衰减机理与应对方面，系统揭示了京津冀自然–社会水循环演变规律，解析了水资源衰减定量归因，预测了未来水资源变化趋势，提出了京津冀健康水循环修复目标和实现路径；在需水管理理论与方法方面，阐明了京津冀经济社会用水驱动机制和耗水机理，提出了京津冀用水适应性增长规律与层次化调控理论方法；在多水源高效利用技术方面，针对本地地表水、地下水、非常规水、外调水分别提出优化利用技术体系，形成了京津冀水网系统优化布局方案；在水资源配置方面，提出了水–粮–能–生协同配置理论方法，研发了京津冀水资源多目标协同调控模型，形成了京津冀水资源安全保障系统方案；在管理制度与平台建设方面，综合应用云计算、互联网+、大数据、综合集成等技术，研发了京津冀水资源协调管理制度与平台。项目还积极推动理论技术成果紧密服务于京津冀重大治水实践，制定国家、地方、行业和团体标准，支撑编制了《京津冀工业节水行动计划》等一系列政策文件，研究提出的京津冀协同发展水安全保障、实施国家污水资源化、南水北调工程运行管理和后续规划等成果建议多次获得国家领导人批示，被国家决策采纳，直接推动了国家重大政策实施和工程规划管理优化完善，为保障京津冀地区水资源安全做出了突出贡献。

作为首批重点研发计划获批项目，京津冀项目探索出了一套能够集成、示范、实施推广的水资源安全保障技术体系及管理模式，并形成了一支致力于京津冀水循环、水资源、水生态、水管理方面的研究队伍。该丛书是在项目研究成果的基础上，进一步集成、凝练、提升形成的，是一整套涵盖机理规律、技术方法、示范应用的学术著作。相信该丛书的出版，将推动水资源及其相关学科的发展进步，有助于探索经济社会与资源生态环境和谐统一发展路径，支撑生态文明建设实践与可持续发展战略。

2021 年 1 月

前　　言

　　海河流域地处京畿要地，是落实全面建成小康社会、生态文明建设、京津冀协同发展和高标准高质量建设雄安新区等国家重大战略的承载地，却也是我国乃至全世界人类活动对水循环扰动最强烈、水资源承载压力最大、水生态环境系统受损退化最显著的地区，水资源供需矛盾极其尖锐，水安全保障面临严峻的形势和挑战。为深入贯彻落实习近平总书记治水重要讲话精神，破解海河流域水资源短缺、水环境污染、水生态损害和水灾害威胁等新老水问题，科学谋划新时期流域水利改革发展新使命、新任务、新对策，水利部海河水利委员会（简称海委）委托中国水利水电科学研究院牵头，联合水利部发展研究中心、海委科技咨询中心、海委水资源保护科学研究所、海委水文局等单位，开展海河流域水治理战略研究。围绕流域水治理面临的重大关键问题，解析现状矛盾、研判未来形势、提出发展目标、研究保障措施、谋划实施路径，提出面向长远的海河流域水治理战略目标任务，为推进新时期流域水利治理体系和治理能力现代化提供战略支撑和科学参考。

　　为突出水治理战略研究的前瞻性、战略性和全局性，该研究明确四点定位：一是遵循问题导向，紧密围绕海河流域水治理实践需求，加强关键科学问题分析，引导制定战略研究的目标、方向和任务；二是立足宏观战略，突出大空间尺度和长时间序列，开展事关流域全局重大水问题战略研究；三是注重传承衔接，注重与现有规划管理相结合，在内容上拓展，在时间上延伸，并与国土空间规划、生态治理保护等协调衔接；四是强调开拓创新，充分调研实践问题与发展需求，不追求面面俱到，但争取突破现有规划管理，形成新认识、新判断、新建议。

　　全书分为8章。第1章为海河流域水治理现状与战略目标，主要介绍流域经济社会发展态势、水治理面临的问题和挑战；由赵勇、户作亮、何凡、梅传书、袁媛、刘佩瑶撰写。第2章为海河流域水资源高效利用与保障战略，分析了流域水资源演变历史与未来趋势，预测流域水资源需求并对水资源配置格局进行优化，提出了水资源安全保障目标、路径和措施；由王庆明、李海红、王丽珍、翟家齐、刘江侠、任璐涵撰写。第3章为海河流域地下水修复与保护战略，介绍了流域地下水超采与治理现状，提出地下水健康修复目标，以及战略和保障措施；由陆垂裕、何鑫、刘蓉、孙青言、吴初、严聆嘉、秦韬、张建中、宋秋波、董琳、任涵璐、景文洲撰写。第4章为海河流域河湖保护与修复战略，分析了流域河湖生态环境问题的成因，对重点河湖生态需水进行评价分析，提出了河湖生态保护修复的总体格局和战略措施；由胡鹏、龚家国、刘欢、杨钦、孙鹏程、张璞、王立明、徐鹤撰写。第5章为海河流域水土保持生态建设战略，分析了流域水土保持生态建设现状与形势，提出水土保持生态建设战略目标和措施；由秦伟、许海超、尚润阳、王丹丹、夏青、韩雪城、凌峰、丁琳、李子轩、张勤、张明浩撰写。第6章为海河流域洪涝灾害风险与应对战略，分析了流域洪水特性并对典型历史大洪水进行反演，评价流域洪水防御能力，并提出流域洪水防御格局和超标洪水的防御措施；由李娜、王静、王艳艳、丁志雄、徐卫红、张建中、邢斌、毛慧慧、陈鹏飞、王叶撰写。第7章为海河流域水治理能力提升战略，分析了流域水管理体制机制的现状、面临的形势和挑战，从体制改革、机制建设、基础服务等方面提出战略举措；由吴浓娣、庞靖鹏、刘定湘、樊霖、李香云、郭姝姝、李佼、董琳撰写。第8章为海河流域水治理综合战略建议，在全面分析流域水治理实践问题和发展需求的基础上，提出8项具体实施措施建议；由赵勇、户作亮撰写。全书由中国水利水电科学研究院水资源研究所赵勇、水利部海河水利委员会户作亮负责统稿。

本书的编写得到水利部海河水利委员会的大力支持，也得到"十四五"国家重点研发计划（2021YFC3200200）、国家自然科学基金（52025093、52061125101）等项目的共同资助。由于时间仓促以及著者水平局限，文章难免存在疏漏和不足之处，欢迎读者批评指正。

作　者

2023 年 3 月

目　　录

第1章　海河流域水治理现状与战略目标 ·· 1
　1.1　基本概况 ··· 1
　1.2　社会经济发展态势 ··· 6
　1.3　水治理面临的问题挑战 ··· 12
　1.4　水治理思路与战略目标 ··· 22
第2章　海河流域水资源高效利用与保障战略 ·· 26
　2.1　水资源演变模拟评价 ··· 26
　2.2　水资源需求预测分析 ··· 48
　2.3　水资源合理配置格局 ··· 62
　2.4　水资源安全保障战略目标 ··· 79
　2.5　水资源安全保障战略路径 ··· 80
　2.6　水资源安全保障战略措施 ··· 83
第3章　海河流域地下水修复与保护战略 ·· 94
　3.1　地下水超采与治理现状 ··· 94
　3.2　地下水健康修复目标 ··· 110
　3.3　地下水修复战略与保障措施 ··· 123
第4章　海河流域河湖保护与修复战略 ·· 127
　4.1　河湖生态环境问题成因分析 ··· 127
　4.2　河湖生态需水评价分析 ··· 151
　4.3　河湖生态保护修复总体布局 ··· 163
　4.4　河湖生态保护修复战略措施 ··· 167
第5章　海河流域水土保持生态建设战略 ·· 169
　5.1　水土保持生态建设现状与形势分析 ··· 169
　5.2　水土保持生态建设战略目标 ··· 181
　5.3　水土保持生态建设战略措施 ··· 188
第6章　海河流域洪涝灾害风险与应对战略 ·· 194
　6.1　洪水特性与典型历史大洪水 ··· 194
　6.2　现状洪水防御体系能力评价 ··· 201
　6.3　洪水防御格局研究 ··· 215

6.4 超标洪水风险分析与防御措施 ·· 223

第7章 海河流域水治理能力提升战略 ·· 234

7.1 水治理现状和问题 ·· 234

7.2 水治理面临的形势 ·· 237

7.3 水治理总体思路 ·· 242

7.4 水治理战略举措 ·· 244

第8章 海河流域水治理综合战略建议 ·· 250

参考文献 ·· 259

|第1章|　　海河流域水治理现状与战略目标

1.1　基本概况

1.1.1　自然地理

1. 地理位置

海河流域位于 112°~120°E、35°~43°N，西以山西高原与黄河流域接界，北以蒙古高原与内陆河流域接界，南界黄河，东临渤海。流域地跨北京、天津、河北、山西、河南、山东、内蒙古和辽宁 8 个省（自治区、直辖市），面积 32.06 万 km²，占全国陆地总面积的 3.3%。流域海岸线长 920km。

2. 地形地貌

海河流域总的地势西北高、东南低，流域西有太行山，北有燕山，海拔一般在 1000m 上下，最高的五台山达 3061m，山地和高原面积 18.96 万 km²，占 59%；东部和东南部为广阔平原，平原面积 13.10 万 km²，占 41%。太行山、燕山等山脉环抱着平原，形成一道高耸的屏障，山地与平原近于直接交接，丘陵过渡区较短。流域山区分布有张（家口）宣（化）、蔚（县）阳（原）、涿（鹿）怀（来）、大同、天（镇）阳（高）、延庆、遵化、忻（州）定（襄）、长治等盆地。平原地势自北、西、西南三个方向向渤海湾倾斜，其坡降由山前平原的 1‰~2‰渐变为东部平原的 0.1‰~0.3‰。受黄河历次改道和海河各支流冲积的影响，平原内微地形复杂。

3. 气候特征

海河流域属于温带半湿润、半干旱大陆性季风气候区，1956~2000 年平均降水量 535mm，是我国东部沿海降水量最少的地区。受气候、地形等因素影响，降水时空分布呈明显的地带性、季节性和年际差异。夏季雨量大且集中，冬春降水稀少，年降水还存在连丰或连枯的变化规律。流域年平均气温在 0 ~ 14.5℃，年平均相对湿度 50% ~ 70%，年平均无霜期 150 ~ 200 天，年平均日照时数 2400 ~ 3100h。全流域年平均陆面蒸发量 470mm，水面蒸发量 1080mm。

4. 水文地质

海河流域山区地下水分为岩溶水、裂隙水、孔隙水三类。岩溶水赋存于奥陶系、寒武系、震旦系地层发育的溶洞和裂隙中，以大泉形式排出，如神头泉、辛安泉、娘子关泉、百泉、黑龙洞泉等，由于地下水过量开采，泉水流量明显减少。裂隙水赋存于非酸性岩类的裂隙、孔隙和构造破碎带中，含水性能差异大。孔隙水主要赋存于山间盆地第四系松散地层，如大同、蔚（县）阳（原）、张（家口）宣（化）、涿（鹿）怀（来）、天（镇）阳（高）、忻（州）定（襄）、长治等山间盆地。海河流域平原地下水资源相对丰富。第四系含水岩组中浅层和深层地下水系统面积分别为 12.5 万 km² 和 8.6 万 km²，浅层地下水底界埋深一般在 40 ~ 60m。按地层成因和水文地质特性，分为山前冲积洪积平原、中东部冲积湖积平原和滨海冲积海积平原三个水文地质分区，面积分别为 4.3 万 km²、6.8 万 km²、1.4 万 km²。

5. 河流水系

海河流域包括滦河、海河和徒骇马颊河三个水系（图 1-1）。河流分为两种类型：一种类型是发源于太行山、燕山背风坡的河流，如漳河、滹沱河、永定河、潮白河、滦河等，这些河流源远流长，山区汇水面积大，水系集中，比较容易控制，河流泥沙较多。另一种类型是发源于太行山、燕山迎风坡的河流，如卫河、滏阳河、大清河、北运河、蓟运河、冀东沿海河流等，其支流分散，源短流急，洪峰高、历时短、突发性强，难以控制，此类河流的洪水多是经过洼淀滞蓄后下泄，泥沙较少。两种类型的河流呈相间分布，清浊分明。

滦河水系包括滦河及冀东沿海诸河。滦河上源称闪电河，发源于河北省丰宁满族自治县西北部的大滩镇，流经内蒙古，又折回河北，经承德到潘家口穿过长城至滦州进入冀东平原，由乐亭县南入海。主要支流有小滦河、兴洲河、伊逊河、武烈河、老牛河、青龙河等。冀东沿海诸河在流域东北部冀东沿海一带有若干条单独入海的河流，主要有陡河、沙河、洋河、石河等。

海河水系包括北三河（蓟运河、潮白河、北运河）、永定河、大清河、子牙河、黑龙港及运东地区（南排河、北排河）、漳卫河①等河系。历史上，海河水系是一个扇形水系，

———————————

① 漳卫河一般指卫运河。

图 1-1 海河流域河流水系分布

集中于天津市海河干流入海。20 世纪 60～70 年代，为了增加下游河道泄洪入海能力，先后开挖和疏浚了潮白新河、独流减河、子牙新河、漳卫新河和永定新河，使各河系单独入海，改变了过去各河集中于天津市入海的局面。海河干流起自天津市子北汇流口（子牙河与北运河汇流口），经天津市区东流至塘沽海河闸入海，全长 73km，目前只承泄大清河、永定河部分洪水，并承担天津市中心城区的排涝任务。

徒骇马颊河水系包括徒骇河、马颊河和德惠新河等平原河流，位于黄河与卫运河及漳卫新河之间，由西南向东北入海，为平原防洪排涝河道。徒骇河发源于河南省清丰县，于山东省沾化区暴风站入海。马颊河发源于河南省濮阳县金堤闸，于山东省无棣县入海。马颊河与徒骇河之间开挖了一条德惠新河，于无棣县下泊头村东 12km 处与马颊河汇合，两河共用一个河口入海。

1.1.2 社会经济

1. 人口

根据流域口径的统计数据，2015 年海河流域总人口为 1.54 亿人，占全国总人口的 11%。其中京津冀总人口为 11 143 万人，占流域总人口的 72% 左右。流域平均人口密度为 477 人/km²，其中北京、天津、河北的流域平均人口密度分别为 1323 人/km²、1300 人/km²、427 人/km²。整体来看，流域人口主要集中在占全流域面积 40% 的京津平原地区和水资源条件相对较好的山前平原地区。

2. 经济

海河流域现状的经济社会总体格局可分为西部北部山区、海河中部及沿黄平原和滨海平原三部分。西部北部山区矿产资源丰富，山西、内蒙古是我国的能源基地，河北唐山、邯郸等地铁矿资源丰富，是重要的冶金工业基地。海河中部及沿黄平原是我国的粮食主产区，土地、光热资源丰富，粮食产量高；同时也是传统工业基地，交通便利，城镇和人口集中。滨海平原是流域新兴经济区，以天津滨海新区和河北曹妃甸循环经济示范区为龙头，带动流域经济社会的重心向滨海转移。

根据流域口径的统计数据，2015 年海河流域 GDP 为 8.7 万亿元左右，约占全国的 12.98%，人均 GDP 达到 5.65 万元，北京市人均 GDP 为 10.9 万元，天津市人均 GDP 为 10.6 万元，河北省人均 GDP 为 4 万元左右。2020 年，北京市、天津市人均 GDP 分别为 16.49 万元、10.15 万元，而河北省人均 GDP 为 4.85 万元左右。虽然海河流域整体经济水平发展稳定，但地区间发展失衡现象依旧存在，个别地区间差距较大。

3. 功能定位

1）我国重要的城市集群区

海河流域处于特殊的地理位置，是我国重要的政治、文化、经济中心。流域内有首都北京、直辖市天津等特大城市，以及唐山、石家庄、保定、邯郸、大同、长治、新乡、焦作等大中城市，并形成了京津冀城市群这样协同效应显著的经济体，产生的辐射效应更是带动了周边城市的快速发展。现阶段，京津冀城市群已成为中国经济发展三大引擎之一，经济总量迅速扩大，2020 年 GDP 达到 8.6 万亿元，占全国 GDP 的 8.5%，具有巨大的发展潜力。2017 年，中共中央、国务院决定设立的国家级新区——雄安新区也将成为京津冀城市群的重要一员。

2）我国重要的产业基地及贸易区

海河流域分布着我国重要的钢铁工业基地、能源化工基地以及高新技术产业集群，工业门类众多，技术水平较高。流域内平均每年的钢铁产量接近全国总量的 1/2，煤炭产量也达全国总量的 1/5，在国家经济发展中具有重要战略地位。以第三产业为主的新兴产业更是随着经济产业改革和调整得到迅猛发展，如北京第三产业增加值由 2010 年的 10 930.9 亿元增加到 2019 年的 29 542.53 亿元，同比增长 170%，占全国第三产业增加值的 6%，第三产业比例由 2005 年的 70% 提高到 2019 年的 83.6%；此外，天津、河北和其他城市的第三产业也得到了迅速发展，为全国新兴产业的发展提供了重要的战略平台。海河流域内有 5 个海岸港口，其中有 4 个分布在河北省内，平均每年吞吐量占全国的 1/5 左右，为海上贸易提供了先天的贸易环境，在国家经济发展中占有重要战略地位。

3）我国重要的粮食主产区

海河流域土地、光热资源丰富，适于农作物生长，是我国三大粮食生产基地之一，平均每年海河流域的粮食产量占全国的 1/10。其中，太行山山前平原和徒骇马颊河平原是海河流域的主要农业区。主要粮食作物有小麦、玉米、水稻、豆类等，经济作物以棉花、油料、麻类、甜菜、烟叶为主。2019 年，河北粮食产量 3739 万 t，与 2010 年相比增长了 25.6%，占海河流域粮食产量的 60% 左右，为我国保障粮食安全作出了重大贡献。

1.2　海河流域社会经济发展态势

1.2.1　人口发展态势

1. 原有判断：流域人口总规模逐步稳定，2030 年前后达到峰值，区内人口分布进一步聚集

2020 年以前的主流预测判断都认为中国将于 2030 年前后达到 14.5 亿人左右的峰值规模。

2016 年 12 月底国务院印发的《国家人口发展规划（2016—2030 年）》预测，在人口政策调整后，人口总规模增长惯性减弱，2030 年前后达到峰值 14.5 亿人，此后持续下降。

联合国发布的《世界人口展望》（2017 年修订版）预测，中国人口将在 2024 年达到 14.4 亿人，2029 年达到峰值 14.42 亿人，从 2030 年开始进入持续的负增长，2065 年减少到 12.48 亿人。

2018 年 10 月，国务院发展研究中心相关研究结果表明，在假定 2017 年以后保持"全面两孩"政策不变、生育政策有长期影响情景下，中国人口规模将从 2017 年的 13.84 亿人增加到 2023 年的 14.04 亿人，此后将持续下降到 2050 年的 12.30 亿人。

2019 年 1 月，中国社会科学院发布的《人口与劳动绿皮书：中国人口与劳动问题报告 No.19》预测，中国人口将在 2029 年达到峰值 14.42 亿人，从 2030 年开始进入持续的负增长，2050 年减少到 13.64 亿人，2065 年减少到 12.48 亿人，即缩减到 1996 年的规模。

而具体到海河流域，20 世纪 80 年代以来，海河流域人口始终保持高于全国的增速，并在 2010 年前后增速达到峰值，此后增速呈渐放缓态势。按 2020 年之前学术界的主流判断，在北京人口长期稳定控制在 2300 万人左右的规划目标不变的条件下，海河流域总人口增幅将逐渐和全国保持一致，2030 年前后达到峰值，约达到 1.6 亿人。当然，随着京津冀协同发展等重大国家战略的实施，在海河流域内部，人口格局和结构变化加剧：一是进一步向北京城市副中心、雄安新区聚集；二是进一步从农村向城市聚集。

2. 新判断："全面两孩"政策影响不及预期，生育率持续降低；峰值提前出现；北京疏解的人口并未到周边，而是大部分"孔雀东南飞"。京津冀人口可能提前达到峰值

中国在 2020 年开展了第七次人口普查，通过对比分析第七次和第六次人口普查结果，

尤其是重点分析"十三五"以来的人口变化趋势，会发现原有的人口判断存在较大修正空间。

按照 2016 年 12 月底国务院印发的《国家人口发展规划（2016—2030 年）》，预测中国人口将在 2030 年前后达 14.5 亿人的峰值，并且预估 2020 年中国人口为 14.2 亿人。以 2016 年为基数，对 2016～2020 年人口增量的判断至少高了 40%，过高估计了"全面两孩"政策对生育率提升的影响。目前普遍预测，中国人口将在"十四五"时期陷入负增长，即使以 1.4 的总和生育率估计，中国人口将在 2022 年前后达到峰值；如果总和生育率为 1.3 或者 1.5，中国人口将在 2021 年、2024 年达到峰值。

从人口流动来看，近十年来，海河流域人口流入区主要是北京、天津，其余地区均为稳定区或流出区。海河流域的人口年均增速从 20 世纪 80 年代开始降低，与全国的人口年均增速趋势相同，如表 1-1 和表 1-2 所示。而其中京津冀变化明显，北京的人口年均增速从 1980 年之后逐渐上升，在 2010 年达到顶峰，之后逐渐下降；河北的人口年均增速从 1980 年之后有所下降，近几年有微弱回升；而天津的人口年均增速从 1980 年之后逐渐上升。

表 1-1　海河流域主要城市人口年均增长速率　　　　　　　　　（单位:%）

分区	1980～1997 年	1997～2007 年	2007～2020 年
海河流域	1.35	1.08	1.20
北京	2.00	3.06	1.98
天津	1.12	2.11	2.11
河北	1.38	0.62	0.65
全国增速	1.33	0.67	0.45

注：表中 2020 年海河流域相关人口数据为项目组测算值，下同。

表 1-2　1980～2020 年海河流域及全国人口与城镇化率

分区	1980 年				1997 年			
	总人口/亿人	城镇人口/亿人	城镇化率/%	人口密度/（人/km²）	总人口/亿人	城镇人口/亿人	城镇化率/%	人口密度/（人/km²）
流域合计	0.98	0.22	22.45	305	1.23	0.37	30.08	0
全国	9.87	1.91	19.35	103	12.36	3.7	29.94	3.95
占全国比例/%	9.93	11.52	—	—	9.95	10.00	—	—

分区	2007 年				2020 年			
	总人口/亿人	城镇人口/亿人	城镇化率/%	人口密度/（人/km²）	总人口/亿人	城镇人口/亿人	城镇化率/%	人口密度/（人/km²）
流域合计	1.37	0.65	47.45	427	1.60	1.1	68.75	444
全国	13.21	6.06	45.87	138	14	9	64.29	146
占全国比例/%	10.37	10.73	—	—	11.43	12.22	—	—

2016～2020 年，京津冀城市群人口扣除自然增长部分，均呈现净流出态势，海河流域更甚。北京由人口净流入转变为净流出（每年约 10 万人）；北京的流出人口除了部分流向廊坊、秦皇岛之外，大部分流向广州、深圳、杭州等珠三角和长三角地区；从疏解出去的北京制造业企业承接地来看，也是大部分流向了珠三角和长三角地区（张现苓等，2020）。以上分析结果均表明，海河流域人口可能提前达到峰值，且总规模不及预期。

3. 不确定性：北京人口管控政策持续性及实施效果

从现阶段来看，海河流域人口的不确定性，主要来自北京人口管控政策持续性及实施效果。从 20 世纪 90 年代至今，北京市共发布了三次城市总体规划，其中《北京城市总体规划（1991 年至 2010 年）》提出，2010 年全市常住人口控制到 1250 万人，但 2010 年北京实际常住人口达到 1962 万人；《北京城市总体规划（2004 年—2020 年）》提出，2020 年全市常住人口控制到 1800 万人，但 2018 年北京实际常住人口达到 2154 万人。在南方北方经济差距扩大和人口流动大环境下，本次《北京城市总体规划（2016 年—2035 年）》提出的北京市人口长期稳定在 2300 万人的目标能不能守住，以及守到什么时间点存在较大不确定性。而放开限制是未来人口管控政策的大趋势，我国"十四五"规划和 2035 年远景目标纲要提出，放开放宽除个别超大城市外的落户限制，试行以经常居住地登记户口制度（杨舸，2021）。

1.2.2　城乡结构演变

1. 原有判断：到达 2035 年城镇化率达到相对稳定状态

首都北京和直辖市天津均位于海河流域，所以海河流域的城镇化率相对较高。2019 年北京的城镇化率为 86.58%，相对于 2010 年增加了 0.4 个百分点；天津的城镇化率为 83.48%，相对于 2010 年增加了 2.9 个百分点；河北的城镇化率为 57.61%，相对于 2010 年增加了 12 个百分点；未来也会以此速度相对平稳增加，2035 年时城镇化率达到相对平稳状态，此后每年增长 0.1～0.2 个百分点（图 1-2）。

2. 新判断：城乡区域结构加快调整，协调协同发展趋势明显；区域板块分化显著，城市群地位将更加突出

当前北京和天津的城镇化率较高，河南和山西的城镇化率较低，区域内的板块分化显著。远期到 2035 年，首都核心功能更加优化，京津冀区域一体化格局基本形成，区域经济结构更加合理，生态环境质量总体良好，公共服务水平趋于均衡，成为具有较强国际竞

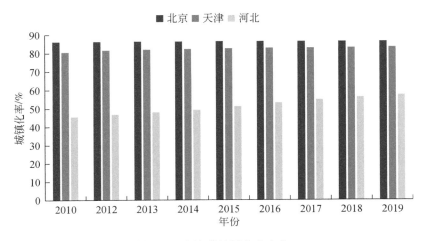

图 1-2　京津冀城镇化率变化

争力和影响力的重要区域，在引领和支撑全国经济社会发展中发挥更大作用。据中国宏观经济研究院研究成果，到 2035 年，北京、天津城镇化率将分别达到极高水平，均达到 98% 以上；河北将达到 64.51%。其余地区，山西 60.4%，山东 74.66%，河南 59.36%，区域差距依然较大（曹广忠等，2021）。

3. 不确定性：建成区规模和河北城镇化水平

（1）京津冀提出了建设世界级城市群的宏伟目标，理论上讲，区域面积达到 5 万 km² 是衡量世界级城市群的重要标准，目前世界公认的纽约城市群、伦敦城市群、巴黎城市群建成区面积分别为 483 万 km²、5.4 万 km² 和 14.5 万 km²，而京津冀三地城市建成区面积约为 1.7 万 km²，还不到世界级标准的一半，而长三角建成区面积是 7 万 km²。未来建成区能达到何种水平将会受到社会经济和资源环境各种因素的影响。

（2）城镇规模等级呈现出明显的两极分化特征。河北 2019 年常住人口城镇化率为 57.62%，依然低于全国平均水平约 3 个百分点。

1.2.3　社会经济发展

1. 原有判断：第三产业占比持续增加，流域整体发展

北京：2005 年之后，北京的第三产业从较高占比 70% 开始并逐渐提高，2020 年的三次产业比例为 0.3∶15.83∶83.87，北京的第三产业占比很高，如图 1-3（a）所示。北京随着供给侧结构性改革的深入推进，全市经济结构不断调整，发展质量稳步提升，第三产

业发展总体呈现稳中向好态势。

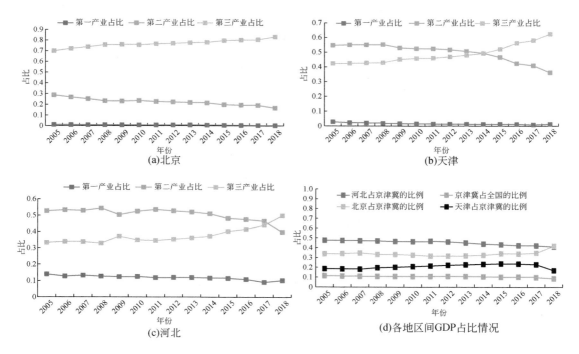

图1-3 京津冀三次产业占比以及 GDP 占比

天津：第三产业占比不断增加，如图1-3（b）所示。2020年初，天津 GDP 较2018年下降5446亿元，金额在所有 GDP 下降的省份中排名第二，下降幅度属各省份最大，高达29.0%。在产业结构方面，2020年天津三次产业比例为1.49：34.11：64.40，第三产业占比超过60%，占比仅次于北京市和上海市。

河北：第三产业占比持续增加，如图1-3（c）所示。直到2019年河北第三产业占比首次超过50%，达到了51.3%，这一占比为河北的历史最高水平。第三产业增加值增速为9.4%，在三次产业中最快，比全省经济增长速度高2.6个百分点，对经济增长的贡献率接近70%，第三产业占比、增速、贡献率都超过了第二产业，真正成为拉动全省经济增长的第一引擎。2019年，河北在转型升级上迈出了新步伐，结构调整取得新成效，新动能正在逐步成长为经济发展的有力支撑。2020年的三次产业比例为10.72：37.55：51.73，第三产业占比持续增加。

2. 新判断：区域经济板块分化显著，城市群地位将更加突出

京津冀城市群：打造以首都为核心的世界级城市群。京津冀呈现"重工业+生产性服务业"的产业布局，高耗能行业占比近几年明显下降，未来将朝着"高端制造+科技创新"方向着重发力（图1-4）。其中，北京为全国政治中心、文化中心、国际交往中心、科技创新中心。天津为全国先进制造研发基地、北方国际航运核心区、金融创新运营示范区、改革开放先行区。河北为全国现代商贸物流重要基地、产业转型升级试验区、新型城镇化与城乡统筹示范区、京津冀生态环境支撑区（王文生，2021）。

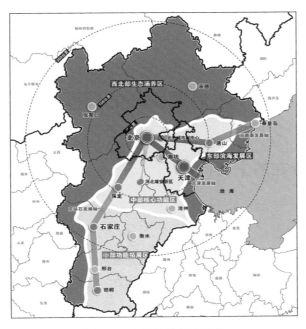

图1-4　京津冀城市群示意

山西中部城市群：着力建设先进完备的基础设施网络，着力构建高端集群的现代产业体系，着力创造活力充沛的统一市场机制，着力形成城乡融合的协调发展格局，着力打造宜居宜业的生态环境。

山东：山东融入京津冀协同发展可以充分发挥其空间区位优势、经济体量优势、产业合作优势和创新协同优势，在打造京津冀协同发展"升级版"的同时，也能带动山东经济高质量发展。新时期，推动山东融入京津冀协同发展，要深化理论和政策研究，联合多方力量上升为国家战略，健全发展规划和顶层设计；打通府际合作体制机制"微循环"；加大基础设施互联互通建设；形成生态环保协同治理新格局；推动区域产业发展高端化、协同化，积极构建区域高质量发展新布局。

海河流域工业基础雄厚，在天津滨海新区、河北曹妃甸循环经济示范区和山西能源基地建设为重点的带动下，在今后一段时间内工业仍将呈现快速增长的趋势。海河流域粮食生产在全国也占有重要地位，未来海河流域平原区仍将是我国主要粮食生产基地之一，粮食产量在全国所占份额将基本保持稳定。海河流域具有地理、资源、交通、科技、骨干城市群五大优势，未来依然是我国经济增速强劲、发展潜力巨大的地区。

3. 不确定性：天津经济转型不确定性及区域差距悬殊

2020 年天津 GDP 排名首次跌出前十，但战略性新兴产业、高技术产业、机器人、新能源汽车、集成电路、电信、互联网、软件等行业增长较快，为天津早日完成经济转型打下了良好基础，但经济转型发展进程存在不确定性。区域差距悬殊，内部发展不均衡的问题能否解决，目前形势并不明朗。

1.3 水治理面临的问题挑战

1.3.1 水治理存在的主要问题

1. 经济社会发展与水资源供给能力不匹配，水资源供需矛盾突出

1）受气候变化和人类活动双重影响，海河流域水资源急剧衰减

根据全国水资源评价成果，第三次评价期（2001～2016 年）与第一次评价期（1956～1979 年）相比，海河流域水资源总量从 421 亿 m^3 减少到 272 亿 m^3，减少了 149 亿 m^3，减幅为 35%；地表水资源量从 288 亿 m^3 减少到 122 亿 m^3，减少了 166 亿 m^3，减幅高达 58%；地下水资源量由 265 亿 m^3 减少到 224 亿 m^3，减少了 41 亿 m^3，减幅也达到 15%。从空间分布来看，山丘区水资源减幅远大于平原区，山丘区水资源量由 233 亿 m^3 减少到 140 亿 m^3，减少了 40%；而平原区由 188 亿 m^3 减少到 132 亿 m^3，减少了 30%。从全国尺度来看，海河流域水资源减幅远超全国其他一级流域，第三次评价期与第一次评价期相比，同期黄河流域水资源总量从 744 亿减少到 599 亿 m^3，减少了 19%，明显低于海河流域减少幅度。由于水资源衰减和经济社会规模扩大，海河流域已经成为我国水资源最为紧缺的地区，2000 年以来人均水资源量只有 190m^3，不足全国平均水平的 1/10，成为制约经济社会发展主要瓶颈（鲍超等，2017）。

2）为维持经济社会发展，水资源供需矛盾突出

海河流域是我国十大一级流域之一，总面积仅占全国的 1.3%，却承载着全国 8% 的耕地、10% 以上的人口和经济总量。京津冀地区作为海河流域的核心，既是我国的政治文化中心，也是重要的经济中心和粮食生态基地。"十三五"期间，京津冀协同发展被确定为国家重大战略，与长三角、珠三角并列国家经济发展的"第三极"，在全国经济社会发展格局中占有十分重要的地位。然而，近 60 年来，京津冀地区所在的海河流域水资源

急剧衰减，水资源禀赋差，刚性需求强，"人地水"不平衡矛盾突出，农业用水占总用水量的62%，且消耗了近60%的地下水，用水效率仍然偏低，非常规水利用量仍然不多，即使南水北调东线、中线一期工程通水后，水资源供需仍然处于"紧平衡"状态。经济社会发展超过预期，随着京津冀协同发展和美丽中国建设推进，北京城市副中心、河北雄安新区等重点区域和城市在疏解北京非首都功能的同时也会产生吸聚效应，对发展用水、生态用水提出了更多更高要求。

2. 经济社会用水长期挤占生态环境用水，水生态环境损害严重

为支撑经济社会发展用水需求，海河流域开发利用率一度达到106%，南水北调东、中线一期工程通水后仍高达70%左右，流域水资源超载严重，水环境受到严重污染，水生态系统受到严重损害，突出问题主要为河道干涸、湿地萎缩、入海水量减少、地下水超采以及水污染、水土流失。

1）河道干涸问题

过度的水资源开发利用挤占了大量生态环境用水，据统计，1980～2017年流域平原河流主要河段年均干涸（断流）217天，70%的河段干涸（断流）天数超过300天。京津冀13个地级以上城市汛期均有干涸河道分布，保定、张家口等地干涸河道长度均超过300km。白洋淀、七里海等湿地长期依靠生态补水维持。

2）湿地萎缩问题

20世纪50年代，天然湖泊湿地在海河平原广泛分布。根据有关资料统计，50年代流域湿地面积约为1万km²，随着水资源开发利用程度提高和降水减少，2016～2020年海河流域主要湿地水面相比20世纪50年代减少了72%，生态功能退化，湿地内的生物资源退化严重，植物群落、野生鱼蟹和鸟类等生物量锐减。

3）入海水量减少问题

海河流域1956～2016年平均入海水量为83亿m³，60年来海河流域入海水量变化较大，总体呈递减趋势，流域的入海水量逐渐减少，由于用水量增加、降水量减少，特别是枯水年减少更为明显。在20世纪50年代初期，水资源开发较少，入海水量基本处于自然状态，平均为238亿m³，1958年以后随着流域内大中型蓄水工程陆续兴建，到1965年大都发挥了工程效益，用水量逐年增加，下泄水量越来越少，枯水期80年代入海水量不足20亿m³，90年代略有回升，2001～2009年平均只有17.8亿m³，2010年以后入海水量呈回升趋势，年平均入海水量达到63亿m³，到2019年入海水量仅为36.96亿m³，河口泥沙淤积和盐分累积，使河口海洋生物大量灭绝。

4）地下水超采问题

为维持经济社会的发展，海河流域不得不大量开采地下水，该流域地下水资源在

1960 年以前基本处于自然平衡状态，仅开采浅层地下水，短时间能够通过自然补给恢复地下水位。进入 20 世纪 60 年代，随着人口增加和经济发展需要，开始大规模建设机井，到 1969 年机井数量达近 20 万眼，局部地区浅层地下水出现超采，浅层地下水位开始下降。进入 20 世纪 70 年代，随着经济的快速发展，地下水开采进入深浅混合的状态，地下水成为海河流域经济社会发展的主要水源，局部地区开始出现地下水位降落漏斗。20 世纪 80 年代至 2014 年，社会经济迅猛发展，地下水资源过量消耗，与 20 世纪 60 年代相比海河流域浅层地下水位普遍下降，水位降幅为 4.8 ~ 22.2m，深层地下水降幅为 12.9 ~ 53.8m，形成地下水漏斗 16 个，地面最大沉降超过 3.25m，地下水战略储备濒临枯竭。根据《南水北调（东、中线）受水区地下水压采总体方案（报批稿）》，京津冀 2008 年地下水总超采量达到了 71.69 亿 m³，而《华北地区地下水超采综合治理行动方案》给出的 2017 年京津冀地下水超采量为 34.7 亿 m³，两个年份的地下水超采量相差不少（中华人民共和国水利部，2019）。

5) 水污染、水土流失问题

过度的超纳污能力排放导致重要地表水源地、地下水受到不同程度污染，黑臭水体现象仍然存在。过度的人类活动进一步加剧了水土流失，流域山区有近 8 万 km² 水土流失面积需要治理，坝上草原区、平原风沙区问题仍较突出。

3. 防洪体系短板仍然存在，防洪减灾新老问题并存

海河流域的防洪问题突出表现在老问题尚未完全解决、新问题更加突出。一方面，海河流域特殊的地貌决定了其防汛任务的重要性，国家相继对大中型水库和 15 条主要骨干河道以及中小河流等水利薄弱环节进行治理，但任务尚未全面完成，骨干河道现状防洪标准达标率不足 1/2，小型病险水库（闸）除险加固和蓄滞洪区建设进展迟缓，河道淤障拥塞、堤防老化失修、河口无序开发等造成泄洪能力普遍下降。同时，由于流域河系复杂、下垫面和水文情势变化较大，洪水预报难、水库调度难、蓄滞洪区启用难和防洪协调难的问题依然存在。另一方面，从近几年各河系发生的较大洪水情况来看，城市防洪排涝问题又成为流域防洪减灾的焦点，城市排涝能力不足引起的城市内涝严重影响城市发展、居民生活和出行安全。

1) 雨情预测预报难度大，防汛应急反应要求高

特殊的地形地貌和地理位置决定了海河流域防汛抗旱的特殊重要性。海河流域位于太行山、燕山山脉前缘，山前到华北平原过渡带短，河流水系呈扇形分布，源短流急，洪水陡涨陡落，山前的漳卫河、滏阳河、大清河、北运河、蓟运河等，极易在短时间内发生暴雨洪水。海河流域内京津冀地区是国家的重要战略地区，首都北京更是全国政治、文化的中心，社会关注度高、媒体资讯十分发达，防洪抗旱事件的影响很容易被放大，流域防汛

抗旱工作牵一发而动全身，做好海河流域的防汛抗旱工作尤为重要。这些都给洪水预测预报、防汛抗旱应急反应等能力提出了更高的要求和挑战。

2）骨干河道泄洪能力不足，中小河流建设相对滞后

受潮水顶托影响，海河流域下游入海尾闾淤积十分严重，海河干流、永定新河、独流减河、子牙新河、漳卫新河等河口淤积量达几千万立方米，尤其是永定新河河口淤积最为严重，永定新河泄洪能力从 1400～4640m/s 下降到 600～900m/s，泄洪能力衰减了 60%。由于海河流域多年不来大水，河道糙率系数加大，阻水障碍物增多，加之华北平原地下水严重超采，地下水位下降造成地面沉陷，河道行洪能力不足问题越来越突出。子牙新河、滏阳新河、漳卫新河等骨干河道行洪能力相比原设计分别衰减了 17%、31% 和 37%，达不到规划设计标准，严重影响流域整体的防洪安全。同时，由于河道管理和养护不到位，侵占河道的情况屡有发生，河道行洪缓慢，水位壅高，严重威胁堤防安全和防洪安全。海河流域上中游中小河流标准普遍不高，一些问题隐患多但流域面积较小的中小河流尚未开展治理，远达不到规划设计的 10 年一遇到 20 年一遇标准。

3）蓄滞洪区启用难度加大，安全建设不能满足需要

根据流域防洪总体安排，海河流域设置了 28 处蓄滞洪区，并按照洪水量级的大小，分标准内洪水和超标准洪水，对蓄滞洪区进行相机运用。随着海河流域经济社会发展，目前蓄滞洪区内居住人口仍达 500 多万人，耕地面积 60 多万公顷，小清河分洪区、永定河泛区、文安洼、贾口洼、东淀等蓄滞洪区内有大量人口，以及铁路、高速公路、高压输电线路、大型企业等重要设施，蓄滞洪区启用的难度在增加，一旦分洪可能造成的损失也在增加。此外，蓄滞洪区的工程建设和安全建设还达不到实际要求，目前只解决了区内约 200 万人的避险问题，还有约 300 万人尚待进一步安置。一些蓄滞洪区未设置固定分洪口门，一旦分洪需临时扒口，分洪流量不好控制，容易扩大洪水灾害的范围和影响。有些蓄滞洪区分区隔堤不完整，不能真正做到按照洪水量级大小来分区滞蓄洪水，甚至会造成"小水大淹"的情况。部分蓄滞洪区的安全建设比较滞后，撤退道路、避水楼、避水台和预警预报设施等建设不足，给蓄滞洪区运用带来很大的风险和隐患。同时，由于长期不来洪水，一些蓄滞洪区运用的概率很低，目前一些地方对蓄滞洪区进行适当调整的愿望十分迫切，需要进一步加以研究。

4）流域水系沟通复杂，防洪调度等工作难度大

历史上，海河流域洪水集中到天津海河干流入海。1963 年 8 月特大暴雨洪水后，采取了"分流入海、分区防守"的策略，增加了入海通道。目前，漳卫河、子牙河、大清河、永定河、北三河等河系既相对独立，又在下游地区有一定的联系。同时各河系上游支流众多，中游又有许多蓄滞洪区，所以从海河流域整体看，河流水系十分复杂，相互联系十分紧密，这对防洪调度和上下游、左右岸之间协调等工作提出了更高的要求。例如，大清河系的小清河分洪区承担了永定河超标准洪水防御的任务；北三河北关闸的调度运用直接关系到上下游北京和天津的防洪安全；在必要的情况下，永定新河还需承担大清河的超额洪水；恩县洼的蓄洪运用涉及山东、河北两省之间的协调；东淀、文安洼、贾口洼和团泊洼位于天津、河北交界地带，洪水调度、蓄洪运用等工作的关注度非常高。做好这些蓄洪、滞洪、分洪等防洪调度工作，责任重大、要求很高，需要做好各方面充分的协调和准备。

5）流域内大中城市多，城市内涝问题十分突出

当前我国城镇化率已超过 60%，城镇常住人口高达 8.5 亿人，城市已经成为人民美好生活的主要承载地，但由于建筑面积、水泥硬化道路增多，天然"海绵体"面积明显减少，城市内涝等现象频发。近些年城市"看海"经常成为人们调侃的对象，这也说明城市内涝问题越来越突出，亟待解决。目前，我国城市防洪排涝标准仍然不高，70% 以上的城市排水管网排水能力不足 1 年一遇标准，城市一场暴雨就"看海"。根据 2017～2019 年《中国水旱灾害公报》统计数据，海河流域京津冀地区受洪涝灾害严重，尤其是 2018 年影响显著，京津冀地区 2017～2019 年受灾人口分别为 52.1 万人、149.33 万人、39.6 万人，直接经济损失分别达 9.56 亿元、29.76 亿元、4.5 亿元（表 1-3）。城市夏季遇到暴雨易产生积涝，使城市正常生产、生活秩序受到严重影响，排涝能力与经济社会发展水平不相匹配、不相适应，往往成为城市发展的短板和制约因素。

表 1-3　2017～2019 年京津冀地区受洪灾人口及直接经济损失情况

年份	2017 年		2018 年		2019 年	
指标	受灾人口/万人	直接经济总损失/亿元	受灾人口/万人	直接经济总损失/亿元	受灾人口/万人	直接经济总损失/亿元
北京	0.74	1.24	10.16	18.55	1.9	1.4
天津			2.37	0.74		
河北	51.36	8.32	136.80	10.47	37.7	3.1
合计	52.10	9.56	149.33	29.76	39.6	4.5

4. 水治理能力和治理体系存在不足

1）管理乏力

流域统一管理基础整体薄弱，法治体系不健全，市场机制作用不突出，依法行政、水利社会管理急需加强，流域机构的权威性和执行能力严重不足。部分法规制度存在空白，特别是一些重要河湖还缺乏专项法规条例，无法为河湖治理保护提供法规依据；部分规章效力位阶较低，如节水、排水和再生水利用等方面的规章对违法违规行为的约束力不足，需要制定效力位阶更高的法规（张建云等，2013）。

没有形成系统的生态治理标准和规范体系，导致很多生态治理施工工法难以复制推广，治理使用的生态材料、设备等也缺乏技术标准和质量标准，通常没有经过认证和监管，导致在规划、设计、施工、验收甚至是运行管理阶段缺乏依据，材料使用存在一定的盲目性，影响水生态治理工程质量及耐久性。

2）协同乏力

流域跨省河流众多，水事关系复杂，治水涉及多行业，目前各省市水治理的"一亩①三分地"思维仍较普遍，按照系统治理要求，省市间、相关部门间协同需进一步加强。流域与区域之间、各部门之间的协同治理机制仍需进一步统筹磨合，保障水安全、建设美丽水生态环境，仍面临严峻挑战。

3）机制乏力

流域管理机制创新不足，流域和行政区域管理相结合的水资源管理体制需要进一步理顺，公众参与尚待完善。尚未建立完善的水生态治理和保护长效机制，部分治理工程还是以追求单一的经济、防洪或景观目标为主，忽视了水系的生态功能。部分治理工程建成后的水生态维护管理不到位，致使工程的生态效益发挥大打折扣。

4）投入乏力

水利工程建设和管理的投入相对不足，吸引社会资本投资水利的方法不多。

5）能力乏力

水利科技支撑能力亟须提高，信息化能力手段单一、业务协同不够，明显不适应水利行业强监管的需要。信息化设施缺乏统筹联动，不同信息系统之间的衔接机制还不完善，信息应用深度还需加强，决策支撑能力还不足，信息共享水平有待进一步提高，信息孤岛未完全打破等。治理队伍能力有待进一步提高，水生态治理工作需要具有水利、生态、环境、园林等多学科专业知识，治理队伍专业技术和治理能力有待进一步提高。激励政策还不完善，队伍稳定性有待进一步加强。

1.3.2　海河流域水治理面临的新形势

1. 京津冀协同发展上升为重大国家战略

1986 年，由天津市发起召开的环渤海地区合作市长联席会，标志着京津冀地区开始正式的区域合作；2004 年，包含京津冀在内的环渤海地区七省（直辖市）政府签署《环渤

---

① 1 亩 ≈666.67m²。

海区域合作框架协议》，建立地区合作机制，加快经济一体化步伐；2010 年《京津冀都市圈区域规划》上报国务院，布局了交通基础设施建设、产业发展定位、城市功能定位等；《中华人民共和国国民经济和社会发展第十二个五年规划纲要》提出，推进京津冀区域经济一体化发展，"打造首都经济圈"，这是国家发展规划中首次写进"打造首都经济圈"；2014 年，习近平总书记提出京津冀协同发展理念，京津冀协同发展上升为国家战略；2015年，中共中央政治局会议审议通过《京津冀协同发展规划纲要》，构建起顶层设计，标志着京津冀协同发展进入全面实施、加快推进的新阶段。京津冀协同发展是以疏解北京非首都核心功能、解决北京"大城市病"为基本出发点，调整优化城市布局和空间结构，构建现代化交通网络系统，扩大环境容量生态空间，推进产业升级转移，推动公共服务共建共享，加快市场一体化进程，打造现代化新型首都圈，努力形成京津冀目标同向、措施一体、优势互补、互利共赢的协同发展新格局。保障京津冀协同发展重大国家战略顺利实施，成为流域水治理的核心任务。而海河流域错综复杂的水系将京津冀三地紧密联结，本身也是协同发展战略实施的重要领域（曹寅白等，2015）。

京津冀协同发展是统筹协调跨省综合经济区、大都市经济圈和城市群经济社会和生态环境协调科学发展的国家重大战略。京津冀协同发展重大国家战略理论内涵以加强顶层设计，构建京津冀跨行政区区域管理体制和协调机制为核心，消除制约京津冀区域经济社会和生态环境协调可持续发展的体制机制障碍以及瓶颈问题和难点问题，扎实推进区域经济社会及生态环境一体化协同发展，探索出一条京津冀经济圈（经济区）科学、持续、协调发展的改革创新之路。这对于深化认识和推动我国大经济区（带）、城市经济群和大都市经济圈区域经济发展，加快推进我国现代化进程具有重要的战略意义。

京津冀协同发展是京津冀地缘关系、人缘关系、经济关系、资源生态环境关系及空间关系密不可分的"命运共同体"共同发展的客观要求，是区域发展面临的现实严峻问题的必然选择。较长时期以来，由于严重的体制障碍京津冀合作与协同发展不尽如人意；区域性大气污染形势严峻，治理雾霾成为京津冀共同面临的紧迫性问题；首都北京"大城市病"严重，其城市功能和环境承载力不堪重负，迫切要求疏解其非核心功能；河北与京津存在巨大的发展落差，严重影响了京津的形象，制约了京津冀的共同发展。京津冀协同发展，是破解制约京津冀区域经济社会和生态环境协调可持续发展的瓶颈问题及民生热点难点问题的迫切要求，必须上升为国家战略层面统筹谋划，迫切要求中央协调京津冀三地协同推动（程晓陶，2018）。

2. 区域经济社会发展格局发生重大调整

在京津冀协同发展战略引领下，京津冀经济社会发展格局逐步调整。雄安新区成为建设绿色生态宜居新城区、创新驱动发展引领区、协调发展示范区、开放发展先行区的千年大计、国家大事；通州北京城市副中心作为北京新两翼的一翼，将着力打造成为国际一流的和谐宜居之都示范区、新型城镇化示范区、京津冀区域协同发展示范区；北京临空经济核心区规划面积 115.7km²，到 2035 年，港城融合的国际航空中心核心区基本建成；大运河文化带（京杭大运河经济带）北京段全长 82km，是连接北京中心城与副中心的项链，地位重要。经济社会格局的调整对水资源保障提出了新的要求，如何既能推进京津冀水生态修复治理又能保障经济社会发展用水安全，是京津冀水资源调控的重大挑战。

1）雄安新区建设

2017 年 4 月 1 日，中共中央、国务院决定设立河北雄安新区。雄安新区的设立是以习近平同志为核心的党中央作出的一项重大的历史性战略选择，这是继深圳经济特区和上海浦东新区之后又一具有全国意义的新区，将成为支撑京津冀一体化发展的核心基点，战略定位极高。党的十九大报告将区域协调发展战略首次提升为统领性的区域发展战略，着力于解决新时代社会主要矛盾中的"不平衡不充分"的发展问题。习近平总书记在党的十九大报告中对京津冀区域协同发展的阐述是以疏解北京非首都功能为"牛鼻子"推动京津冀协同发展，高起点规划、高标准建设雄安新区。雄安新区有望成为国内首个系统实践创新、协调、绿色、开放、共享"五大发展理念"的平台。时隔一年之后，2018 年 4 月 20日，中共中央、国务院批复《河北雄安新区规划纲要》，明确了雄安新区的定位与功能：坚持世界眼光、国际标准、中国特色、高点定位，紧紧围绕打造北京非首都功能疏解集中承载地，创造"雄安质量"，成为新时代高质量发展的全国样板，培育现代化经济体系新引擎，建设成为高水平社会主义现代化城市。雄安新区未来有两大任务：一是帮助首都疏解，解决人口膨胀、住房紧张、环境恶化、资源短缺等"大城市病"；二是建设好新城区，避免本身的"大城市病"。

2）北京城市副中心建设

根据《北京城市总体规划（2016 年—2035 年）》，北京城市副中心功能定位为国际一流的和谐宜居之都示范区、新型城镇化示范区和京津冀区域协同发展示范区。空间结构为"一带、一轴、多组团"，"一带"是以大运河为骨架，"一轴"是沿六环路形成创新发展轴，"多组团"是依托水网、绿网和路网形成 12 个民生共享组团，从而突出水城共融、蓝绿交织、文化传承的城市特色。区域战略是实现北京城市副中心与廊坊北三县地区统筹发展，示范带动非首都功能疏解和推进区域协同发展。发展目标是到 2020 年北京城市副中心常住人口规模调控目标为 100 万人左右，到 2035 年常住人口规模调控目标为 130 万人以内。到 2020 年北京城市副中心规划区主要基础设施建设框架基本形成，主要功能节点初具规模，到 2035 年初步建成国际一流的和谐宜居现代化城区。

3）大运河文化带建设

2017 年 6 月，习近平总书记对建设大运河文化带作出重要批示：大运河是祖先留给我们的宝贵遗产，是流动的文化，要统筹保护好、传承好、利用好。传承保护历史文脉，坚持城市保护与有机更新相衔接，加强老城整体保护，构建涵盖老城、中心城区、市域和京津冀的历史文化名城保护体系，统筹长城文化带、大运河文化带、西山永定河文化带建设，精心保护好世界遗产，凸显北京历史文化的整体价值，强化"首都风范、古都风韵、时代风貌"的城市特色。大运河北京段全长 82km，是连接北京中心城与副中心的项链，地位重要。大运河与京津冀协同发展战略、"一带一路"倡议、长江经济带发展战略等有密切联系。国家将加快京杭运河黄河以北段复航的论证和规划，恢复白洋淀、大清河、天津水运航线，助力雄安新区建设。到 2023 年，大运河有条件的河段实现旅游通航，大运河国家文化公园建设保护任务基本完成；到 2025 年，力争京杭大运河主要河段基本实现正常来水年份有水。

4）北京临空经济核心区建设

2019 年 9 月大兴国际机场正式通航，北京成为我国继上海之后的第二个"一市两场"的城市，正式进入了双枢纽时代，必然带来北京临空产业发展的新布局，由此也为首都国际机场临空经济示范区后续发展带来新的机遇和挑战。北京临空经济核心区规划面积为 115.7km^2，到 2035 年，港城融合的国际航空中心核心区基本建成。

3. 党和国家对流域水治理提出新要求

党的十八大以来，习近平总书记专门就保障国家水安全发表重要讲话并提出"十六字"治水思路[①]，先后主持召开会议研究部署推动长江经济带发展、黄河流域生态保护和高质量发展、推进南水北调后续工程高质量发展以及防汛抗旱、河湖长制、饮水安全等工作并发表一系列重要讲话。对海河流域存在的问题和发展方向而言，有以下几方面尤为值得关注。

1）山水林田湖草系统治理

2013 年 11 月召开的党的十八届三中全会上，习近平总书记在《关于〈中共中央关于全面深化改革若干重大问题的决定〉的说明》中强调："我们要认识到，山水林田湖是一个生命共同体，人的命脉在田，田的命脉在水，水的命脉在山，山的命脉在土，土的命脉在树。用途管制和生态修复必须遵循自然规律，如果种树的只管种树、治水的只管治水、护田的单纯护田，很容易顾此失彼，最终造成生态的系统性破坏。"此后，习近平总书记将系统治理作为生态文明建设的基本原则，在包括"3·14"讲话在内的一系列重要讲话

---

① "十六字"治水思路："节水优先、空间均衡、系统治理、两手发力"。

中多次强调，"节水优先、空间均衡、系统治理、两手发力"治水思路，成为新时期我国治水实践的根本遵循。"十四五"规划和 2035 年远景目标纲要再次提出，坚持山水林田湖草系统治理，着力提高生态系统自我修复能力和稳定性，守住自然生态安全边界，促进自然生态系统质量整体改善。

2）建设幸福河

2019 年 9 月 18 日，习近平总书记在黄河流域生态保护和高质量发展座谈会上提出幸福河的新概念、新号召、新导向。根据习近平新时代中国特色社会主义思想与马克思幸福观，幸福河就是指在坚持人水和谐理念的基础上，可以维持自身健康，支撑区域经济社会高质量发展，确保流域永续发展，持续提高流域内人民安全感、获得感与满意度的河流。幸福河的概念为我国治水兴水管水提出新标准，涉及水资源、水安全、水生态、水环境、水文化以及社会经济等多个层次，为人民群众擘画了幸福生活的新愿景、新领域，与马斯洛关于人的需要层次理论相契合。具体来讲，一是优质水资源，持续支撑经济社会高质量发展，这是幸福河的基本要求；二是防洪保安全，持续提高沿岸人民群众的安全感，这是幸福河的基础层次；三是宜居水环境，让人民群众生活得更方便、更舒心、更美好，这是幸福河的较高层次；四是健康水生态，维护人与河流生命共同体的系统健康，这是幸福河的次高层次；五是先进水文化，让河流成为人的精神生活的重要载体，更好地满足人民日益提高的文化生活需要，这是幸福河的最高层次。

3）推进流域水资源集约利用

2019 年 9 月 18 日，在黄河流域生态保护和高质量发展座谈会上，习近平总书记提出了推进水资源节约集约利用的新要求。水资源节约集约利用内涵十分丰富，不仅是对以坚持保护优先、维护资源安全等在内的习近平生态文明思想的一贯传承和发展，也是适应海河流域水资源紧缺形势、推进国家节水行动和坚持高质量发展的系统响应，是新时期"节水优先"工作基本遵循。

4. 流域生态环境治理保护提出新目标

未来一个时期，京津冀区域仍将是我国经济社会快速发展的区域之一。随着人口增长和城镇化水平提高，区域生活用水需求将呈刚性增长；随着高新产业发展和生态文明建设的推进，工业和生态环境需水量预计仍将呈一定程度的增长趋势（赵勇等，2017）。

河湖生态复苏成为高质量发展的重要目标，大运河保护需要重塑和保持河流健康生命，国家为加强华北地区、京津冀地区水资源总体格局进一步优化配置，提出南水北调工程、华北地区地下水超采治理、加强再生水利用等措施，旨在通过"一增、一减"综合治理措施提高水资源承载能力，"一增"主要指多渠道增加水源补给，实施河湖地下水回补，提高区域水资源水环境承载能力；"一减"主要指通过节水、农业结构调整等措施来压减地下水超采量。

1）"一增"措施

2003 年南水北调中线工程开工建设，并于 2014 年 12 月正式通水，累计调水 306 亿 m³，有效保障了经济社会工业和生活用水以及生态补水需求；2017 年万家寨引黄入京工程开始向北京输水，累计输水近 4 亿 m³；2017 年 11 月引黄入冀补淀工程通水，规划年均引黄水量 6.2 亿 m³，其中白洋淀生态补水 1.1 亿 m³。

2）"一减"措施

2014 年，财政部、水利部、农业部、国土资源部实施建立河北省地下水超采综合治理试点，实现总压采目标 34.52m³，占河北省总地下水超采量 59.66 亿 m³ 的 58%；2019 年，水利部、财政部、国家发展和改革委员会、农业农村部印发《华北地区地下水超采综合治理行动方案》，提出到 2022 年，在正常来水情况下，京津冀地区年压减地下水开采量 25.7 亿 m³，现状超采量压减率超过 70%，即地下水年超采量由现状的 34.7 亿 m³ 压减到 9.0 亿 m³。到 2035 年，力争全面实现地下水采补平衡，超采亏空水量逐步填补。

在新的情势下，京津冀水资源供需矛盾仍将持续，多水源供给体系更为复杂，在地表水资源不断衰减、地下水压采治理力度不断加大、非常规水利用存在诸多限制的背景下，需要合理调控外调水源，保障京津冀地区水资源安全。

1.4 水治理思路与战略目标

1.4.1 海河流域水治理指导思想

以习近平新时代中国特色社会主义思想为指导，全面贯彻新发展理念和"十六字"治水思路，面向新阶段水利高质量发展总体目标，以固底板、补短板、锻长板为路径，提升水旱灾害防御能力；以建立健全水资源刚性约束制度为抓手，提升水资源集约节约能力；以构建海河流域一体化现代水网为目标，提升水资源优化配置能力；以水生态修复和地下水超采治理为重点，提升生态保护治理能力；以水利智慧化、精细化发展为方向，提升流域水系统治理管控能力；全面提升水安全保障能力，支撑海河流域高质量发展。

1.4.2 海河流域水治理基本原则

1）节水优先、需求管理

坚持并严格落实节水优先的根本方针，把节水贯穿于经济社会发展和群众生产生活全过程。以水资源承载能力为基础，优化城市空间布局、产业结构、人口规模。调整供水用水结构，加大污水处理回用和海水利用。合理控制灌溉规模和农业用水量，严格限制新发展高耗水工业。

2）科学布局、均衡配置

针对海河流域水资源特点，立足流域整体和水资源空间均衡配置，综合自然生态各要素，统筹水资源配置、水资源保护、水生态修复、地下水压采、防洪排涝等多种功能，科学布局水利措施，科学推进工程规划建设，提高水资源保障水平。

3）强化保护、系统治理

遵循区域水资源和水系的自然分布及其演化规律，坚持走保护为主的建设路子，实行山水林田湖草系统治理，形成地表地下、陆域水域、上游下游、区域一体的治理格局，实现防洪、供水、水生态环境统一协调发展。

4）政府主导、两手发力

发挥政府主导作用，严格河湖岸线水域管理，强化水资源统一调配，明晰初始水权；建立滦河、潮白河等河流生态补偿机制，推进区域协作，提高社会管理和公共服务水平。同时，发挥市场在水资源配置中的调节作用，加快建立生态产品价值实现机制，建立符合市场导向的水价形成机制，通过水权交易，优化配置和高效利用水资源。

1.4.3　海河流域水治理战略目标

到 2035 年，现代水安全保障体系基本建成，防洪除涝减灾能力显著提高，应对风险能力显著提升；水资源集约节约利用水平显著提高，水资源利用效率基本达到世界先进水平；重要河湖生态功能全面恢复，地下水位总体有一定回升，水资源超载区全面消除；海河流域现代化水网工程基本建成，水资源统筹调配与综合管控体系基本建立；流域水治理管控能力全面增强，基本实现保障有力、利用高效、空间均衡、人水和谐的局面。

到 2050 年，现代水安全保障体系全面建成，防洪除涝减灾能力坚强可靠，水资源利用效率全面达到世界先进水平，河湖生态健康，地下水位总体恢复到 20 世纪 80 年代水平，现代化水网工程建成，全面实现保障有力、利用高效、空间均衡、人水和谐的局面。

1.4.4　海河流域水治理总体布局

理论上，不同的水治理任务应按照流域、区域相结合的原则，划分相应布局。其中，防洪除涝、河流健康修复更多应以流域为单位，而供水保障、水资源管理、水污染治理更多应以行政区域为单位。当前，海河流域水资源安全保障以及国家水网工程建设是水利核心工作。因此，根据分区水资源承载能力、国土空间功能定位，将海河流域划分为南水北调工程受水区、滦河区、坝上地区、山丘区、东部沿海带"四区一带"，并提出"四区一带"主要治理任务。

1）南水北调工程受水区

该区是京津冀核心地区，主体位于京津冀中东部平原，该区水源调配控制条件较好，河湖洼淀广布，城市密集，人口众多，用水集中。但存在水源匮乏、生态流量不足、地下水超采严重等问题。该区在合理规划城市布局，控制城市规模的基础上，一是统筹规划南水北调东中线后续工程，构建山区水库—南水北调中线干线、南水北调东线干线—骨干输水渠道为一体，覆盖中东部地区的水源配置体系，通过南水北调东、中线及引黄增加供水，提高水资源承载能力；二是增加河道用水，恢复历史通道，治理水环境，修复白洋淀、衡水湖及永定河等重要河流廊道的生态；三是综合治理地下水超采区，适当压缩灌溉面积；四是加强蓄滞洪区和骨干河道治理，提高防洪除涝能力。

2）滦河区

该区内矿产丰富、重工业发达，唐山、秦皇岛、承德和曹妃甸位于区内。该区水资源相对丰富，滦河干流的潘家口水库还承担着向天津供水的任务，但由于流域水资源衰减严重等，该区水源匮乏、生态流量不足、地下水超采严重等问题日益突出，区域间用水竞争激烈。该区治理重点：一是在保障天津供水安全的基础上，充分考虑南水北调东中线工程战略效益的发挥，适度还水于河流、还水回原流域，推进滦河水量再分配；二是统筹滦河上下游、左右岸，打造"一河九库"水利工程网络；三是做好潘家口等水库群联合优化防洪调度，提高滦河防洪能力。

3）坝上地区

该区为典型的农牧交错地带，肩负着构建京津冀绿色生态屏障的任务，具有防风固沙和涵养水源等生态功能。但该区水资源短缺，其地下水以浅层水为主，富水程度普遍不高，近年来存在蔬菜等种植业发展较快的问题。该区在节水、优化种植结构、控制产业规模的基础上，远期可谋划建设引黄济张（内蒙古托克托引水）工程，将黄河水引入张家口市的友谊水库和张北县的安固里淖。

4）山丘区

该区是京津冀生态屏障和水源涵养区，密云水库、官厅水库、岗南水库、黄壁庄水库等重要饮用水水源地分布其间。该区未来治理目标：一是仍以水土保持和水源涵养保护为重点，严格产业准入制度；二是调整产业种植结构，实施退耕还林还草；三是加大水源地治理保护力度，涵养水量，提高水质，确保水源安全；四是加强中小河流和山洪灾害治理。特别需要指出的是，该区植被建设要根据当地实际条件，考虑水资源的植被承载力，宜乔则乔、宜灌则灌、宜草则草。

5）东部沿海带

该区水源匮乏、土地瘠薄，地处海河流域洪水入海尾闾，防洪防潮压力大，新区广布、港口众多，是北方航运物流中心和京津冀地区重要经济发展带。该区治理重点：一是加强河口综合治理，加快海堤工程建设，保障沿海经济区和城市防洪防潮安全；二是加大海水淡化和直接利用力度，同时加强多水源联合调配，保障滨海区供水安全；三是逐步恢复南大港、北大港、七里海等滨海湿地。

|第 2 章| 海河流域水资源高效利用与保障战略

本章考虑人类活动和全球气候变化双重影响，分析流域水资源演变过程与未来变化趋势。京津冀地区是海河流域未来用水需求重点增长区，也是南水北调工程重要受水区，直接影响后续工程规模，因此本章重点针对京津冀地区，分析经济社会用水总量变化趋势，预测未来水资源需求，并坚持节水优先、空间均衡的原则，提出区域水资源高效配置的方案。在研究分析成果的基础上，系统提出海河流域水资源高效利用与安全保障战略。

2.1 水资源演变模拟评价

水资源演变是影响流域供水情势的重要因素，科学识别水资源变化规律及演变原因是指导水资源高效利用和保障的基础（王浩等，2016）。过去 60 年（1956～2016 年）海河流域水资源急剧衰减，地表水资源衰减了 58%，是全国水资源衰减最为剧烈的流域，衰减量相当于南水北调中线一期工程调水量的 3 倍，超过京津冀用水总量的 60%。水资源衰减也是引发流域河道断流、地下水超采等一系列严重生态问题的主要原因（赵勇等，2022a）。因此，分析海河流域水资源衰减规律及未来演变趋势，是制定流域水资源开发利用和未来保障战略的前提，是科学规划流域产用水结构、外调水规模和水资源配置的基础。本节通过分析海河流域历史水资源演变规律，定量归因水资源衰减过程中各要素的贡献，厘清哪些因素持续演变仍将影响未来水资源量，哪些因素已经趋于稳定对未来水资源演变影响较小，进一步基于构建的气候-水文模型模拟未来不同情景下的水资源演变趋势，为制定合理的水资源高效利用与保障战略提供科学依据。

2.1.1 历史水资源演变规律

20 世纪 50 年代以来，海河流域水资源量呈持续衰减状态，如图 2-1 所示，根据三次水资源评价的时段划分①，1956～1979 年（P1 时段）海河流域水资源总量为 421 亿 m³，

---

① 由于每次水资源评价均会根据最新下垫面条件对历史序列数据进行修正，为客观反映历史水资源演变规律，本书的 1956～1979 年数据来自第一次水资源评价结果，1980～2000 年数据来自第二次水资源评价中对应的时段值，2001～2016 年数据来自第三次水资源评价中对应的时段值。

1980～2000 年（P2 时段）海河流域水资源总量为 317 亿 m³，比 P1 时段衰减了 25%；2001～2016 年（P3 时段）海河流域水资源总量为 272 亿 m³，与 P1 时段相比衰减了 35%，与 P2 时段相比衰减了 14%。其中，地表水资源衰减速率明显大于地下水资源衰减速率，地表水资源由 P1 时段的 288 亿 m³ 衰减到 P2 时段的 171 亿 m³，P3 时段进一步衰减到 122 亿 m³；三个时段地下水资源量分别为 265 亿 m³、214 亿 m³ 和 224 亿 m³，P3 时段地下水资源量较 P2 时段增加了约 5%。山区水资源量衰减幅度大于平原区，山区三个时段水资源分别为 348m³、231m³、193m³，P3 时段水资源量分别比 P1 和 P2 时段衰减了 45% 和 16%；平原区三个时段水资源量分别为 127 亿 m³、99 亿 m³ 和 117 亿 m³，P3 时段平原区水资源量没有进一步衰减，较 P2 时段增加了 18%（图 2-2）。山区地表水持续衰减是山区水资源量减少的主要原因，与 P2 时段相比，P3 时段山区地表水从 126 亿 m³ 进一步减少到 86 亿 m³，同期，山区地下水资源仅减少 8 亿 m³。山区地表水衰减不仅导致山区水资源量衰减，也是 P3 时段海河流域水资源总量衰减的主要原因。

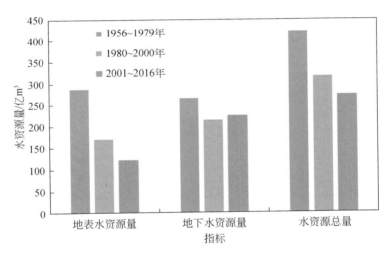

图 2-1　三个评价时段水资源量对比

14 个三级区中，位于山区的三级区地表水资源量仍在持续衰减，其中衰减最为剧烈的是滦河山区，其次是大清河山区，尤其是 P3 时段较 P2 时段仍在持续衰减，永定河山区、北三河山区、子牙河山区和漳卫河山区地表水资源也有不同程度的衰减。而位于平原区的三级区 P3 时段较 P2 时段地表水资源衰减并不强烈，其中北四河下游平原、大清河淀东平原稍有下降，滦河平原和大清河淀西平原基本与 P2 时段持平，其他平原三级区较 P2 时段地表水资源量有所上升（图 2-3）。三级区地下水资源变化在山区和平原区没有明显分化，14 个三级区中，有 8 个三级区地下水资源量在 P3 时段较 P2 时段减少，其中平原三级区和山区三级区各 4 个，其他 6 个三级区 P3 时段较 P2 时段地下水资源

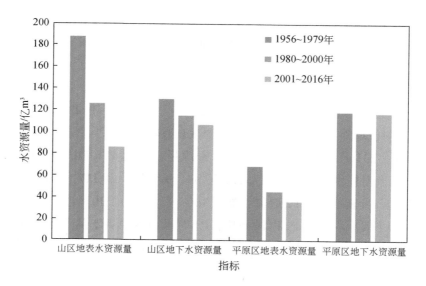

图 2-2   山区、平原区水资源量对比

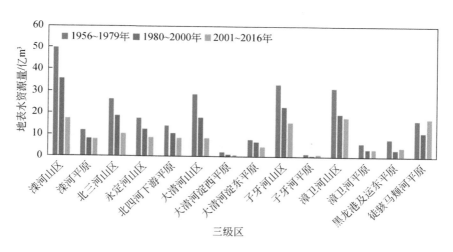

图 2-3   三级区地表水资源量变化

量有所增加（图 2-4）。综合来说，各三级区中地表水资源演变较地下水资源更为剧烈，且位于山区的三级区水资源演变是最近时段水资源衰减的主要原因。

2.1.2   水资源演变归因分析

水资源在水循环过程中产生，水循环过程变异是水资源演变的根本原因（鲍振鑫等，

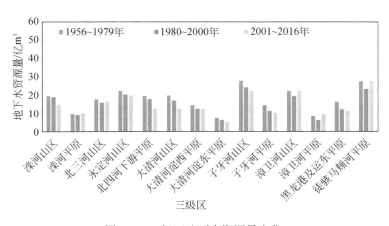

图 2-4 三级区地下水资源量变化

2021）。本研究基于降水产流和补给地下水等水循环全过程，梳理各个因素对水资源量产生的影响，具体包括降水、植被修复、农田拦蓄、水域面积、城镇扩张和地下水位六项主要因素，如图 2-5 所示，逐一分析各因素在不同时段对水资源量的定量影响。

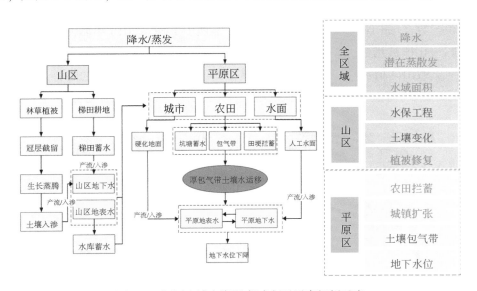

图 2-5 海河流域水资源衰减主要因素解析示意
红色字体为本书解析的六项因素

1. 各因素对水资源量的影响及归因方法

1）降水
降水是形成流域水资源的来源，降水对水资源量的影响包括降水总量和雨型分布两个方面，传统研究多集中在降水总量变化，而从水循环角度看，同等降水量条件下，暴雨更容易产生径流形成地表水资源，雨强越弱，产生的径流越少，而蒸发越多，降水更容易转化成"绿水"而非"蓝水"（马梦阳等，2023）。在过去60年，海河流域降水呈下降趋势，三个时段降水量分别为558mm、502mm和508mm，同时雨型也在变化，年降水日数呈现下降趋势，平均下降速率为2.2d/10a，汛期降水显著下降，下降速率为15.1mm/10a，非汛期降水呈上升趋势，上升速率为2.4mm/10a，暴雨和大雨减少，下降速率分别为3.4mm/10a和6.1mm/10a，小雨和中雨分别下降1.6mm/10a和0.6mm/10a，小雨和中雨在全年降水中的占比增加，说明流域降水雨型分布更加坦化。汛期降水减少、雨型坦化发展都不利于水资源量的产生，为了定量分析降水总量、雨型分布对地表水资源的贡献，本书建立三个时段不同等级降水量和地表水资源量的多元线性回归模型，并利用控制变量法计算各等级降水量对水资源量的贡献（图2-6），具体归因结果见2.2节。

2）植被修复

植被修复一方面有利于减少山区水土流失，提高山区水源涵养能力；另一方面植被生长导致耗水增加、径流减少，这是山区地表水资源量减少的重要原因。尤其是P3时段，山区地表水资源仍在持续衰减，植被耗水增多是最主要的原因。研究利用MODIS提供的逐月叶面积指数（leaf area index，LAI）数据，整理了1981～2016年海河流域山区及其各个三级区归一化植被指数（normalized differential vegetation index，NDVI）变化，如图2-7所示。海河流域山区植被NDVI多年平均值为0.64，且呈现逐步增加的态势，年均增长率

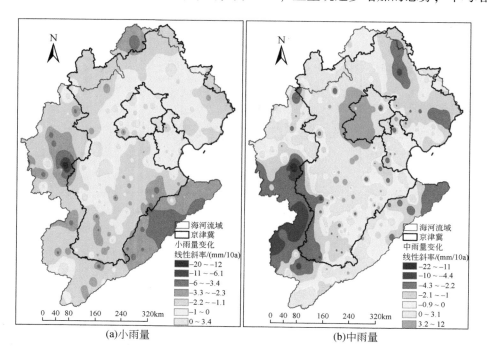

(a)小雨量　　　　　　　　　　　　　(b)中雨量

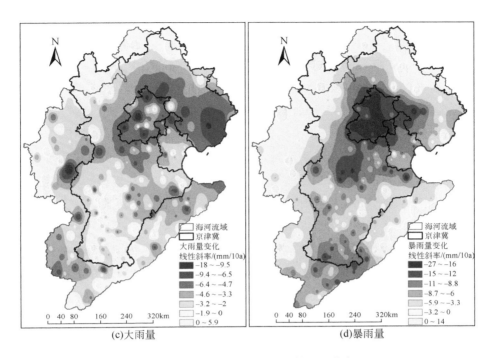

(c)大雨量   (d)暴雨量

图 2-6　各雨强降水量变化趋势空间分布

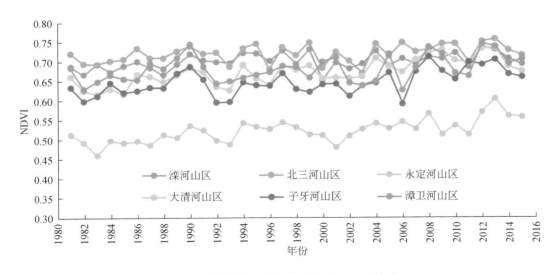

图 2-7　海河流域三级区（山区）NDVI 演变

为 0.0014。P3 时段内 NDVI 增长曲线的平均斜率为 0.0032，永定河山区 NDVI 增长率最高为 0.0045；滦河山区最低为 0.0013；P3 时段较 P2 时段增长最快的是大清河山区，NDVI

增长了0.04，增长最慢的是滦河山区，NDVI增长了0.01。根据区域水量平衡，在年尺度上，植被生长消耗的"绿水"来自径流减少的"蓝水"，本研究采用基于美国国家海洋和大气管理局（National Oceanic and Atmospheric Administration，NOAA）/AVHRR遥感LAI的彭曼-蒙蒂斯（Penman-Monteith）蒸散发模型模拟植被覆盖度提高后蒸发耗水的变化，进一步根据水量平衡推求植被耗水对山区地表水资源量的影响。

3）农田拦蓄

海河流域平原区农田布置最显著的特点是田块分割、田埂密集，农田田埂可以更加方便地控制灌溉，但也导致对降水拦蓄的增多，改变了平原区产流规律。20世纪80年代以来，随着家庭联产承包制的实施和有效灌溉面积的增加，农田被迅速切割并布置田埂，导致平原产流急剧减少（康绍忠等，2013；王庆明等，2022a）。

本研究以Smith入渗模型为基础，构建了基于CMOPRH遥感场次降雨数据的考虑田埂作用的农田产流模型，模拟了海河平原区农田田埂拦蓄对地表水资源量的影响，发现降雨强度、降雨历时和田埂高度是决定农田产流的主要因素，确定了农田拦蓄对海河平原区产流的影响。将2008~2017年758 841次降雨代入模型计算，分别设置无田埂、10cm田埂、12cm田埂和15cm田埂四种情景模拟农田产流量（图2-8）。结果显示，以降雨历时为横坐标，以降雨强度为纵坐标，产流的降雨和不产流的降雨间可划分出一条分界线，并且该分界线可以用反比例函数来拟合，根据该曲线可识别一场降雨是否能形成产流。在无田埂条件下有67%的场次降雨形成地表产流，在10cm田埂高度条件下有18%的场次降雨形成产流，在12cm田埂高度下有10%的场次降雨形成产流，在15cm田埂高度下仅有6%的场次降雨形成产流。

4）水域面积

地表水体面积的变化直接影响水资源量。在以往的水资源评价中，面积较小的、不与河系相连通的坑塘中的水资源量未计算到水资源量评价中，但这部分水资源量却又不能被忽视。本节利用遥感数据反演地表水体，将地表水体分为水库、湖泊、河流、坑塘四种类型，定量分析不同类型水体面积变化对水资源量的影响。基于GEE（Google Earth Engine）

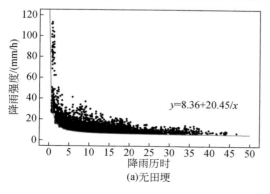
(a)无田埂

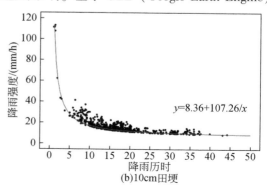
(b)10cm田埂

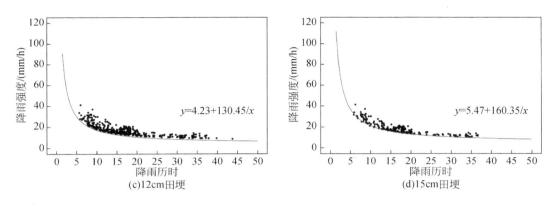

图 2-8　不同田埂高度产流的降雨强度和降雨历时关系

云平台，利用 280 幅 Landsat 卫星遥感影像，包括 Landsat 5、Landsat 7、Landsat 8 三个系列的数据，分辨率为 15m 和 30m，选取 1986 年、1990 年、1996 年、2000 年、2005 年、2010 年、2016 年共七个时期。所有的遥感影像选取的时间是 8～11 月，云量小于 5%。基于邻近关系将河道附近两个单元内的斑块判定为河道。最后基于斑块形状指数和斑块大小将水体斑块分为水库、湖泊和坑塘。

在过去的 30 年（1986～2016 年），海河流域水体面积呈现一个先增大后减小的趋势，整体呈现一个衰减的趋势，年均水体面积为 4105km²。大中型水库主要分布在山区和滨海地区，面积变化较小，山区河流面积明显减小。河流和坑塘主要分布在平原区，中小型河流面积明显减小，坑塘数量和面积明显下降。水域面积和蒸发能力是影响水体蒸发的主要因素，基于气象站点蒸发皿，水库年均蒸发损失量为 17.8 亿 m³，整体呈现下降趋势，变化趋势和水库面积变化相一致。河流年均蒸发损失量为 10.6 亿 m³，整体呈现先减小后增大的趋势，主要原因是 2000 年以前河流面积下降明显，此后河流面积有所增长。湖泊的年均蒸发损失量为 15.3 亿 m³，整体呈现先增大后减小的趋势。坑塘蓄水量在 1986～1996年变化幅度较小，平均年蓄水量为 12.7 亿 m³。自 1996 年以后随着坑塘水面面积减小和数量的减少，到 2000 年坑塘蓄水量降到最低，为 6.5 亿 m³。此后随着生态补水等原因，坑塘的数量、面积和蓄水量均有所提升（图 2-9）。

5）城镇扩张

城镇化迅速发展是海河流域下垫面最显著的变化之一，城镇化导致硬化地面增加，有利于形成产流。依据中国科学院资源环境科学与数据中心 1980～2018 年 8 期土地利用数据，海河流域城镇面积处于快速上升趋势。城镇面积 1980 年为 2.19 万 km²，2000 年为 2.57 万 km²，2015 年增加到 3.75 万 km²（图 2-10）。在土地利用转变中，海河流域城镇区域面积明显增加，耕地面积急剧减少，未利用土地同样明显减少，其他土地利用类型变化

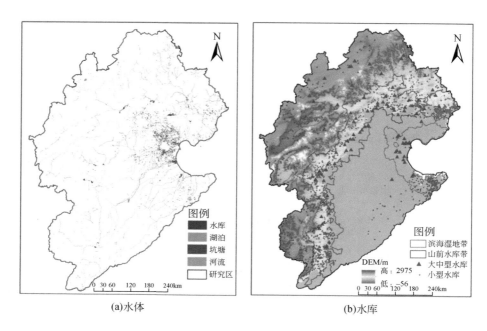

(a)水体　　　　　　　　　　　　　　(b)水库

图 2-9　河海流域水体、水库空间分布

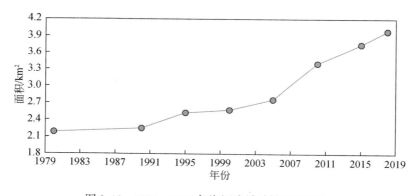

图 2-10　1980～2016 年海河流域城镇面积变化

有波动，但不显著。

　　本节利用 SCS-CN 模型研究海河流域城镇区域扩张对地表水资源量的影响。模型综合考虑了降水条件、水文土壤组、土地利用情况以及前期土壤湿润度（antecedent moisture condition，AMC）来研究降水和径流的关系。以 1980 年、2000 年和 2016 年三期土地利用数据和 1956～2016 逐日降水数据作为模型输入，计算城镇区域变化对产流的影响，如图 2-11 所示。1980～2000 年，海河流域城镇面积增加使得产流量增加，增加了 1.9 亿 m³，北四河下游平原增加最多。2000～2016 年，海河流域城镇面积增加使得产流量增加，增加了 3.53 亿 m³，徒骇马颊河平原增加最多，滦河平原增加最少。

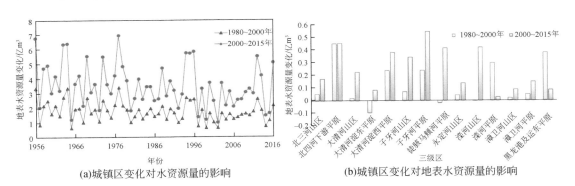

(a)城镇区变化对水资源量的影响 (b)城镇区变化对地表水资源量的影响

图 2-11　海河流域城镇变化对地表水资源量的影响

6）地下水位

20 世纪 80 年代以来，海河流域平原区地下水长期超采，形成深厚包气带和大面积的地下水漏斗，改变了地下水的补给关系和地下水流场状态（宫辉力等，2017）。1960 年以前山前平原潜水埋深为 1~5m，中部平原及滨海平原大部分地区为 0~1m，地下水流动相对稳定，沿山前平原向东流动；1960~1980 年，随着农业、工业及城镇的发展，地下水开采量逐渐增加，局部地区开始集中开采地下水，形成局部地下水位降落漏斗，改变了地下水天然流场状态，由山前平原向滨海排泄的地下水原始流场转变为向漏斗中心汇集；1980~1990 年，区域地下水位快速下降，地下水位下降速度可达 1m/a，形成多个地下水位降落漏斗；1990 年以后，区域内部分地区开始限制地下水的开采，地下水位下降速率减缓，局部地区地下水位有所回升，2010 年以后，整个区域地下水位得到明显回升（图 2-12）。为了定量描述地下水位下降对水资源量衰减的影响，以海河平原区地下水平均埋深为指标，设置不同地下水埋深情景，采用构建的分布式水循环模型模拟评价不同埋深条件下海河流域地表水资源、地下水资源及水资源总量变化（图 2-13）。

2. 海河流域水资源量衰减集合归因

1）三次评价水资源衰减原因分析

集合归因分析结果如图 2-14 和图 2-15 所示，P2 时段较 P1 时段地表水资源量衰减 116.9 亿 m³，其中降水变化是首要影响因素，占地表水资源量衰减总量的 60%，其次是植被修复。P3 时段较 P2 时段地表水资源量衰减 49.9 亿 m³，该时段山区植被修复对地表水资源量衰减的贡献最多，为 27.8 亿 m³，占地表水资源量衰减总量的 54%，其次是降水。

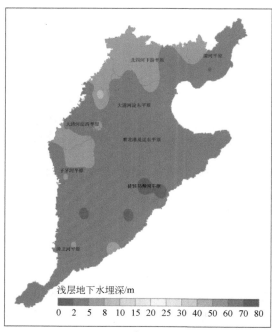

(a)1959年

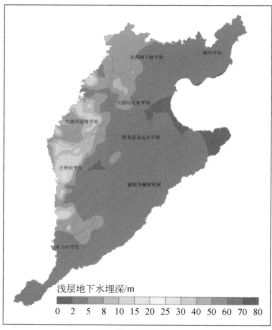

(b)1975年

(c)1985年

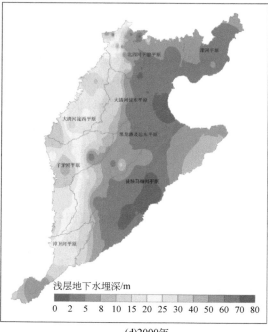

(d)2000年

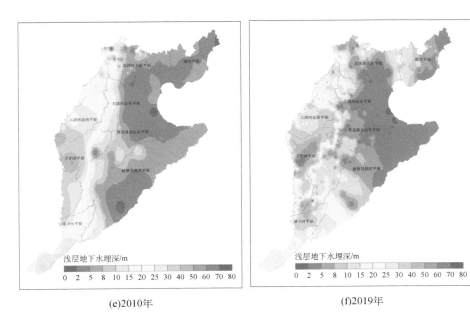

(e)2010年   (f)2019年

图 2-12 海河平原区潜水埋深时空分布

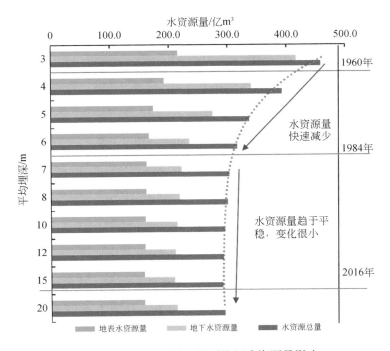

图 2-13 不同地下水埋深对海河水资源量影响

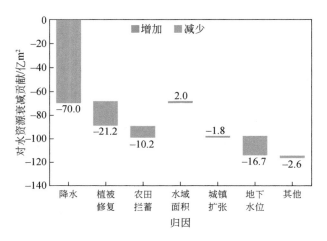

图 2-14 P2 时段较 P1 时段水资源衰减归因

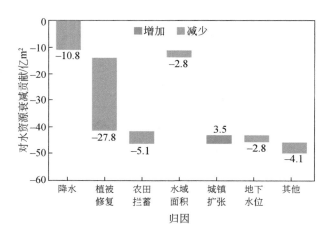

图 2-15 P3 时段较 P2 时段水资源衰减归因

2）各三级区地表水资源量衰减归因分析

海河流域各三级区地表水资源量衰减归因如表 2-1 和表 2-2 所示，P2 时段较 P1 时段地表水资源衰减了 116.9 亿 m³，其中滦河山区衰减最为剧烈。从影响因素来看，降水减少是大清河山区和漳卫河山区水资源衰减的主要因素，分别占水资源衰减总贡献的 70%、75%，滦河山区和子牙河山区植被修复影响较其他区域更大，徒骇马颊河和北四河下游平原地下水下降的影响较大。P3 时段较 P2 时段地表水资源衰减了 49.9 亿 m³，其中滦河山区和北三河山区地表水资源衰减最多。从影响因素来看，植被修复对滦河山区和北三河山区地表水资源衰减影响最为显著。P2 时段以后地下水位变化幅度较 P1 时段减小，地下水位下降对水资源量的影响也随之减小，如 P2 时段徒骇马颊河地下水位下降的贡献为 1.0 亿 m³，但在 P1 时段，地下水位下降对徒骇马颊河水资源量衰减的贡献为 4.5 亿 m³。

表 2-1　P2 时段较 P1 时段各三级区地表水资源量衰减归因* 　（单位：亿 m³）

三级区	水资源量	降水	水域面积	植被修复	农田拦蓄	城镇扩张	地下水位	其他
滦河山区	20.0	14.4	−0.3	5.3	—	0	—	0.7
滦河平原	5.3	3.2	−0.2	—	1.2	−0.3	1.3	0.04
北三河山区	10.8	8.2	0.2	1.7	—	−0.1	—	0.8
永定河山区	7.4	3.5	−0.1	3.3	—	−0.05	—	0.7
北四河下游平原	4.8	1.8	−0.4	—	1.7	−0.5	2.2	0.02
大清河山区	15.7	11.9	0	2.8	—	−0.02	—	1.1
大清河淀西平原	1.5	0.3	−0.5	—	1.2	−0.2	0.7	0.003
大清河淀东平原	1.4	0.5	−0.3	—	0.4	0.1	0.5	0.1
子牙河山区	14.3	8.6	−0.1	4.6	—	−0.1	—	1.4
子牙河平原	1.1	0.1	−0.1	—	1.2	−0.2	0.1	0.1
漳卫河山区	16.7	11.7	0.3	3.6	—	−0.02	—	1.3
漳卫河平原	3.8	1.0	0.1	0	1.0	−0.1	1.7	0.1
黑龙港及运东平原	6.4	2.4	−0.2	—	2.8	−0.4	1.7	0.1
徒骇马颊河平原	7.7	2.5	−0.3	—	0.8	0	4.5	0.2
全流域	116.9	70.1	−2.0	21.3	10.2	−1.89	12.7	6.663

*本研究考虑到山区农田占比较少、地下水储蓄能力小，故分析山区水资源衰减归因时未分析农田拦蓄和地下水位下降的影响；植被修复主要受水土保持影响，在平原区变化较小，故在平原区未分析植被修复的原因，由此带来的结果与实际情况差异放入其他因素。

表 2-2　P3 时段较 P2 时段各三级区地表水资源量衰减归因 　（单位：亿 m³）

三级区	水资源量	降水	水域面积	植被修复	农田拦蓄	城镇扩张	地下水位	其他
滦河山区	14.7	3.8	0.4	10.3	—	−0.3	—	0.5
滦河平原	2.5	1.4	0.1	—	0.6	0	0.1	0.4
北三河山区	10.0	2.4	0.7	6.9	—	−0.1	—	0.2
永定河山区	3.9	1.0	−0.1	2.5	—	−0.1	—	0.6
北四河下游平原	2.1	0.6	0.3	—	1.4	−0.5	0.2	0.1
大清河山区	7.6	2.8	0.7	3.7	—	−0.2	—	0.5
大清河淀西平原	1.0	−0.1	−0.2	—	0.3	−0.2	0.7	0.4
大清河淀东平原	2.9	1.2	0.6	—	0.8	−0.2	0.3	0.2
子牙河山区	4.5	1.5	−0.1	3.2	—	−0.3	—	0.2

续表

三级区	水资源量	降水	水域面积	植被修复	农田拦蓄	城镇扩张	地下水位	其他
子牙河平原	0.6	0.9	0.1	—	0.1	−0.5	0	0.1
漳卫河山区	1.0	−0.8	0	1.3	—	−0.1	0.2	0.3
漳卫河平原	−0.2	−0.6	0	—	0.1	−0.1	0.3	0.1
黑龙港及运东平原	1.7	−0.7	0.2	—	1.7	−0.1	0.1	0.4
徒骇马颊河平原	−2.4	−2.8	0.1	—	0.1	−0.9	1.0	0.1
全流域	49.9	10.6	2.8	27.9	5.1	−3.6	2.9	4.1

2.1.3 未来水资源演变趋势

海河流域水资源量受到气候变化、土地利用、植被覆盖度以及地下水埋深影响显著，研究围绕这四种关键要素来设置未来预测情景方案，通过不同情景要素组合，采用构建的WACM 模型（裴源生等，2007；赵勇等，2007）模拟预测未来海河流域水资源量演变规律。

1. 海河流域未来情景方案集设置

1）气候变化预测

为了更好地衔接历史气候演变过程，减小气候模式的不确定性对水资源量预测影响，采用"历史实测序列+预估增量"的方式确定未来气候变化序列，即在 1956~2016 年实测气象数据序列基础上，考虑 RCP4.5 和 RCP8.5 情景预估的降水、气温等变化值，得到海河流域未来气候变化序列，结果如下（图 2-16）：①降水。以海河流域 1956~2016 年降水

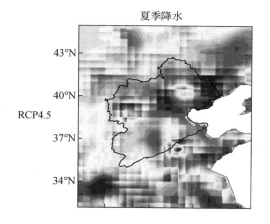

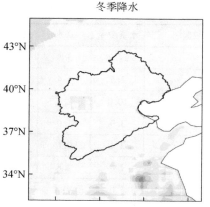

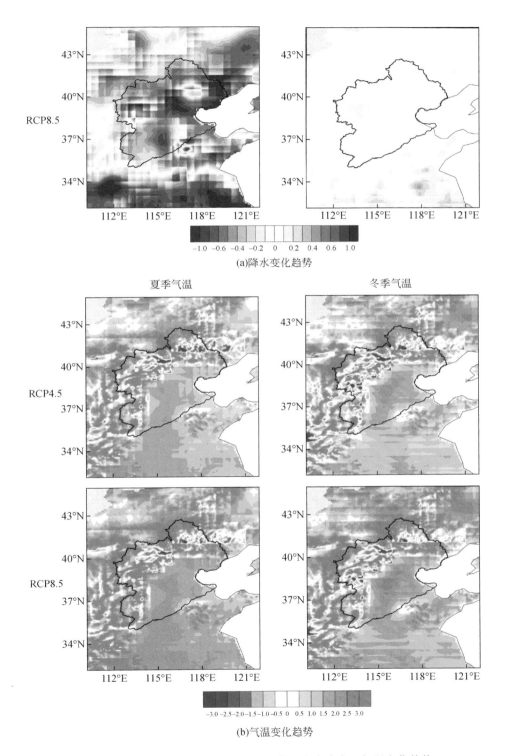

图 2-16 RCP4.5 与 RCP8.5 情景下研究区未来降水、气温变化趋势

序列为基准，流域多年平均降水量为526mm，RCP4.5和RCP8.5情景下未来降水变化增量分别为10.9mm、25.4mm，即RCP4.5情景下2020～2050年流域平均降水量为533.7mm，变化趋势为0.21mm/a，RCP8.5情景下2020～2050年流域平均降水量为548.2mm，变化趋势为0.48mm/a。②气温。根据气候模式预估结果，与历史基准期相比，2020～2080年，RCP4.5情景下流域平均气温增幅为0.86℃，变化趋势为0.04℃/a，RCP8.5情景下流域平均气温增幅为1.17℃，变化趋势为0.06℃/a。

全球气候模式预估研究区未来气候时并不考虑具体区域大规模灌溉和调水影响，但不少研究表明，大规模灌溉和调水对区域气候会产生很大影响，因此，在全球气候变化的基础上，考虑区域大规模灌溉和调水影响，以获得更加合理的未来气候预估结果。未来模拟时段为2021～2050年，在未来模拟时期设计两组试验：一组为不考虑灌溉和调水的控制试验（CTL），另一组为根据前面的方案考虑灌溉和调水的敏感性试验（SEN），其余设置完全一样。模拟结果显示，灌溉和调水导致海河流域年平均气温降低0.15℃，其中，3～5月气温降幅逐渐增大，5月达到降低峰值为0.48℃，6～11月气温降幅逐渐减小，冬季各月（12月至次年2月）气温有所增加，增加幅度为0.17～0.27℃。灌溉和调水导致区域内年降水量平均增加8.3mm。年内降水主要在5～7月增加，其中6月降水增加量最大，为4.7mm，占全年降水增加量的57.7%；8～9月，灌溉和调水导致降水量减少1.8mm（图2-17和图2-18）。

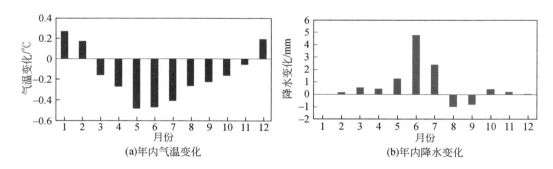

图2-17　海河流域灌溉和调水导致年内气温和降水变化

2）未来土地利用预测

依据《京津冀协同发展土地利用总体规划（2015～2020年）》划定的减量优化区、存量挖潜区、增量控制区和适度发展区，明确了各区土地利用原则和利用导向，通过构建考虑土地规划发展目标的CA-Markov模型进行土地利用预测。研究发现，高速城镇化和低速城镇化下的耕地相比2016年下降2.47%和0.81%，草地和林地相比2016年下降5.62%、6.03%和3.88%、4.41%，居工地则呈现显著的增加趋势，分别比2016年增加27.30%和18.72%，水域面积在未来将呈现增加的趋势，分别比2016年增加44.72%和39.66%，未

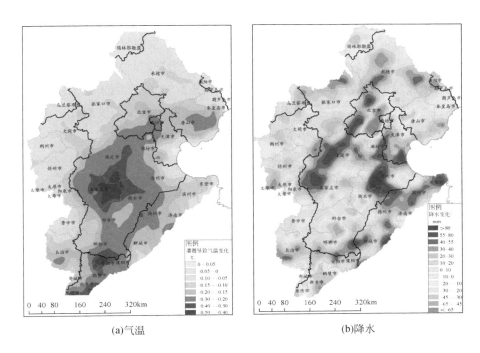

(a)气温　　　　　　　　　　　　　　(b)降水

图 2-18　海河流域灌溉和调水导致气温和降水变化空间分布

利用地面积则呈现减小趋势，分别比 2016 年减少40.89% 和15.15%（图 2-19）。

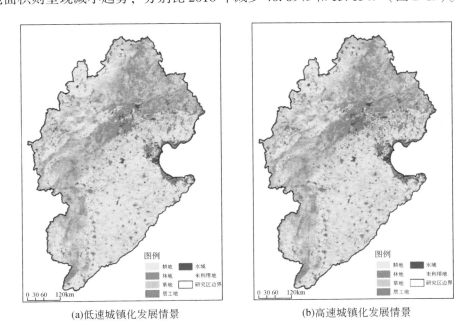

(a)低速城镇化发展情景　　　　　　　　(b)高速城镇化发展情景

图 2-19　海河流域未来土地利用预测结果

3）植被覆盖度情景预测

重点考虑未来海河流域山区通过水土保持等措施进一步恢复植被，提升植被覆盖度。本研究基于 Eaglseon 生态最优理论的植被覆盖度，预测海河流域未来的植被恢复状况，研究设置了现状植被质量和最优植被恢复两种情景（图 2-20）。预测未来永定河山区、子牙河山区和漳卫河山区植被还有进一步提升的空间，与现状植被覆盖度对比，未来植被覆盖度将分别由 0.42、0.48 和 0.49 提升至 0.47、0.53 和 0.56。

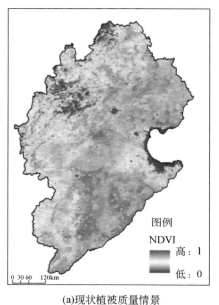 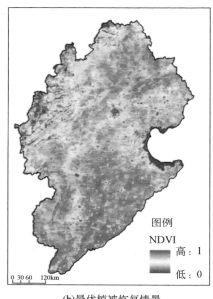

(a)现状植被质量情景   (b)最优植被恢复情景

图 2-20　海河流域未来植被质量空间分布

4）地下水埋深情景预测

地下水埋深分三个情景，2016 年地下水埋深为现状水位情景，地下水埋深为 14.8m；1984 年地下水埋深为低恢复情景，地下水埋深为 6.5m；1960 年地下水埋深为高恢复情景，地下埋深为 3.6m（图 2-21）。

5）未来综合情景方案集

综合上述四大要素，其中气候变化选择现状、RCP 4.5 和 RCP 8.5 三种气候模式，土地利用选择现状城镇化面积、低速城镇化和高速城镇化三种情景，植被覆盖度则考虑现状植被覆盖度和最优植被覆盖度两种情景，地下水埋深以 2016 年（14.8m）、1984 年（6.5m）和 1960 年（3.6m）地下水埋深设置三种情景。综合各要素组合设置了 36 种方案，对 2050 年海河流域水资源量进行模拟预测（表 2-3）。

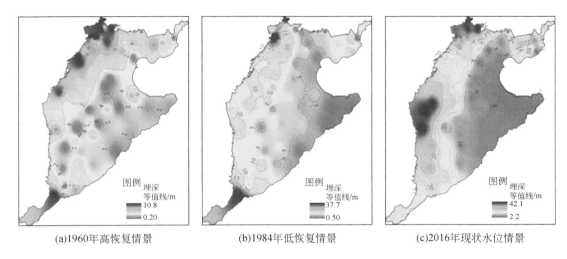

(a)1960年高恢复情景　　　　(b)1984年低恢复情景　　　　(c)2016年现状水位情景

图 2-21　海河流域未来地下水埋深空间分布

表 2-3　海河流域未来不同水资源预测情景方案设置

方案	气候变化			土地利用			植被覆盖度		地下水埋深		
	现状	RCP4.5	RCP8.5	现状	低速城镇化	高速城镇化	现状	最优	现状	6.5m	3.5m
F0	√			√			√		√		
F1	√				√		√		√		
F2	√					√	√		√		
F3	√				√			√	√		
F4	√					√		√	√		
F5	√				√		√			√	
F6	√				√		√				√
F7	√					√	√			√	
F8	√					√	√				√
F9	√				√			√	√		
F10	√				√			√			√
F11	√					√		√		√	
F12	√					√		√			√
F13		√			√		√		√		
F14		√				√	√		√		

续表

方案	气候变化			土地利用			植被覆盖度		地下水埋深		
	现状	RCP4.5	RCP8.5	现状	低速城镇化	高速城镇化	现状	最优	现状	6.5m	3.5m
F15		√		√				√	√		
F16		√				√		√	√		
F17		√		√			√			√	
F18		√		√			√				√
F19		√				√	√			√	
F20		√				√	√				√
F21		√		√				√		√	
F22		√		√				√			√
F23		√				√		√		√	
F24		√				√		√			√
F25			√	√					√		
F26			√			√			√		
F27			√	√				√	√		
F28			√			√		√	√		
F29			√	√			√			√	
F30			√	√			√				√
F31			√			√	√			√	
F32			√			√	√				√
F33			√	√				√		√	
F34			√	√				√			√
F35			√			√		√		√	
F36			√			√		√			√

2. 未来可能情景研判

基于对未来气候条件及经济社会发展预估，从上述36种方案中遴选海河流域未来最可能情景，对比分析衰减极限情景（水资源量仍持续衰减）和最大恢复情景（水资源量增幅最大），综合研判未来海河流域水资源量变化（表2-4）。

（1）最可能情景（F23情景）：依据对各要素预测研判，考虑未来最可能出现的情景进行组合，发现 F23 方案出现概率最大，该情景方案气候小幅暖湿化（RCP4.5 气候模式情景）、地下水位在持续治理修复后恢复至 1984 年水平（地下水埋深 6.5m）、土地利用维持高速城镇化发展水平、植被覆盖度达到区域最优。结果显示，该情景下海河流域水资源总量为 343.9 亿 m³，与现状情景相比增加 36.4 亿 m³，其中地表水资源量为 169.1 亿 m³，增加 6.6 亿 m³，地下水资源量为 250.8 亿 m³，增加 25.0 亿 m³。

表 2-4　三种可能情景下 2050 年海河流域二级区水资源量演变预测

（单位：亿 m³）

方案	水资源量	滦河流域	海河北系	海河南系	徒骇马颊河流域	海河流域
现状	地表水	39.0	34.3	74.3	14.9	162.5
	地下水	39.1	50.8	108.6	27.3	225.8
	水资源总量	56.8	68.5	148.2	34	307.5
衰减极限情景 F4（现状气候与地下水埋深，区域最优植被覆盖度和高速城镇化发展水平）	地表水	34.9	30.3	65.9	15.1	146.2
	地下水	33.9	45.6	96.8	25.9	202.2
	水资源总量	52.0	63.8	138.2	33.3	287.3
最可能情景 F23（RCP4.5 气候情景、恢复至 1984 年地下水埋深、区域植被覆盖最优、高速城镇化发展水平）	地表水	36.6	35.6	73.6	23.3	169.1
	地下水	36.4	50.3	115.3	48.8	250.8
	水资源总量	56.1	69.9	160.1	57.8	343.9
最大恢复情景 F30（RCP8.5 气候情景、恢复至 1960 年地下水埋深、现状植被覆盖、低速城镇化发展水平）	地表水	42.4	40.5	92.9	30.1	205.9
	地下水	43.1	55.6	202.1	65.9	366.7
	水资源总量	64.1	76.5	254.2	76.9	471.7

（2）衰减极限情景（F4 情景）：该情景方案维持现状历史气候、地下水埋深、未来高速城镇化发展水平和最优植被覆盖度。结果显示，该情景下海河流域水资源量仍将持续衰减，水资源总量为 287.3 亿 m³，与现状情景相比减少 20.2 亿 m³，其中，地表水资源量为 146.2 亿 m³，减少 16.3 亿 m³；地下水资源量为 202.2 亿 m³，减少 23.6 亿 m³。

（3）最大恢复情景（F30 情景）：该情景方案以 RCP8.5 情景下降水、气温增量为基础，未来采取低速城镇化发展模式并维持现状植被覆盖度，地下水恢复至 1960 年地下水埋深（3.6m）水平。结果显示，该情景下海河流域水资源总量为 471.7 亿 m³，与基准情景相比增加 164.2 亿 m³，其中，地表水资源量为 205.9 亿 m³，增加 43.4 亿 m³；地下水资源量为 366.7 亿 m³，增加 140.9 亿 m³。

2.2 水资源需求预测分析

京津冀是海河流域最具活力的地区之一，在海河流域经济社会发展格局中占据着极为重要而特殊的战略地位。党的十八大以来，京津冀协同发展等一系列重大国家战略相继布局，无论是从现实基础还是从国家战略来看，京津冀将依然是海河流域经济增长强劲、发展潜力巨大的地区，是海河流域水资源需求的重要增长点，也是南水北调工程重要受水区，直接影响后续工程规模。基于此，本研究重点进行了京津冀经济社会和河湖生态需水预测。

2.2.1 京津冀经济社会需水趋势总体判断

1. 用水适应性增长规律

1）用水增长曲线

基于驱动机制解析，用水总量发展表现为"经济社会规模增长正向驱动-用水效率水平提升逆向驱动-水资源供给条件约束"的三元驱动机制，表现为一种受制于资源约束的适应性增长曲线，如图2-22所示，并不存在无限扩张的用水需求过程 *ABD'C*，根据水资源约束程度的不同，用水增长曲线可分为三种类型（赵勇等，2021）：自然发展型（曲线 *ABDEF*）、发展约束型（曲线 *ABDGH*）和严重胁迫型（曲线 *ABIJ*）。

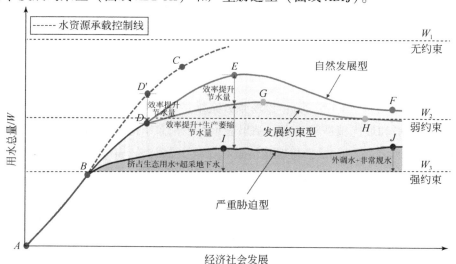

图 2-22 受制于资源约束的适应性增长曲线

图中各点为无实际含义，主要为描述不同曲线

京津冀由于水资源极其短缺,属于严重胁迫型,潜在的用水自然发展峰值(W_E)远高于水资源承载能力(W_3),尽管区域经济社会仍处于迅速发展阶段,其用水就已经受到水资源承载能力的制约。如果政府为了维持生态健康在 B 点开始对用水行为以及区域经济发展进行严格调控,则用水总量会偏离原有自然发展路径,趋近于政府调控方向发展。在这种情景下,不仅要优化生产、提升效率,可能还要放弃一部分生产,对社会经济发展造成一定程度的负面影响。在实际的发展过程中,为了更大限度地支撑经济社会发展,这些地区往往通过挤占部分生态用水,超量开发水资源,从而引发一定程度的生态环境问题。也有地区通过区外调水的方式,提高区内的水资源承载能力,以部分解决本区域的发展用水问题。在这些综合因素影响下,区域用水总量发展如图 2-22 中曲线 $ABIJ$ 所示,呈现波动式发展。曲线与政府调控线的距离,取决于政府的调控策略及其实施的强度,但长远必须回归到区域水资源承载能力以下。

2)用水峰值特征

用水自然发展峰值和水资源承载能力是影响区域用水总量的关键因素,直接决定用水极值出现的时间和大小,其中自然发展峰值主要由经济社会发展因素决定,包括经济社会规模、产业结构和社会结构;水资源承载能力主要由水资源条件决定,用水总量控制红线是中国目前最直接的约束指标(赵勇等,2021)。

(1)经济社会特征。分析已经出现用水峰值的主要发达国家用水总量和经济社会发展历程,发现 1970~1990 年是发达国家用水总量达到峰值的集中时期,到达用水峰值时这些国家的产业结构也基本趋同,第一产业占比在 5% 左右,第二产业占比为 30%~40%,第三产业占比均达到 60% 以上。从总体趋势上看,用水量峰值发生时间越趋后,到达峰值时第三产业占比就越高。这些国家基本都是实现城镇化以后才出现用水总量峰值的现象,主要经济体城镇化率都超过 70%,峰值期人均 GDP 基本都在 2 万美元以上,如图 2-23 所示。

(2)水资源承载能力特征。由于水资源条件和自然地理因素不同,各地区水资源可开发利用率差异巨大,尚没有统一的评判标准。中国实施最严格的水资源管理制度,确定了分区域用水总量控制指标,就是在权衡区域水资源承载能力、生态系统特点与服务功能、经济社会发展需求、工程保障能力等多种因素下确定的,可作为水资源承载约束的重要判断指标。通过对不同水资源条件下的国家在出现用水总量峰值时的用水水平进行分析,发现人均水资源量越低的国家在出现用水总量峰值时的人均用水量一般也越低,表明水资源条件越差的国家在出现用水总量峰值时对用水效率水平的要求越高,在区域用水总量达到峰值时,其用水水平一般与水资源承载能力相适应。

(3)极值及其时点特征。无水资源约束地区,经济发展水平决定其用水总量极值;强水资源约束地区,由水资源承载上限决定其用水量极值(包括外调水提升作用);而弱水

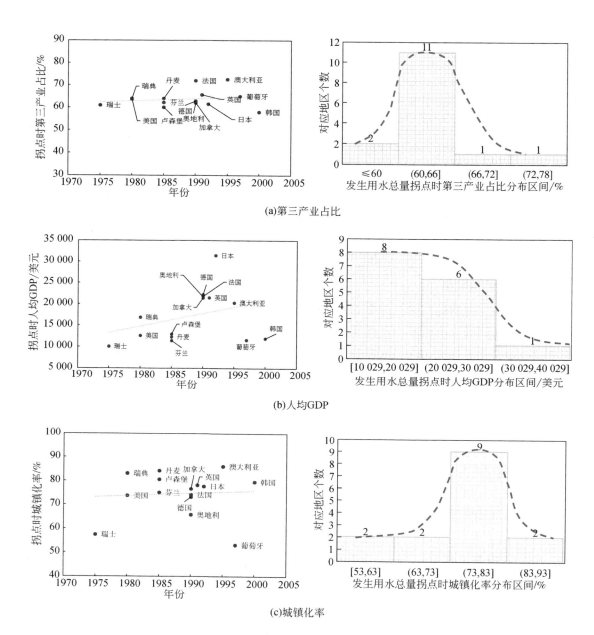

(a)第三产业占比

(b)人均GDP

(c)城镇化率

图 2-23　主要发达国家用水总量拐点时间及其对应的经济社会指标

资源约束地区，则是由经济发展水平、资源条件和工程能力联合作用决定其用水总量极值。极值发生的时间点与经济发展水平以及水资源约束的强弱密切相关，经济发展水平越高的地区用水峰值出现越早。而对于经济发展水平相近的区域，经济社会受水资源承载能力约束越强，则用水量增长相对越缓，同时由于节水潜力的前期释放，用水量峰值出现时间将相对滞后，且极值规模维持时间也要更长。

2. 京津冀经济社会需水趋势研判

随着京津冀各地功能定位调整和明确，区域经济板块分化显著，产业结构正在向"高端制造+科技创新"的方向调整，城镇化整体水平将持续提升，城镇格局长期来看将由京津"双城"向"均衡化、多极化"转变（京津冀协同发展小组，2015）。京津冀需水增长的关键驱动力依然长期存在，城市建设和经济发展将成为未来京津冀水资源需求增长的主要驱动因素之一。但由于京津冀各城市间经济本底差距较大，区域间差异化特征明显，用水增长将存在地域化差异。从用水适应性增长规律来分析京津冀用水峰值特征，结果如图2-24～图2-26所示。

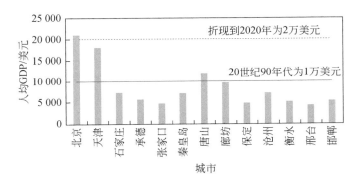

图 2-24 京津冀人均 GDP（2017 年）

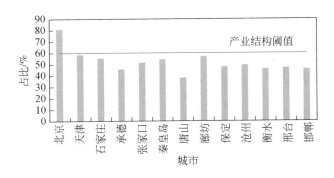

图 2-25 京津冀第三产业占比（2017 年）

（1）北京已经达到用水峰值的经济社会条件。北京人均 GDP 超过 2 万美元，稍高于经济水平阈值 2 万美元；第三产业占比达到 80% 左右，明显高于产业结构阈值（第三产业占比 60%）；城镇化率超过 80%，高于社会结构阈值（70%）。

（2）天津与用水峰值的经济社会条件基本接近。天津人均 GDP 约 1.8 万美元，明显

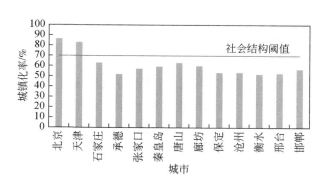

图 2-26　京津冀城镇化率（2017 年）

高于经济水平阈值 2 万美元；城镇化率超过 80%，高于社会结构阈值（70%）；但是第三产业占比未达到产业结构阈值（第三产业占比 60%）。

（3）河北远没有达到用水峰值的经济社会条件。河北城市的人均 GDP 远低于经济水平阈值 2 万美元，第三产业占比和城镇化率均明显低于产业结构阈值（第三产业占比 60%）和社会结构阈值（70%）。

综合分析，北京已经达到用水峰值的经济社会条件，天津基本接近，河北远没有达到用水峰值的经济社会条件。从京津冀整体来看，尚未达到峰值条件。同时，由于京津冀未来经济社会的水资源需求增加，生态环境存在巨大的历史欠账，以及节水潜力的前期释放，京津冀仍然面临用水增长的强烈需求。

2.2.2　京津冀经济社会需水预测

1. 京津冀生活用水需求预测

1）人口与城镇化指标预测

根据京津冀相关规划，结合近年来人口实际变动，参考全国人口发展形势研判，确定京津冀人口发展趋势。北京市 2035 年高、中、低方案人口分别按照 2450 万人、2300 万人和 2250 万人控制；中方案下，天津市 2025 年、2035 年和 2050 年人口分别按照 1460 万人、1610 万人和 1800 万人控制；中方案下，河北省 2025 年、2035 年和 2050 年人口分别按照 7635 万人、7735 万人和 7550 万人控制。到 2025 年、2035 年和 2050 年，中方案下城镇化率分别为 70.3%、76.4% 和 83.9%，详见表 2-5。

表 2-5　京津冀地区人口发展预测

项目		2025 年	2035 年	2050 年
京津冀人口/万人	高方案	11 485	12 085	12 400
	中方案	11 395	11 645	11 650
	低方案	11 225	11 435	11 450
城镇人口/万人	高方案	8 285	9 491	10 746
	中方案	8 013	8 901	9 776
	低方案	7 675	8 527	9 326
城镇化率/%	高方案	72.1	78.5	86.7
	中方案	70.3	76.4	83.9
	低方案	68.4	74.6	81.4

2) 生活需水调控方案设置

据京津冀相关规划，设置现状节水、强化节水和极限节水方案，并与人口低速增长、中速增长和高速增长情景相结合，设置 9 种生活需水预测情景方案（表 2-6 和图 2-27）。

表 2-6　生活需水定额情景方案（中方案）　　　　　　　　［单位：L/（人·d）］

方案	2025 年	2035 年	2050 年
现状节水	155.2	166.2	183.8
强化节水	153.2	159.8	169.7
极限节水	151.7	154.8	158.7

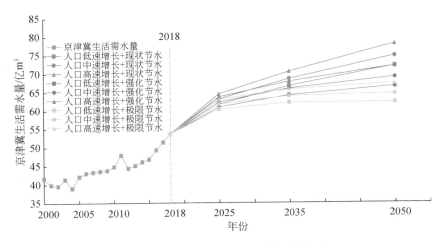

图 2-27　京津冀生活需水层次化预测结果

A. 现状节水

管网漏损率：2025 年按现状年外延；2035 年在 2025 年基础上减少 25%；2050 年10%。

器具节水：2025 年节水器具 3 级用水标准；2035 年节水器具 2 级用水标准；2050 年节水器具 1 级用水标准。

B. 强化节水

管网漏损率：2025 年按现状年漏损率减少 25% 或达到 10%；2035 年10%；2050 年 8%。

器具节水：2025 年节水器具 2 级用水标准的 80%；2035 年节水器具 2 级用水标准；2050 年节水器具 1 级用水标准。

C. 极限节水

管网漏损率：2025 年城市公共供水管网漏损率控制在 10% 以内；2035 年 8%；2050 年 6%。

器具节水：2025 年节水器具 2 级用水标准；2035 年节水器具 1 级用水标准的 80%；2050 年节水器具 1 级用水标准。各方案下不同水平年生活用水定额详见表2-6。

3）生活需水量

考虑京津冀世界级城市群发展集聚效应，人口预期 2050 年左右达峰，但城镇化率将持续增长。在极限节水方案下，预期 2035 年达到峰值；在强化节水方案下，则要到 2050 年左右达峰；在现状节水方案下，2050 年生活需水量远未达到顶点。在人口中速增长+强化节水方案下，到 2050 年生活需水量基本达到峰值，生活需水量为 69.12 亿 m³，较现状增加 15.52 亿 m³，增幅28.9%，如图 2-27 所示。

2. 京津冀工业用水需求预测

1）工业需水情景方案设置

产业结构类型是工业需水预测的基础，依据《京津冀协同发展规划纲要》，基于分区发展定位，统筹谋划与分类施策相结合，调整经济结构和空间结构，在生态环境保护、产业升级转移目标下，研究设置 2025 年、2035 年和 2050 年京津冀产业结构发展情景。根据发达国家产业结构发展历程，结合近年来京津冀产业结构变化，预测 GDP 增速和工业增速。

考虑到京津冀地区严峻的水资源供给形势，本研究考虑三种节水情景：①现状节水情景，主要是在现状节水水平和相应的节水措施基础上，基本保持现有节水投入力度，预计2025 年万元工业增加值用水量较基准年下降 8%，2035 年万元工业增加值用水量较基准年下降20%，2050 年万元工业增加值用水量较基准年下降 30%。②强化节水情景，该模式下 2025 年万元工业增加值用水量较基准年下降 12%，2035 年万元工业增加值用水量较基准年下降 30%，2050 年万元工业增加值用水量较基准年下降 45%，该模式总体特点是实施更加严格的强化节水措施，着力调整产业结构，加大节水投资力度。③极限节水情景，该模式下 2025 年万元工业增加值用水量较基准年下降 16%，2035 年万元工业增加值用水量较基准年下降 40%，2050 年万元工业增加值用水量较基准年下降 55%，该模式总体特点采用强制措施进行产业结构调整，调出不符合区域功能定位的产业，实行最严厉的节水制度，降低单位产值或产品用水定额。

2）工业需水量

各方案工业需水总量如图 2-28 所示，可以看出，随着产业结构不断优化和节水强度不断增加，京津冀工业用水需求将表现出先增加后减少的态势，其中 2035 年左右将达到峰值。2000～2018 年，京津冀产业结构不断优化调整，高耗水行业占比显著减少。分区域来看，北京生产性服务业占比约为 53%，已基本实现向知识和创新驱动的创新型城市转型；天津装备制造和石油化工业占比均达 34%，仍处于主要依赖投资和重工业发展的制造城市阶段，但现代化程度已经较高；河北产业以装备制造、石油化工、钢铁为支柱，资源城市仍然占大多数。综合来看，京津冀未来工业产业仍将保持一定的规模，但工业发展速度将有所放缓，以经济中速发展为主，京津冀工业需水将于 2035 年左右达到峰值，峰值规模为 30.77 亿 m^3，比 2018 年增加 2.97 亿 m^3。

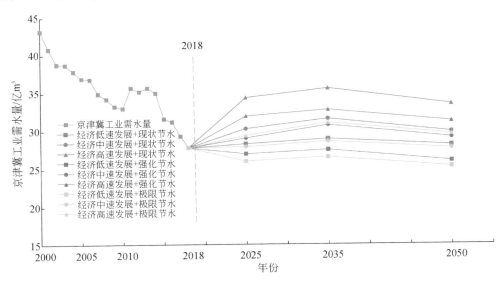

图 2-28 京津冀工业需水层次化预测结果

3. 京津冀农业用水需求预测

1）农业需水预测方法

基于未来食物安全需水量和水资源安全承载量两条约束线，考虑区域食物自给率水平。根据农业水资源层次化需求理论，从人口–食物需求–灌溉需水角度出发，以维持区域食物安全为目标，构建农业需水预测模型。预测思路如图2-29所示。

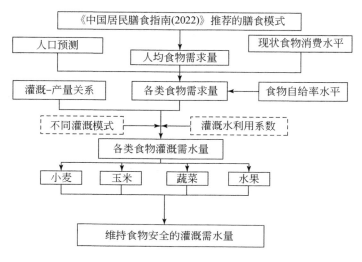

图 2-29   京津冀未来灌溉需水预测思路

2）农业需水预测方案设置

综合考虑节水强度、灌溉面积、人口和城镇化发展、饮食结构和膳食水平、食物自给率要求等因素对未来农业灌溉需水的影响，按照人口增速低、中、高水平和不同的节水灌溉程度，形成9种预测方案。从能够最大限度地保障京津冀地区食物安全角度出发，对未来食物需求量推算均是在保持区域现状食物自给率的水平下推求的。结合现状饮食结构和未来饮食水平提高，按照《中国居民膳食指南（2022）》推荐的膳食模式中方案水平来计算未来人均食物需求量。京津冀未来农业需水预测方案设置见表2-7。其中，现状节水是30%种植面积采用关键水灌溉，70%为高产灌溉；强化节水是50%种植面积采用关键水灌溉，50%为高产灌溉；极限节水是70%种植面积采用关键水灌溉，30%为高产灌溉。

3）京津冀未来农业需水量

在京津冀食物自给的条件下，预测未来维持食物安全的农业需水量。通过分析可知，采用关键水灌溉和高产灌溉相结合的模式，在不同种植面积上推行节水措施，能够部分抵消因食物需求增长导致的灌溉需水的增长。在极限节水方案下，各经济社会发展情景下的农业需水均呈现下降趋势；在强化节水方案下，经济社会低速发展和中速发展呈现下降趋势，在高速发展情景下，基本维持现状的需水规模；在现状节水方案下，各经济社会发展情景下的农业需水均呈现上升趋势，低速发展情景上升幅度较小，中速和高速发展情景上升幅度相对较大。综合各情景模式发生概率，将经济低速发展+强化节水方案作为农业需水推荐方案，京津冀农业用水呈现缓慢下降趋势，2025 年、2035 年和 2050 年农业需水分别为 133.6 亿 m³、132.3 亿 m³ 和 130.8 亿 m³，如图 2-30 所示。

表 2-7 未来农业灌溉需水预测方案设置

方案编号	经济增长水平	节水灌溉程度
I - A		现状节水
I - B	低速增长	强化节水
I - C		极限节水
II - A		现状节水
II - B	中速增长	强化节水
II - C		极限节水
III - A		现状节水
III - B	高速增长	强化节水
III - C		极限节水

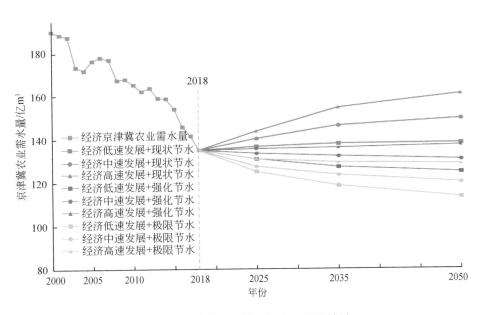

图 2-30 京津冀农业需水层次化预测结果

4. 京津冀经济社会需水量

由于京津冀地区水资源短缺，需水量受到水资源供给的胁迫和制约，现状年实际用水量反映了地区最小的用水需水，本研究采用 2018 年实际用水作为现状水平年需水。现状年京津冀经济社会总需水量 250.2 亿 m³，其中生活需水量 53.6 亿 m³，工业需水量 27.8 亿 m³，农业需水量 135.3 亿 m³，河道外生态需水量 33.5 亿 m³。

结合生活、工业和农业层次化需求调控结果，对京津冀规划水平年经济社会需水总量进行研判。在极限节水方案下，经济社会需水总量在 2025 年前后达到峰值；在强化节水方案下，在 2035 年左右达到峰值；在现状节水方案下，经济社会需水峰值要延后到 2050 年之后。各类方案需水量变化情势如图 2-31 所示。

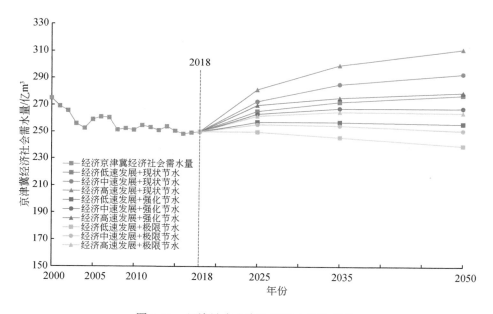

图 2-31　经济社会生产生活需水变化情势

在强化节水方案下，经济社会需水量在 2035 年左右达到峰值，各经济发展方案下，经济社会总需水量介于 257 亿~275 亿 m³，2035 年后维持在 2035 年规模或略有下降。在经济中速发展+强化节水推荐方案下，经济社会总需水量峰值约为 267 亿 m³。各方案经济社会需水结果见表 2-8。

表 2-8　经济社会生产生活需水预测　　　　　　　　　　（单位：亿 m³）

方案	2025 年	2035 年	2050 年
经济低速发展+现状节水	265.28	272.07	277.10

续表

方案	2025 年	2035 年	2050 年
经济中速发展+现状节水	272.45	285.14	292.75
经济高速发展+现状节水	281.31	299.29	311.15
经济低速发展+强化节水	257.44	257.35	256.08
经济中速发展+强化节水	263.40	267.46	267.47
经济高速发展+强化节水	269.83	275.30	279.28
经济低速发展+极限节水	249.89	245.83	239.37
经济中速发展+极限节水	255.61	254.67	250.95
经济高速发展+极限节水	261.87	264.85	264.13

2.2.3 京津冀河湖生态需水预测

1. 河湖生态需水预测方法

根据京津冀地区的实际情况，将生态需水类型分为河道、湖泊湿地、水库。对于河道和湖泊湿地，最小生态需水主要包括保证河道或湖泊湿地不断流干涸的蒸发渗漏需水，保证河道最小流速，维持河道或湖泊湿地生态系统现状的最小水量；适宜生态需水在满足最小生态需水的条件基础上，还需维持更高水平的水体自净能力，保持更好的水质，使得河道或湖泊湿地生态系统在现状水平上具有向更好方向发展的趋势；理想生态需水是在满足适宜生态需水的条件基础上，维持良好的水体自净能力，达到理想的水质条件，使得河道或湖泊湿地的生态环境发展不再受到水资源量的制约（曹晓峰等，2019）。对于河道，还包括满足河道两岸绿化带等景观需水量，使其生态需水惠及周边的生态环境。对于水库，由于水库建设过程中会考虑渗漏问题，在水库的生态需水中不再考虑渗漏需水；目前水库通过生态调度方式可以达到必要的水体自净能力，所以不必考虑水库维持水体自净能力需水。因此水库的生态需水不进行层次化分析，仅需满足蒸发需水。

根据生态需水层次化理论，京津冀生态需水计算主要由蒸发需水、渗漏需水、维持水体自净能力需水组成。本研究以年为时间单位计算京津冀地区的生态需水，计算对象为河道、湖泊湿地两大生态需水类型。

2. 河道生态需水预测

1）河道生态需水计算

根据本研究提出的生态需水层次化理论，河道的层次化需水分别如式（2-1）~式

（2-3）所示。

$$最小生态需水：Q = Q_z + Q_s + Q_i（满足最小生态需水条件） \tag{2-1}$$

$$适宜生态需水：Q = Q_z + Q_s + Q_i（满足适宜生态需水条件） \tag{2-2}$$

$$理想生态需水：Q = Q_z + Q_s + Q_i（满足理想生态需水条件） + Q_0 \tag{2-3}$$

式中，Q 为生态需水总量，m^3；Q_z 为蒸发需水量，m^3；Q_s 为渗漏需水量，m^3；Q_i 为维持水体自净能力需水量，m^3；Q_0 为河岸绿化景观需水，m^3。

A. 蒸发需水量

蒸发需水量是指弥补河道蒸发损失的水量，计算公式为

$$Q_z = (\bar{E} \times \alpha - \bar{R}) \times S \tag{2-4}$$

式中，E 为多年平均年潜在蒸发量，mm；α 为水面蒸发折算系数；R 为多年平均实测年降水量，mm；S 为水体水面面积，m^2。其中 α 取 0.64，收集京津冀区域内的 26 个国家气象站点 1960～2016 年的逐日降水量和蒸发量数据。取各河道相近站点数据的平均值作为各河道多年平均年降水量和多年平均年潜在蒸发量。

B. 渗漏需水量

渗漏需水量通常基于达西定律进行计算，计算公式为

$$Q_{se} = S \times k \times T \tag{2-5}$$

式中，k 为渗漏系数，cm/d；T 为时间，d。根据北运河的相关研究，采用 1.5cm/d 作为渗漏系数（杨毅等，2017）。同时在计算蒸发渗漏时，还考虑到京津冀地区的季节性河流干涸情况，常流河时间取 365 天，季节性河流需要扣除干涸天数。主要季节性河流及相应的干涸天数参考《海河流域水资源综合规划》。

C. 维持水体自净能力需水量

水体自净能力是指水体通过一系列化学作用，将水体中污染物分解转化的能力。流速是影响水体自净能力的主要因素之一，可以使用流速来界定河道的水体自净能力。因此使用流速法来计算河道维持水体自净能力需水量。维持水体自净能力需水量的计算公式为

$$Q_i = F \times v \times T \tag{2-6}$$

式中，F 为过水断面面积，m^2；v 为维持水体自净能力流速，m/s；T 为时间，s。

D. 河岸绿化景观需水量

理想生态需水在满足自身基本生态需水时还需要给河岸绿地供水。河岸绿化景观需水量计算公式为

$$Q_0 = F_g m \tag{2-7}$$

式中，F_g 为过河岸绿化面积，m^2；m 为绿地用水定额，m^3/m^2。河岸绿化面积由河道水面面积决定，取河道两岸绿地面积为河道面积的 50%。

2）河道生态需水量

基于生态需水层次化理论与生态功能法，汇总多个生态功能的需水，计算得到京津冀地区的河道最小生态需水总量为 34.08 亿 m³，适宜生态需水总量为 45.09 亿 m³，理想生态需水总量为 58.16 亿 m³。

3. 湖泊湿地生态需水预测

1）湖泊湿地生态需水计算

湖泊湿地生态需水可分为弥补蒸发损失、弥补渗漏损失、维持水体自净能力三类，因此湖泊湿地的生态需水与河道生态需水类似，理想生态需水稍有不同，如式（2-8）所示。

$$理想生态需水: Q = Q_z + Q_s + Q_i（满足理想生态需水条件） \tag{2-8}$$

湖泊湿地蒸发和渗漏需水与河道蒸发和渗漏需水计算方法相同，维持水体自净能力需水与河道使用的流速法不同。对于湖泊湿地这种流动性较差的水体，换水相比水的流动更适合用于此类水体的自净。因此使用换水法计算湖泊湿地维持水体自净能力需水量，计算公式为

$$Q_i = S \times h \times t \tag{2-9}$$

式中，S 为湖泊湿地水面面积，m²；h 为换水深度，m；t 为换水次数。换水次数参考《北京市水资源综合规划》专题 8 "北京市生态需水预测"，规定最小生态需水换水 1 次/a，适宜生态需水换水 2 次/a，理想生态需水换水 4 次/a。

2）湖泊湿地生态需水量

经计算，湖泊湿地最小生态需水总量为 5 亿 m³，适宜生态需水总量为 7.03 亿 m³，理想生态需水总量为 11.09 亿 m³。

4. 京津冀生态需水量

京津冀地区的生态需水总量等于河道、湖泊湿地两大生态需水类型的生态需水量之和，但是基于京津冀河道和部分湖泊湿地存在水量交换关系，将各生态需水类型的需水相加还需要扣除重复水量，如式（2-10）所示。

$$Q = Q_{河道} + Q_{湖泊湿地} - Q_{重复} \tag{2-10}$$

$$Q_{重复} = \min(Q_{湿地}, Q_{流入} + Q_{流出}) \tag{2-11}$$

式中，Q 为京津冀生态需水量，m³；$Q_{河道}$ 为河道生态需水量，m³；$Q_{湖泊湿地}$ 为湖泊湿地生态需水量，m³；$Q_{重复}$ 为湖泊湿地与河道之间重复需水；$Q_{湿地}$ 为湿地维持水体自净能力需水量，m³；$Q_{流入}$ 为流入湖泊湿地的河道维持水体自净能力需水量，m³；$Q_{流出}$ 为湖泊湿地流出河道的维持水体自净能力需水量，m³。

京津冀河道和湖泊湿地之间存在水量交换关系的共 4 块，考虑各湖泊湿地与河道之间水量交换关系，汇总计算得到，京津冀地区的最小生态需水量为 42.7 亿 m^3，适宜生态需水量为 54.27 亿 m^3，理想生态需水量为 69.9 亿 m^3。

为充分表达地表水与生态需水的关系，引入生态耗水率概念。地表水生态耗水率为地表水资源中用作生态需水的比例，计算公式为

$$E_r = \frac{Q}{Q_{Sur}}$$

(2-12)

式中，E_r 为生态耗水率；Q 为生态需水总量，m^3；Q_{Sur} 为地表水总量，m^3。

由长时间序列中频率为 50% 的地表水资源量代表京津冀地区多年平均地表水资源量。京津冀地区满足最小生态需水要求时，地表水生态耗水率为 39%；满足适宜生态需水要求时，地表水生态耗水率为 50%；满足理想生态需水要求时，地表水生态耗水率为 63%。总体来看，京津冀地区地表水资源的 4% 留在地表用于生态用水时，能满足最小生态需求；地表水资源的 5% 留在地表用于生态用水时，能满足适宜生态需求；地表水资源的 6% 留在地表用于生态用水时，能满足理想生态需求。

2.3 水资源合理配置格局

针对京津冀地区，综合考虑河流生态需水、地下水超采治理等因素，结合南水北调东中线后续工程建设，研究提出当地地表水、地下水、非常规水以及引江水、引黄水等外调水可供水量。坚持优水优用，考虑各用水户需求与水价承受能力，研究提出各类水源的利用原则、配置方向与配置规模，以及有利于各类水源高效利用的水价政策。

2.3.1 水资源高效配置构架

在人口增长、气候变化、城镇化、工业化、生活水平提升等因素驱动下，水资源日益短缺、粮食供给变化波动、能源需求愈加旺盛、生态功能受损严重，已经成为水系统可持续发展面临的重大挑战（赵勇等，2022a，2022b；常奂宇等，2022）。水、粮食、能源、生态之间存在复杂的多维交互效应和正负互馈机制，任何一个要素供求变化都会影响其他要素。特别是京津冀地区，作为我国主要粮食生产基地，水已经成为制约区域粮食、能源、生态可持续发展的关键要素。而外调水及粮食、能源贸易伴随的虚拟水大量输入已经给区域水资源、生态、粮食和能源生产格局带来显著影响。

水是水–粮食–能源–生态系统交互作用的核心，研究提出了以水资源为基础的水–粮食–能源–生态优化调控模型构架，如图 2-32 所示。模型由水循环模块、水资源调配模块、粮食生产模块、能源消耗模块和层次化需水模块五大部分组成，水循环模块和水资源调配

模块通过对自然社会水循环进行模拟，统筹调控本地水和外调水，以水安全和生态健康为目标，实现对水资源系统和生态系统的模拟；层次化需水模块为模型提供生活和工业层次化需水数据；粮食生产模块为模型提供农业需水量和粮食安全状况；能源消耗模块计算社会水循环在取水、供水、用水和排水与污水处理等全过程的能耗。

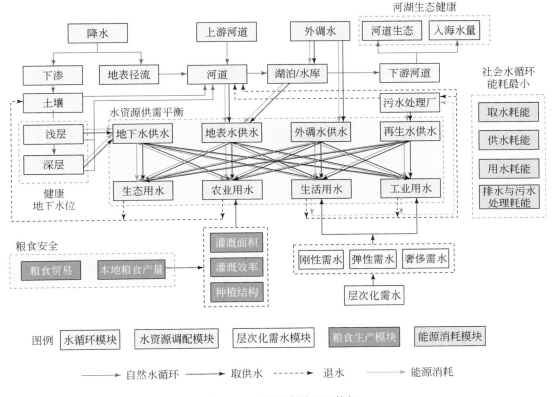

图 2-32　水资源高效配置构架

水资源模拟与调配系统（GWAS），是在水资源调配专业模型 WAS 基础上（桑学锋等，2018），集成 QGIS 开源技术、SQLITE 数据库技术等研发的软件产品，可以实现对区域/流域水资源水量水质模拟、评价、水资源调控及报表输出等功能，能够较快速和全面地评价研究区水资源状况，为区域水资源的高效管理和优化调控提供决策支持，为有关研究人员和水资源决策管理者提供平台工具。基于 GWAS 模型，通过开展京津冀水–粮食–能源–生态综合模拟（图 2-33），实现水–粮食–能源–生态协同配置与科学调控，提出水资源高效配置方案和战略决策。

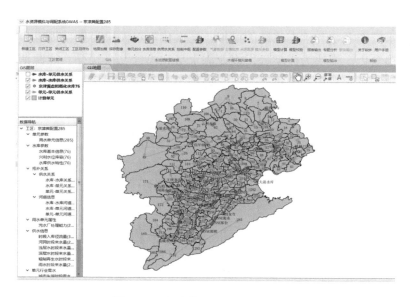

图 2-33 京津冀 GWAS 模型主界面

2.3.2 水资源高效配置模型

1. 水资源系统单元划分

水资源调控模型采用以自然流域分区（水资源分区）为本底，叠加行政分区的方式，形成包含自然–社会二元属性的计算单元。根据研究区 177 个县级行政单元与 18 个水资源三级区，划分 285 个基本单元，如图 2-34 所示。

2. 供用水户与工程体系

模型水源包括地表水、地下水、外调水与其他 4 类水源，用水户分为四大类：生活、工业、农业与生态用水。京津冀地区大型水库分布如图 2-35（a）所示，流域内调水工程和跨流域调水工程分布如图 2-35（b）、图 2-35（c）所示。

根据水资源系统调控需求，以及计算单元、地下水、自然水系、大型水库、跨流域调水工程、流域内调水工程、人工渠系及重要水利工程之间的水力联系和地理联系，通过抽象和概化绘制了研究区水资源系统网络图，如图 2-36 所示。

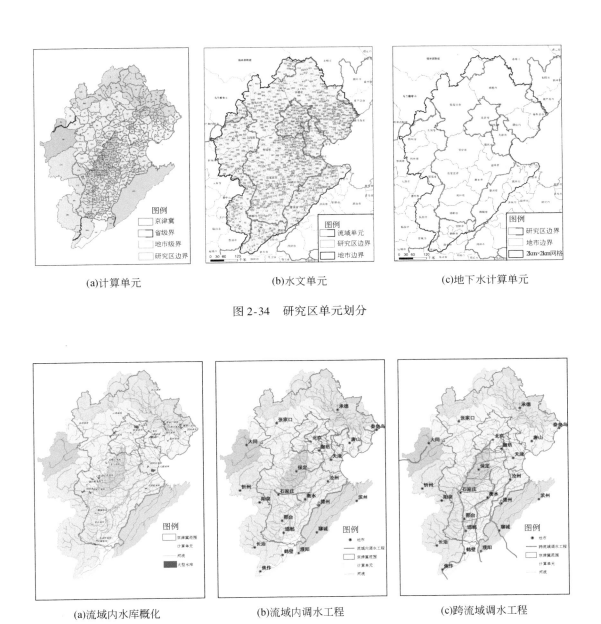

(a)计算单元　　　　　　　　(b)水文单元　　　　　　　　(c)地下水计算单元

图 2-34　研究区单元划分

(a)流域内水库概化　　　　(b)流域内调水工程　　　　(c)跨流域调水工程

图 2-35　京津冀现状及规划的重要水利工程

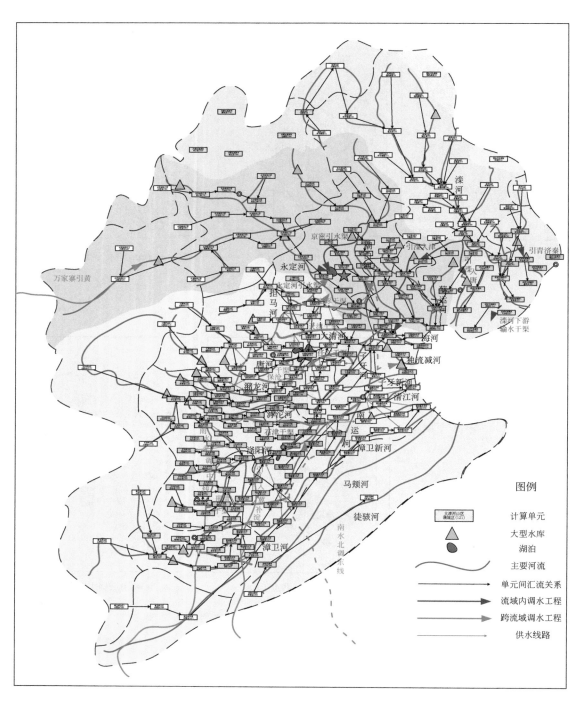

图 2-36　研究区水资源系统网络图

2.3.3 现状水平年供需平衡

1. 情景设置

京津冀地区水资源短缺，用水总量受到可供水量的严格制约，现状用水量已经超出了水资源承载能力。根据"以水定需"理念，将 2018 年经济社会实际用水 250.2 亿 m³ 作为现状正常年份需水，则生活需水 53.6 亿 m³，工业需水 27.8 亿 m³，农业需水 135.3 亿 m³，河道外生态需水 33.5 亿 m³。

现状京津冀水资源开发利用着重考虑生产、生活用水，河湖生态需水常常被忽略或被挤占。京津冀最小生态需水量为 42.7 亿 m³，适宜生态需水量为 54.3 亿 m³。为了维持河口生态系统平衡、考虑河口冲淤以及防止盐碱入侵等，需要维持一定的入海水量，研究采用多年平均入海水量作为保障健康河口生态的最小水量，2001～2018 年多年平均入海水量为 33.7 亿 m³，约占同期平均地表水资源量的 37%。

通过供给侧情景组合，设置不同配置方案。地表水可供水量设置平水年、枯水年、特枯水年三种方案，非常规水根据现状供水能力确定，地下水可利用量采用维持采补平衡的水平。外调水设置南水北调中线未通水和南水北调中线达到设计规模两种比较方案。根据上述方案组合形成 6 种情景，在各情景中均设置满足正常年份最小河流湖泊生态需水和多年平均入海水量为约束，见表 2-9。

表 2-9 现状水平年模拟情景设置

情景	需水端	供给端			
		非常规水	外调水	地表水	地下水
I	现状需水量	现状供水能力	南水北调中线达到设计规模	平水年	采补平衡
II				枯水年	采补平衡
III				特枯水年	采补平衡
IV			南水北调中线未通水	平水年	采补平衡
V				枯水年	采补平衡
VI				特枯水年	采补平衡

2. 现状供需平衡分析

在满足区域最小生态需水和入海水量的约束条件下，以区域供水公平性最优、总缺水量最小以及社会水循环能耗最低为目标，通过优化京津冀地区不同水源供水格局，实现不同地区、上下游之间优化调控（王建华，2014）。

结果表明，现状水平年京津冀地区水资源短缺严重，缺水量介于 30.9 亿～49.3 亿 m³，如果南水北调中线未通水，缺水量将高达 82.3 亿～95.0 亿 m³，如图 2-37 所示。总体来看，京津冀地区生态需水无法保障，处于受约束状态，实际用水也是地区可承受的最小需水。2018 年实际年份供用水是以地下水超采、地表水超量利用来维持的，如果京津冀地区地下水按照采补平衡来利用，河流生态需水满足最小生态需水要求，以及入海水量满足多年平均入海水量要求，那么京津冀地区现状供水能力将无法满足现状实际的需水，将会出现 30.9 亿 m³ 的破坏性缺水。南水北调中线一期工程对于缓解京津冀地区缺水具有重大作用，对比南水北调中线一期工程未通水情景，破坏性缺水将会高达 82.3 亿 m³，区域可持续发展将会受到严重制约。南水北调中线一期工程通水情景下京津冀缺水空间分布如图 2-38 所示。

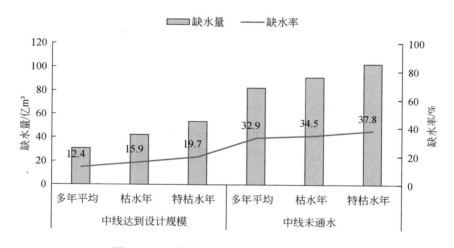

图 2-37　现状水平年不同情景供需平衡结果

对于情景 I 方案，最优调控结果如下：

京津冀供水总量 219.3 亿 m³，其中，地下水供水量 111.9 亿 m³，地表供水量 31.4 亿 m³，再生水供水量 20.3 亿 m³，外调水量 55.7 亿 m³。供需分析表明，京津冀破坏性缺水量达 30.9 亿 m³，缺水率约为 12%，在保障最小生态需水调控情景下，主要为经济社会缺水。水资源供需平衡如图 2-39 所示。

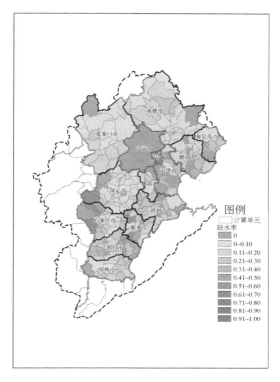

图 2-38 现状水平年中线达到规模情景下供需平衡结果

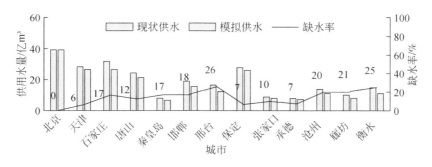

图 2-39 情景 I 京津冀供需平衡结果

2.3.4 未来水平年供需平衡

1. 未来情景设置

京津冀未来经济社会发展将是用水需求变化的主导因素，随着新型城镇化、工业化、人口与经济增速减缓和社会结构发展变化，京津冀地区预计将于 2035 年左右迎来用水峰值，因此以京津冀需水达到峰值 2035 年作为未来水平年，进行未来情景设置。

基于需求侧和供给侧适应性预测结果，构建水资源调控情景方案集，包含不同情景下需水用户和供水水源组合情况。研究以"先探究合理的用水需求，再分析可能的供水保障"为导向，以现状水资源调控为基准，围绕节水需水变化、生态保障和供水能力三大方面，具体明确为 8 个关键问题，最终目标为水系统健康的最优方案。对于经济发展程度，按照经济和人口发展中速增长考虑；对于粮食自给程度，按照维持现状自给水平考虑；对于节水实施程度，按照采取强化节水水平考虑；对于河湖生态修复目标，按照保障适宜生态需水考虑；对于不同地下水位恢复目标，按照地下水位 50 年恢复考虑；对于非常规水利用，按照规模扩大考虑；对于外调水，按照南水北调东中线二期均通水考虑；对于引滦水调整，按照天津：唐山分水比例调整为 3：7 考虑。不同情景方案设计如图 2-40 所示。

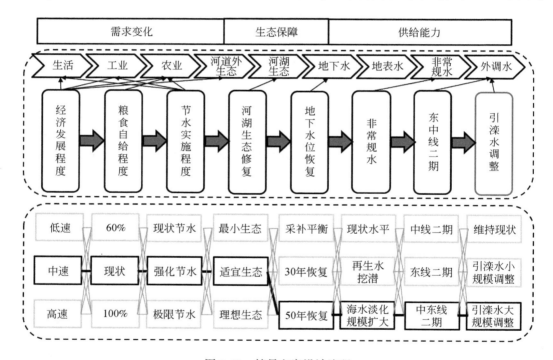

图 2-40　情景方案设计流程

2. 不同情景供需平衡结果

根据不同方案的水资源调控结果，可以得到不同情景的缺水率和空间分布结果。如图 2-41 和图 2-42 所示。可以看出，随着经济发展和适宜生态保障，京津冀缺水问题将会加剧，缺水率高达 21%，即使区域内采用强化节水措施和扩大非常规水等措施仍难以保障用水安全，而南水北调东中线二期通水后能极大地缓解水资源短缺压力，缺水率将降到

4.1%，可基本解决区域水资源安全保障问题。

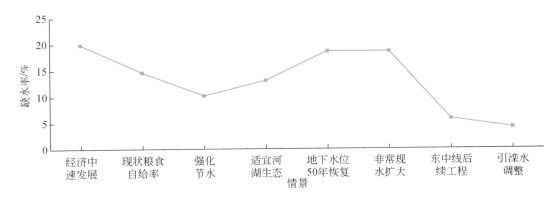

图 2-41　不同情景下京津冀缺水率变化情况

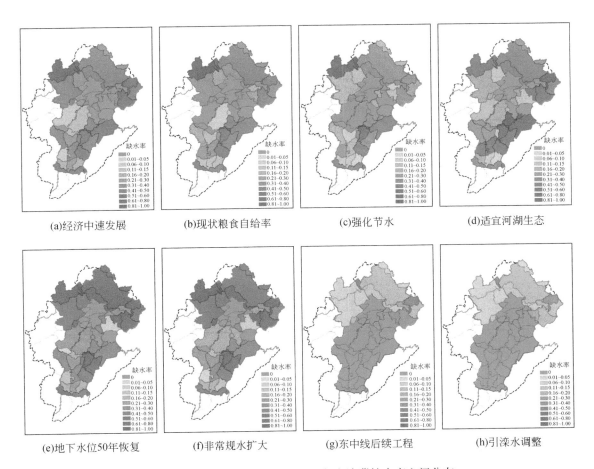

图 2-42　递进式调控模拟下 2035 年京津冀缺水率空间分布

3. 推荐情景供需平衡结果

围绕需求、供给和生态保障三个方面设置八大要素，设定水资源系统健康推荐情景方案，见表2-10。该方案下，南水北调东中线后续工程可以增调外调水40.4亿 m³，相对现状水平年，经济社会用水得到满足，可以保障京津冀地区河流维持适宜生态流量，不发生缺水，但无法达到健康地下水位50年恢复目标（年回补14.3亿 m³），只能实现每年回补地下水3.7亿 m³。在需求方面，未来京津冀地区在维持现状粮食自给率和采用强化节水措施下，可以支撑经济社会中速发展。在供给方面，虽然非常规水充分挖潜无法有效地解决地区缺水问题，通过引滦水调整，能够降低地区缺水的不均衡性，实现南水北调东中线工程效益北延。

表 2-10　2035 年推荐情景与现状水平年对比

序号	调控情景	现状水平年	2035 年
1	经济发展程度	现状水平	中速增长
2	粮食自给程度	79%	维持现状
3	节水实施程度	现状节水	强化节水
4	河湖生态修复	最小需水 42.7 亿 m³	适宜需水 54.3 亿 m³
5	地下水位恢复	采补平衡	每年回补地下水 3.7 亿 m³
6	非常规水利用	再生水利用率 26%	再生水利用率 45%
7	外调水规模	中线一期调水 49.5 亿 m³ 引黄入冀补淀 6.2 亿 m³	中线一期调水 49.5 亿 m³ 中线二期调水 15 亿 m³ 东线二期调水 25.4 亿 m³ 引黄入冀补淀 6.2 亿 m³
8	引滦水调整	天津：唐山分水比例 7∶3	天津：唐山分水比例 3∶7
9	京津冀需水量	250.2 亿 m³	258.8 亿 m³
10	京津冀供水量	219.3 亿 m³	258.8 亿 m³
11	京津冀缺水量	30.9 亿 m³	可消除破坏性缺水问题
12	京津冀缺水率	12.4%	

2.3.5　南水北调东中线后续工程规模分析

上述分析均是建立在未来南水北调东中线后续工程调水规模达到40.4亿 m³ 的情景，考虑未来调水规模的不确定性，研究设置了不同外调水规模对京津冀水系统安全保障的影响，研判适宜调水规模。

可行性方案设定 6 种南水北调东中线工程后续调水规模，以递进式决策推荐情景为基础，每种方案经济社会发展程度采用中速增长情景，节水实施程度采用强化节水情景，粮食自给程度维持现状，非常规水利用采用规模扩大情景，引滦水分配方案采用调整后的情景，河湖生态修复采用最小生态需水目标，地下水位恢复维持采补平衡，情景组合见表 2-11。

表 2-11　2035 水平年京津冀外调水情景设置

情景	南水北调东中线后续工程调水规模
0	无东中线后续工程
I	中线增加调水 15 亿 m³；无东线后续工程
II	中线增加调水 5 亿 m³；东线增加调水 15 亿 m³
III	中线增加调水 10 亿 m³；东线增加调水 20 亿 m³
IV	中线增加调水 15 亿 m³；东线增加调水 20 亿 m³
V	中线增加调水 15 亿 m³；东线增加调水 25.4 亿 m³

各情景水资源供需平衡结果如图 2-43 所示，在保障河湖生态最小需水和地下水采补平衡下，随着南水北调东中线后续工程调水规模逐步扩大，区域水资源系统安全状态可以从遭到严重破坏到基本平衡保障，再到实现生态系统适度恢复。

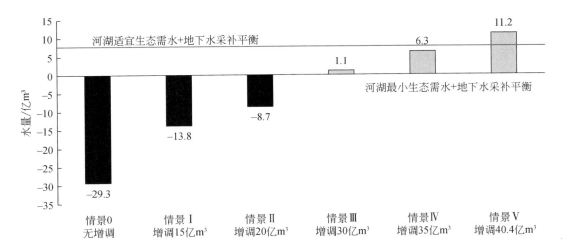

图 2-43　不同外调水规模下 2035 年京津冀供需平衡分析

情景 0 为基准方案，缺水量为 29.3 亿 m³，缺水率高达 11.7%，说明在没有东中线后续工程情景下，若要维持京津冀经济社会正常发展的用水需求，2035 水平年需要超采地下水 29.3 亿 m³，现状超载的水系统仍然难以得到修复。

情景Ⅰ和情景Ⅱ新增外调水 15 亿~20 亿 m³，一定程度缓解了破坏性缺水问题，但无法达到京津冀水系统健康平衡，仍需要超采地下水才能维持经济社会正常发展，其中情景Ⅰ缺水量为 13.8 亿 m³，情景Ⅱ缺水量为 8.7 亿 m³。

情景Ⅲ新增外调水 30 亿 m³，此时京津冀水系统安全得到基本保障。由图 2-43 可知，为了维持经济社会正常发展用水需求，以及保障河湖生态最小需水与地下水采补平衡，新增外调水最小规模为 28.9 亿 m³。

情景Ⅳ新增外调水 35 亿 m³，京津冀水系统能够得到一定程度的修复。由图 2-43 可知，当外调水规模新增到 36.2 亿 m³ 时，可以达到保障京津冀河湖生态适宜需水和地下水采补平衡目标。

情景Ⅴ新增外调水 40.4 亿 m³，此时可以保障京津冀河湖生态适宜需水和地下水采补平衡目标，若要完成健康地下水位50年恢复目标，每年需回补地下水 14.3 亿 m³，则需进一步新增外调水规模到 50 亿 m³ 才能实现生态系统全面恢复。

通过分析不同新增外调水规模下京津冀水系统安全保障状况，可以发现南水北调东中线后续工程对缓解当地破坏性缺水、保障水系统健康具有十分重要的作用。结合供需平衡分析结果，当南水北调东中线后续工程增调水量达到 28.9 亿 m³ 时，可以实现河湖最小生态需水和地下水采补平衡目标，京津冀水系统安全得到基本保障；当南水北调东中线后续工程增调水量达到 36.2 亿 m³ 时，可以实现河湖适宜生态需水和地下水采补平衡目标；当南水北调东中线后续工程增调水量达到 50 亿 m³ 时，可以实现适宜生态需水和地下水位50年恢复健康水位的目标。因此为保障京津冀经济社会正常发展和水系统安全，南水北调东中线后续工程最小规模应为 28.9 亿~36.2 亿 m³。

2.3.6　考虑水资源演变调水工程规模分析

20 世纪 50 年代以来，海河流域水资源量呈持续衰减状态，在此背景下，考虑未来水资源可能出现的变化并分析其对区域水资源安全的影响，对于保障京津冀可持续发展有重要意义。基于 2.1.3 节中未来可能情景研判的研究成果，在衰减极限情况下，地表径流量大约减少 16 亿 m³。

山丘区水资源衰减必然加剧平原区河湖生态缺水，因此，必须考虑水资源衰减对调水工程规模的影响，以最乐观径流衰减管控来估算，未来水资源衰减也在 10 亿 m³ 以上，这一部分径流衰减也必须由外调水来弥补。

综上，当南水北调东中线后续工程增调水量达到 39 亿 m³ 时，可以实现河湖最小生态需水和地下水采补平衡目标；当南水北调东中线后续工程增调水量达到 46 亿 m³ 时，可以实现河湖适宜生态需水和地下水采补平衡目标；当南水北调东中线后续工程增调水量达到

60 亿 m³ 时，可以实现适宜生态需水和地下水位 50 年恢复健康水位的目标。

综合以上各种分析情景，建议未来南水北调东中线后续工程京津冀地区调水规模控制在 46 亿~60 亿 m³，才能实现区域供水安全。

2.3.7 京津冀水系统可靠性分析

随着气候变化和人类活动影响，未来京津冀地区水资源量变化存在较大的不确定性，与此同时，外调水已经成为该地区重要的水源，水源区和受水区发生干旱也将成为影响京津冀水资源安全保障的重要因素（赵勇，2021）。为了分析在各种极端不利情景下京津冀水系统可靠性程度，在 2035 年推荐情景下，考虑水资源衰减下南水北调东中线后续工程的可能调水规模，设定 3 种调水情景（情景 0 无东中线后续工程；情景 I 新增外调水 25 亿 m³；情景 II 新增外调水 46 亿 m³），分别分析在本地遭遇极端干旱、本地遭遇历史极端大旱、水源区遭遇干旱京津冀水系统的可靠性。

1. 1961~2018 年干旱风险分析

根据京津冀 1961~2018 年历史降水数据，设定极端干旱年和多年连续干旱情景。极端干旱年情景，考虑枯水年和特枯水年，通过对历史降水量排频计算得到典型年，其中枯水年降水频率 $P=75\%$，特枯水年降水频率 $P=95\%$；多年连续干旱情景，通过反演历史干旱模拟，以连续干旱序列（2001~2010 年）实际资源量作为情景进行分析。

京津冀单年干旱影响模拟分析如图 2-44 所示。2035 年情景 0 下遭遇枯水年时缺水量为 47 亿 m³，特枯水年缺水量为 65 亿 m³；情景 I 下遭遇枯水年时缺水量为 32 亿 m³，特枯水年缺水量为 50 亿 m³；情景 II 下遭遇枯水年时缺水量为 6 亿 m³，特枯水年缺水量为 18 亿 m³。对比现状水平年情景，南水北调东中线后续工程通水后，京津冀抵抗干旱年的能力有了显著提升。

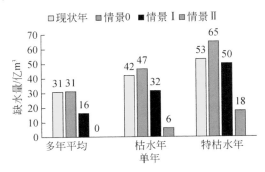

图 2-44 遭遇单年干旱缺水量（2035 年）

以 2001～2010 年干旱序列实际资源量作为输入，反演历史情景，进行京津冀遭遇连续干旱时水资源保障形势分析，如图 2-45 所示，可以看出情景 0 多年缺水量介于 42 亿～67 亿 m³；情景 Ⅰ 多年缺水量介于 27 亿～52 亿 m³；情景 Ⅱ 多年缺水量介于 6 亿～30 亿 m³，整体缺水情况要比遭遇单年枯水年时严重。

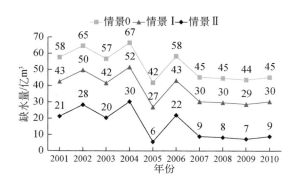

图 2-45　多年连续干旱缺水量

通过对近 60 年干旱风险分析，可以看出南水北调东中线后续工程通水，能够显著提升京津冀地区抵御干旱风险的能力。在没有外调水后续工程情景下，如果京津冀地区遭遇枯水年或特枯水年，将依赖超采地下水来维持农业用水需求；而在外调水后续工程通水情景下，在枯水年临时超采 6 亿 m³ 地下水可以保证区域用水安全，在遭遇连续干旱情景下则需要超采 16 亿 m³ 地下水，且该部分超采量均可以通过适当压减农业灌溉面积、非枯水年回补地下水实现恢复。因此，南水北调后续工程通水，近 60 年出现的干旱等级对于京津冀地区已经不是重大威胁。

2. 历史极端大旱风险分析

中华人民共和国成立以来，我国虽然经历了多次大旱，但从破坏和影响程度上均不如历史极端大旱严重，因此为了研究当今社会如果再次遭遇历史极端大旱下水系统的可靠性，需要开展历史典型场次特大干旱事件重演研究。基于《中国近五百年旱涝分布图集》，得到研究区 1470～2018 年旱涝变化情况，如图 2-46 所示。图 2-46 中 0 代表该年份正常，1 表示偏旱，2 表示旱，–1 表示偏涝，–2 表示涝。可以看出，1635～1644 年京津冀一直处于多年连续状态，该连续干旱和历史上崇祯大旱（1637～1643 年）相对应。

本研究以《中国近五百年旱涝分布图集》和降水实测资源为基础，考虑降水量和旱涝等级具有转换关系，且降水本身存在周期性，因此通过支持向量机回归（support vector regression，SVR）的方法，对 1961～2018 年实测降水数据与旱涝等级建立 SVR 模型，通过输入 1470～2018 年的旱涝等级，实现对京津冀地区近 500 年降水量变化序列的重建，还

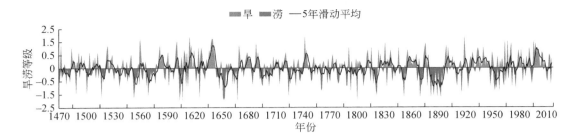

图 2-46　京津冀地区 1470～2018 年旱涝变化情况

原历史极端大旱下降水量和水资源量变化情况，并分析水系统供需平衡（常奂宇等，2018）。

　　京津冀历史降水量变化如图 2-47 所示，可以看出，对应于 1637～1643 年崇祯大旱降水量有显著减少，平均降水量为 336.6mm，降水距平率为-41.7%，且严重的年份降水量仅有 226.8mm，降水距平率为-60.7%。基于 GWAS 模型在现状下垫面条件下对水资源量进行计算，模拟得到在降水量最低的 1639～1641 年，基本无地表水产流，1635～1644 年降水量下平均地表水资源量仅为 34.7 亿 m³。

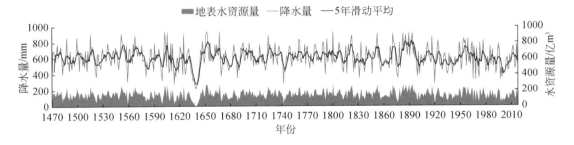

图 2-47　京津冀地区近 500 年降水量重建

　　在遭遇历史极端大旱情景时，京津冀地区将出现极为严重的破坏性缺水现象，以最为干旱的 1639～1641 年为例，此时生态环境将遭到严重破坏。在情景 0 时，仅能保障生活和工业用水需求，但由于没有东中线后续工程调水，农业用水缺口高达 101 亿 m³，缺水率达到 78%，此时农作物将面临大面积绝收现象；在情景 I 时，由于外调水规模扩大，农业用水缺口得到缓解，但缺口仍然高达 86 亿 m³，依靠地下水超采和缩减灌溉面积仅能在一定程度上缓解缺水问题，农作物仍面临大规模减产；在情景 II 时，由于外调水规模进一步扩大，农业用水缺口降至 64 亿 m³，缺水率为 50%，缺水问题仍然严重，但通过合理地下水超采和适当减产增加粮食贸易供给的方式，能够有效降低缺水损失。

3. 南水北调中线水源区干旱风险分析

由于外调水供水比例持续增大，外调水水源区遭遇干旱将直接影响京津冀地区供水安全。考虑南水北调东线从长江下游干流提水，受区域丰枯影响较小。而南水北调中线一期工程可调水量受汉江流域丰枯变化影响较大，因此主要对南水北调中线水源区干旱影响进行分析。

为了研究不同水文条件下南水北调中线工程可调水量，按照南水北调中线工程规划确定的丹江口水库供水调度规则，利用丹江口水库供水调度模型，以1956年11月～2017年10月的水文系列，采用改进粒子群算法，计算陶岔渠首的可调水量，得到多年可调水量结果，如图2-48所示。可以看出，规划时采用的1956～1998年系列计算可调水量为95.4亿 m³，而受近些年丹江口水库入库水量减少影响，1999～2017年系列可调水量减少到84.5亿 m³。

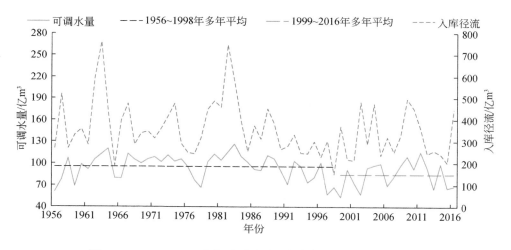

图 2-48　1956～2016 多年系列丹江口水库入库径流和可调水量

为了反映汉江丰枯变化对京津冀水资源安全保障的影响，除了考虑近20年入库径流衰减带来的可调水量减少情景，根据历史可调水量序列，选取1978年作为典型干旱年（$P=90\%$），同时考虑多年连续干旱带来的极端风险，选取1997～1999年作为连续干旱典型序列。基于长序列模型供需平衡计算，得到不同南水北调水源区可调水量变化下京津冀缺水情况，如图2-49所示。可以看出，情景0和情景Ⅰ时京津冀地区均出现较为严重的缺水，特别在遭遇多年连续干旱时，本地水库调蓄作用无法继续发挥作用，此时情景0缺水量高达57亿 m³，情景Ⅰ缺水量高至41亿 m³，且外调水作为优质水源，主要用于京津冀地区生活和工业用水，当外调水来水减少时，不得不增加地下水超采来保障生活和工业用水安全。

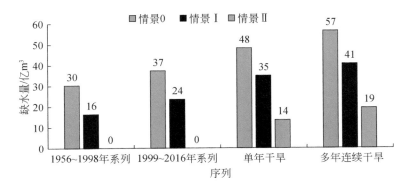

图 2-49   中线水源区遭遇干旱时京津冀缺水量

在情景Ⅱ时，即使受近些年丹江口水库入库水量减少影响，京津冀地区可以保障区域用水安全，但随着水源区遭遇单年干旱或多年连续干旱，用水缺口开始出现，且在最严重的多年连续干旱情景下，破坏性缺水达到 19 亿 m^3。此时外调水规模相对情景 0 有了巨大提升，因此即使遭遇多年连续干旱，生活和工业用水可以得到保障，且通过临时应急超采地下水 19 亿 m^3 可以维持区域供用水平衡。

综合以上分析可以看出，水源区干旱风险主要体现在连续枯水年。由于外调水是京津冀地区生活和工业用水的主要水源，生活和工业刚性缺水会给当地经济社会发展带来严重威胁，因此为了进一步提升抵御干旱风险的能力，一方面要加强水库调蓄能力，可以在干旱年份、突发事故停水期间提供应急供水，降低对受水区的影响程度；另一方面要加强东中线互济作用，抵御东线/中线水源地供水风险，如情景Ⅱ，因为增加了东中线后续工程，相比情景 0 显著提高了供水安全。此外，地下水应急供水作为抵御干旱风险的有效措施尤为重要，是保障地区经济社会正常发展的关键措施。

2.4   水资源安全保障战略目标

海河流域水资源安全保障的核心目标就是维护水系统健康，即通过维持河湖生态流量、恢复健康地下水、保障社会合理用水需求，修复自然水循环健康和基本服务功能，支撑经济社会高速发展，实现海河水系的整体健康（图 2-50）。

2.4.1   实现自然水系统健康

自然水系统的健康体现在保持自然水循环功能完整性，即将经济社会对自然水系统的

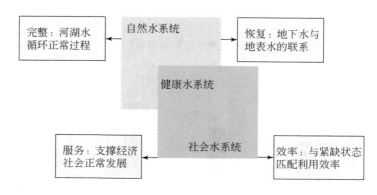

图 2-50　海河流域水资源安全保障目标

扰动控制在可承受范围，逐步修复受损的水循环系统。

对于海河流域来讲，自然水系统健康最关键征性判别指标包括 2 个：①河湖生态流量；②维护地下水服务功能的水位。在海河流域，还要充分考虑土壤盐渍化的控制，以及城镇建筑物的安全，局部地区还要考虑遏制海水入侵等。

2.4.2　实现社会水系统健康

对社会水系统而言，健康调控的基本目标就是提升经济社会系统的安全性，核心是用水安全，在一些特殊地区也包括除涝安全，如城市低洼排涝。

社会水系统健康的关键判别指标是经济社会合理用水需求的保障。所谓经济社会合理用水需求的保障，实际上包含两层含义：一是经济社会用水需求要合理，即经济社会发展规模、结构以及用水效率效益应当与水资源条件相匹配；二是对于合理需求的保障。

2.5　水资源安全保障战略路径

2.5.1　调控思路

自然水循环与社会水循环通量是此消彼长的过程，存在健康状态临界平衡点。由于海河流域社会水循环通量绝对值过大及其增长速度过快，对自然水循环扰动程度长期超出其韧性范围，自然水循环偏离其平衡点，自然生态系统及其功能遭到破坏，水系处于失衡状态（图 2-51）。

进行水系统协同调控就是在社会水循环逐渐增强、自然水循环紊乱失衡的过程中，去

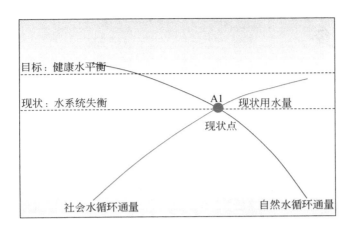

图 2-51 水系统失衡

建立新的平衡点。新平衡点的建立有两种调控路径（图 2-52）：一是通过高质量发展（优化结构、提高效率、高效配置等）来调减需求，回归平衡；二是提升系统承载能力（外调水、虚拟水、非常规水利用等），增加供给，扩大健康阈值空间，促进海河流域水系统回归到健康稳定状态。

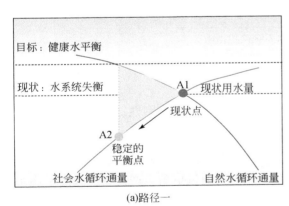

(a)路径一

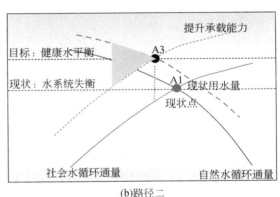

(b)路径二

图 2-52 水系统协同调控模式

本书借用软件工程中的概念，认为要实现水系统整体健康，未来海河流域水系统发展方向即调控方向是促进自然水系统与社会水系统之间形成"高内聚、低耦合"的关系。"高内聚"是指社会水系统内部要实现高内聚发展，即社会水系统通过延长水循环路径、加大重复通量等强化内部小系统之间的关联，实现节约集约式发展。"低耦合"是通过降低经济社会发展对于用水的依存关系，减小自然水系统和社会水系统之间的取排交换通量，一定程度上弱化二者相互之间的耦合程度，从而降低社会要素对自然要素的扰动。

2.5.2　调控路径

海河流域水资源安全保障要实施供需双向的调控。需求侧调控，即通过经济规模调控、产业结构优化、高效循环用水体系构建等，加强社会水系统高内聚式发展，降低对自然水系统的扰动；供给侧优化，由于京津冀地区特殊的资源和经济状况，仅进行需求侧调控不能完全解决水系统失衡问题，仍需适当调入水量，提升水资源承载能力，修复自然水系统（图 2-53）。

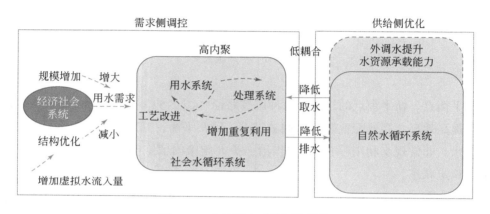

图 2-53　京津冀水系统调控措施

1）需求侧调控

在区域水资源禀赋和一定经济社会发展水平下，用水需求具有刚性、弹性和奢侈层次化特征，层次化需水调控方法，是在保障刚性需求的基础上，逐步压缩弹性需求，抑制奢侈需求（图 2-54）。针对生活用水，在不影响生活质量的前提下，通过采用节水器具、改变用水习惯等压缩弹性和奢侈需求；针对工业生产用水，通过更新生产设备、提高生产工艺、增加行业用水率等方法不断减少水资源的消耗；针对农业生产用水，通过推广高效节水灌溉技术、适水种植等提高水分生产效率及压缩弹性和奢侈需求。

2）供给侧优化

（1）构建互联互通、联动联调、丰枯互补、管理高效的一体化水网，强化引江、引黄和区域控制性工程的联合调度。以天然水系为基础，以国家级调水工程为串联，以地表水库和湖泊湿地为调蓄节点，形成集水资源保障、水生态修复、防洪减灾等功能于一体的自然–社会复合水网，实现水资源统一调配和管理。

（2）实施跨流域跨区域水源互济保障。构建长江、黄河两水源多通道的外调水保障格局。引导用户优先使用外调水、充分利用地表水、合理利用地下水，鼓励开发利用非常规

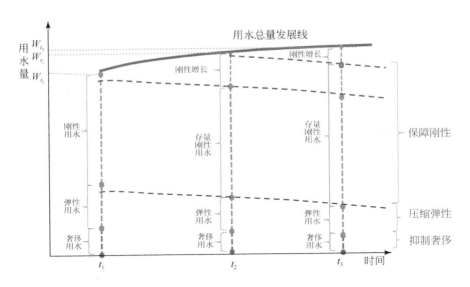

图 2-54　层次化需水调控示意

水，拓展南水北调工程战略效益。

2.6　水资源安全保障战略措施

海河流域水资源极为紧缺，以全国 0.7% 的河川径流，养活 11% 的人口，浇灌 8% 的耕地，承载 11% 的 GDP。海河流域多年平均降水量 548mm，在全国十大水资源一级区中，仅高于西北诸河区。流域人均水资源只有 280m³，不足全国平均水平的 1/7。为了支撑经济社会发展，海河流域地表水资源开发利用率长期超过 100%，是全国十大一级片区中开发利用程度最高的流域，远超过 40% 国际公认的合理阈值，导致一系列生态环境问题，主要表现为地下水超采、湖泊湿地萎缩，河道生态流量不足等。目前来看，2014 年南水北调中线工程通水后，海河流域水资源供需矛盾稍有缓解，但京津冀地区人均水资源可利用量仅增加 40m³，远不能根本改变海河流域缺水形势。未来推进海河流域生态保护，首要任务就是控制水资源开发利用强度，减缓社会水循环对自然水循环的干扰，但这不可避免地影响经济社会用水，加剧已经十分紧张的水资源供需矛盾（王浩等，2019）。在这样的情势下，需求侧全面推进经济社会适水发展、各行业深度节水，供给侧实施水网工程的统筹部署和污水资源化利用，才能进一步有效保障海河流域水资源安全。

2.6.1　合理管控灌溉用水和城市用水两大总量

1）以水定地，适度控制农田灌溉面积

2000 年以来，京津冀农业用水效率持续提升，2019 年农田灌溉水有效利用系数已分别达到 0.747、0.714 和 0.674，在国内居于先进水平，用水效率提升的实际潜力已然不大。京津冀农业用水占到总用水量的 50% 左右，为了判别京津冀地区农业灌溉规模总量是否适应区域水资源条件，对农业用水进行层次化分析。计算结果显示，水资源安全承载量小于食物安全需水量，即水资源相对匮乏地区，有 48 个，占所有区县数量的 28%；实际灌溉用水超过水资源安全承载的地区，即处于水资源不安全状态的区县有 117 个，占所有区县数量的 68%。由此可见，京津冀地区农业灌溉规模还是整体偏大，合理控制农业用水规模是缓解区域水资源供需矛盾的关键。地下水严重超采区，综合协调地下水压采、粮食安全等国家战略目标，统筹生态保护和粮食安全之间的关系，以地下水承载力制定灌溉面积规模和适宜的种植结构，部分地下水超采区需要进一步调减地下水超采区粮食生产任务，严格控制灌溉面积和高耗水作物种植面积，以地下水采补平衡和适当修复为目标，适时实施轮耕休耕制度，制定分区域休耕轮作面积，加强休耕轮耕土地管理，保持农田持续生产能力，实现地下水资源可持续的利用。东部沿海地区浅层地下水矿化度较高，咸水顶界埋深较大，且浅层地下水补给条件较差，地下水开发利用以深层地下水开采为主。这一区域要减少深层淡水资源超量开采。坝上区域要以建成首都水源涵养功能区和生态环境支撑区为目标，有序退减水浇地面积，压减地下水开采量。

2）以水定城，合理管控城市用水增量

海河流域属于水资源紧约束地区，必须强化水资源的刚性约束。开展全流域水资源承载能力调查评价。地级以上城市，根据水资源承载能力，合理确定发展布局和规模，研究制定承载人口上限，促进人口经济与资源环境相均衡。城市总体规划、国民经济和社会发展规划、重大建设项目布局规划、工业园区规划等涉及水资源开发利用的规划，必须开展规划水资源论证，并将论证结果作为刚性约束条件。对京津冀而言，管控城市发展规模的重点是有序疏解北京非首都功能，这也是京津冀协同发展战略的核心所在。北京市现状生活用水已经占到总用水量的 50% 左右。因此，北京市管控城市规模，控制用水需求的主要目标就是控制住人口规模，防止生活用水过快增长。2015 年中央政治局会议审议《京津冀协同发展规划纲要》时指出，要严控增量、疏解存量、疏堵结合调控北京市人口规模。控制首都城市规模和人口增量，既要动用行政手段，通过重大规划和产业布局水资源论证，实行流域区域用水总量控制和取水许可限批政策等措施等加以控制，还要按照城市功能定位，通过逐步调整产业布局和规模有序疏导。雄安新区作为北京非首都功能疏解集中承载地，是京津冀地区用水需求的重要增长点，要合理控制用地规模，加强各类规划空间控制线的充分衔接，形成规模适度、空间有序、用地节约集约的城乡发展新格局。

2.6.2 实施生活、工业和农业全行业、全过程深度节水

实施各行业深度节水，在不影响生活、生产和生态正常状态，不降低生活水平、生产条件和生态功能的前提下，在水资源的汲取、供给、使用等各个环节中，尽量减少水资源的损失和浪费，尽可能提高水资源利用效率，降低经济社会发展对水资源消耗的依赖程度。

1）农业由高产灌溉模式转向高效率用水模式

加强农业灌溉用水计量和管理，改变传统农业灌溉模式，由高产灌溉模式转向高效率用水模式。京津冀地区实验表明，与现状灌溉相比较，最小灌溉和关键期灌溉的水分利用效率都有显著提升，但实施关键期灌溉对产量的影响相对较小。与最小灌溉相比，关键期灌溉年减少超过 100mm 耗水，但对产量影响小（图 2-55 和表 2-12）。如果京津冀地区推广 3000 万亩，年降低耗水 22 亿 m³。

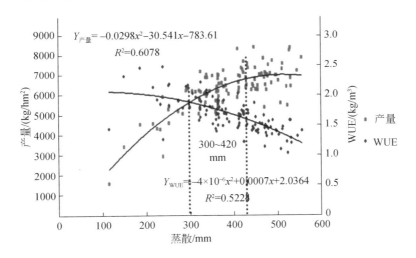

图 2-55 不同灌溉条件下的产量

表 2-12 与传统灌溉相比较的节水效果

灌溉制度	最小灌溉	关键期灌溉
ET	−203mm	−113mm
WUE	+21%	+15%
产量	−35%	−15%

2）工业以颠覆性技术研发与推广应用为主实现跨越式节水

在工业节水方面，目前重点领域节水减排清洁生产与废水深度回用关键技术快速发展，园区综合节水和循环利用水平不断提高，初步具备系统集成和工程成套能力，火力发电空冷、轧钢加热炉汽化冷却、石油炼制干式蒸馏等部分行业节水技术已达国际先进水平。工业节水应当充分推广应用先进技术与工艺。同时推动节水技术与工艺升级创新，重点支持无水替代的颠覆性技术及适用设备研发，如无水马桶、无水印染、空气冷却等，破除科技成果转化和高效节水技术推广的政策制约与市场阻力，大幅度降低用水量和污水排放量。

3）生活从终端节水拓展到建筑系统节水

大力推广绿色建筑，从建筑规划设计就综合考虑节水与水的循环利用。新建公共建筑必须安装节水器具，推动城镇居民家庭节水，普及推广节水型用水器具。特种行业积极推广循环用水技术、设备与工艺，优先利用非常规水源。拓展建筑内部分质供水循序利用技术和新型节水器具的使用。

4）以发挥水价市场调节作用为主推动形成自觉节水

优化水源比价关系，合理确定地表水、地下水、外调水和非常规水的比价关系，促进各类水源综合利用。推进城镇居民阶梯水价制度，流域县级及以上城市全面普及，根据实际用水适时调整阶梯水量和价格标准。推进非居民用水超定额、超计划累进加价制度，各级定额和水价区间依据节水定额、一般定额划定。提高各业用水差价，对洗车、洗浴、高尔夫球场、滑雪场等高耗水项目，按特种行业水价执行，特种行业水价按城市供水非居民用水价格的 5~10 倍制定。

2.6.3 优化产业、种植、贸易和饮食四大结构

改革开放以来，京津冀地区产业结构始终在不断变化，并朝着高级化方向发展。分地区来看，北京市产业结构保持平稳高速发展，第一产业占比较低，产业重心由第二产业向第三产业转移；三次产业结构由 1978 年的 5∶71∶24 转变到 2019 年的 0.3∶16.2∶83.5，已经进入后工业化阶段。天津市产业结构总体发展趋势与北京市类似，三次产业结构由 1978 年的 6∶70∶24 转变到 2019 年的 1.3∶35.2∶63.5。第一产业占比较低，产业重心由第二产业转向第三产业，但转移速度慢于北京市，比北京市晚了约 20 年，而且第二产业仍占有相当的比例。河北省产业结构呈优化趋势，体现在第一产业向第三产业转移，第二产业占比一直在 39%~55%，仍是河北省的产业重心，三次产业结构由 1978 年的 29∶50∶21 转变到 2019 年的 10.1∶38.7∶52.2，已进入工业化中期。

研究计算了北京–天津、北京–河北、天津–河北的产业结构相似系数。按照国际惯

例，如果系数高于 0.9，说明地区间的产业结构存在较严重的同构现象。各区域间相似系数均高于 0.9，存在产业趋同现象，北京-天津 1978～2002 年产业结构相似系数在 0.9 以上，其中 1978～1994 年的产业结构相似系数高于 0.96，这一时期北京-天津存在严重的产业趋同现象，2003～2008 年产业结构相似系数有所下降，2009 年以来产业结构相似系数呈上升趋势，2016 年产业结构相似系数再次达到 0.9，北京-天津的产业趋同现象有再次加强的趋势。北京-河北 1985～1995 年产业结构相似系数高于 0.9，存在产业趋同现象，1996～2008 年产业结构相似系数持续下降，2008 年之后相似系数有上升趋势。天津-河北 1985～2016 年产业结构相似系数高于 0.9，1992 年以后产业结构相似系数更是持续处于 0.96 以上，存在严重的产业趋同现象（图 2-56）。

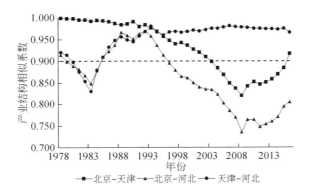

图 2-56　京津冀产业结构相似系数与偏离系数

整体来看，京津冀产业结构相似性较高，且产业结构相对落后，水资源无法自由地进入到更高附加值的行业当中，即节约下来的水难以被第二、第三产业消化吸收，用以产生更高的效益，导致农业节水-高效益用水-农业再节水的路径不完整，造成农业用水规模偏大，虚拟水大量输出。因此，京津冀应立足流域和区域水资源承载能力，确立"适水发展"的理念，严控水资源开发利用强度，合理确定经济布局和结构。合理规划城镇发展布局和结构；统筹工业布局和结构，控制高耗水、高污染行业占比，发展优质、低耗、高附加值产业，大力发展节水型服务业；合理调整农业布局和种植业结构。

1）以"高端制造+科技创新"为方向，优化产业结构

现阶段京津冀呈现"重工业+生产性服务业"的产业布局，高耗水行业占比近几年虽明显下降，但整体来看，高耗水产业占比依然较高，相对集中，产业布局与水资源不相适配现象仍十分突出。例如，河北省钢铁、化工、火电、纺织、造纸、建材、食品七大高耗水工业用水量占工业用水总量的 80% 以上。未来一是要持续严控高耗水行业规模，以节水倒逼产业升级；二是要优化产业布局，将高耗水产业逐步向沿海迁移；三是提高节水标准，加快淘汰高耗水工艺、设备和产品，促进水的集中处理和梯级利用、循环利用。

2）以减少高耗水作物比例为重点，优化种植结构

近年来京津冀小麦种植面积基本维持稳定，玉米种植面积持续增加，其他作物均呈下降趋势，需进一步控制小麦灌溉面积，在干旱缺水的深层地下水超采区，优化种植模式，将小麦、玉米一年两熟改为两年三熟或一年一熟；同时在降水条件较好的地区，探索开展旱作雨养种植，积极组织耐旱节水优质高效作物品种选育和示范推广，减少高耗水作物种植比例，发展旱作雨养农业。北京市逐步有序退出小麦等高耗水作物种植，采用宜林则林、宜草则草、宜果则果、宜休耕则休耕等方式调整农业种植结构，进一步发展高端高效都市现代农业，深化农业结构调整，调粮保菜。天津市继续支持农业产业化龙头企业发展，通过土地经营权流转，实现规模化种植，促进农业绿色转型，大力发展特色农业。河北省粮经饲三元种植结构协调发展，确保口粮绝对安全和京津冀"菜篮子"产品有效供给。

3）以加大水资源密集型产品输入为路径，优化贸易结构

在缺水地区，虚拟水贸易也是保障水安全的重要路径，近年来随着农产品净输入量增长，京津冀地区虚拟水由净流入区逐步转变为净流入区，未来在满足国家粮食安全布局的前提下，制定相应的贸易政策，进一步优化贸易结构，加大水资源密集型农产品输入，增加虚拟水净输入量。

4）以积极倡导推进绿色消费为抓手，优化消费结构

通过节水教育、节水宣传、节水培训等特色活动，全面提升居民节水意识。倡导绿色消费意识，提倡绿色节约消费习惯，引导合理膳食结构，降低消费环节各类产品的浪费。通过健全标识认证体系、完善经济政策等多种手段，鼓励选购节水龙头、节水马桶、节水洗衣机等节水产品，推动形成绿色生产生活方式和消费模式。

2.6.4 保护山丘区径流性水资源

海河流域三次水资源调查评价结果表明，1956~1979 年海河流域多年平均地表水资源量为 288 亿 m³，1980~2000 年减少到 171 亿 m³，2001~2016 年进一步减少到 122 亿 m³。与第一次评价期相比，2000 年以来海河流域地表水资源量减少了 166 亿 m³，超过南水北调中线一期工程向京津冀规划调水量的 3 倍，超过京津冀用水总量的 60%；可以直接调蓄利用的地表水资源衰减幅度高达 58%，远超黄河流域同期 18% 的减少幅度，是全国十大一级流域中地表水资源衰减最剧烈的流域。而海河流域的水资源衰减主要发生在山丘区。在海河流域 166 亿 m³ 地表水资源减少量中，山丘区地表水资源减少 124 亿 m³，占 75%；平原区地表水资源减少 42 亿 m³，占 25%。观测表明，2000 年以来，平原区地表水资源衰减趋势大幅减缓，但山丘区地表水资源减少趋势仍在持续，是关注和防控的重点区域。

1）转变山丘区治理模式，保护极为有限的径流性水资源

水的命脉在山。海河流域山丘区需要持续加强水土流失治理，但在国土绿化、水土保持、生态修复等工作中，一是要坚持以水定绿，量化水资源的植被承载能力，以雨养、节水为导向，宜乔则乔、宜灌则灌、宜草则草、宜荒则荒；二是要坚持近自然修复，保护好现存的天然林，植被建设以天然更新、自然生态恢复或人工促进天然更新为主；三是要坚持山水林田湖草功能统筹协调，综合考虑包括产水功能在内的各种服务功能来设计森林覆盖率、植被结构和空间格局，既要维护健康优美的山丘区生态环境，又要保护有限的径流性水资源。

2）加强山丘区农业节水，推广低耗水作物和种植模式

目前华北地区地下水超采综合治理主要聚焦在平原区，对山丘区农业节水考虑相对较少，流域地表水主要来自山丘区，必须实现山区平原统筹治理，才能长久有效控制平原区地下水超采。因此，需要合理规划山丘区农田灌溉面积，发展低耗水作物和种植模式，鼓励旱作雨养，避免过度建设蓄水池、集水窖等拦蓄设施，大力推广滴灌、微灌等高效节水灌溉，提高水资源利用效率，同时要减少化肥农药施用量。

2.6.5 推进再生水、淡化水两大非常规水源利用

1）落实《关于推进污水资源化利用的指导意见》，推动流域内污水资源化利用

面向国家污水资源化利用总体要求，核算全流域污水资源化利用潜力，科学设定流域污水资源化利用总体目标。根据不同地区经济社会发展水平、水资源开发利用情况，核定各地区再生水利用配额，作为各地区污水资源化利用目标。加强前期规划的顶层设计，再生水利用规划要与国土空间规划、产业发展规划、污染防治规划等相协调，合理规划和布局市政污水处理厂和再生水厂，集中与分散相结合、污水处理与再生利用相结合，通过产城融合，实现工业对市政再生水的充分利用。将再生水利用基础设施作为区域总体规划、城市建设的强制性内容，纳入市政供排水体系，配套建设再生水处理设施与供水管网。

2）推进海水淡化利用与直接利用

目前，海河流域海水淡化利用主要面临五方面问题：①成本问题，淡化水出厂成本高于民用水价的倒挂现象，导致海水淡化无法有效形成产业进行大规模发展。②水质问题，水质安全问题事关市政饮用供水，用水单位心存疑虑的问题，要想实现饮用供水，必须解决水质安全问题。③国家扶持问题，水价形成机制尚未做出符合市场规律的调整，海水淡化工程相关投资、税收政策也未落地；海水淡化标准体系需要贴近需求进一步完善，海水淡化产品质量监管和认证体系尚需完善。④技术装备问题，核心材料和关键设备还主要依

赖进口，按工程设备投资价格比，国产化率不到50%。⑤环境污染问题，浓盐水直排入海，将对海洋生态环境特别是封闭性海域产生危害，成为制约海水淡化产业发展的瓶颈之一。未来要推进海水淡化利用就要破解这五方面问题。一是进一步完善海水淡化产业发展的制度环境，实施以生态系统为基础的海洋综合管理，形成海水淡化产业发展的协调机制。二是建立健全海水淡化产业发展的法律法规，制定海水淡化产业发展专项规划，建立健全海水淡化产业相关领域的法律法规。三是加大创新投入。围绕海水淡化工艺、关键技术、集成装备、水质安全、生态环保等相关领域中的重大和前沿科技问题进行基础研究与应用基础研究；加强技术研发与自主创新，加大海水淡化关键技术与核心技术的研发力度，增强海洋科技的自主创新能力；注重技术装备的升级换代；加快科技成果转化，构筑科技成果转化的公共平台，建立科技成果示范基地，建设高技术产业园区。

2.6.6　完善四大片区水网格局

京津冀水网是以漳卫河、子牙河、黑龙港、大清河、永定河、北三河、滦河等天然水系为基础，以南水北调东中线工程、万家寨引水工程、引黄入冀补淀等国家级调水工程为主动脉，以地表水库和湖泊湿地为调蓄节点，形成集水资源保障、水生态修复、防洪减灾等功能于一体的水网体系（图2-57）。根据不同区域国土空间功能定位、水网现状和存在问题，京津冀水网优化需要重点考虑南水北调受水区、滦河水系、坝上地区和山丘区四大区域。针对南水北调工程受水区和滦河区重点开展以下水网优化工作。

1）南水北调工程受水区

该区是京津冀核心地区，主体位于京津冀中东部平原，该区水源调配控制条件较好，河湖洼淀广布，城市密集，人口众多，用水集中，但存在水源匮乏、生态流量不足、地下水超采严重等问题。该区重点是基于北京、天津、雄安等各地区功能定位，统筹规划南水北调东中线后续工程，构建山区水库-南水北调中线干线、南水北调东线干线-骨干输水渠道为一体，覆盖中东部地区的水源配置体系，通过南水北调东中线及引黄增加供水，提高水资源承载能力。

（1）优化东线后续工程线路选择，提出南水北调东线经白洋淀进京方案，即经白洋淀进京线路是利用河北省原位山引黄补淀路线，卫千渠从卫运河进入引黄入冀补淀工程，经引黄入冀补淀工程线路调入白洋淀，再利用白沟河河道或地下管道输送至北京市永定河流域，沿途串起雄安新区、首都新机场，供水范围覆盖包括通州区的北京市平原区。该方案比现有规划线路具有五大优势：一是生态效益发挥更充分，串联白洋淀、衡水湖、永定河等重要河湖湿地，可向滏阳河、大清河、永定河等平原河网水系自然补水；二是自流覆盖范围更广泛，与南水北调中线、引黄入冀补淀等工程联动作用更强，更有利于构建多元互

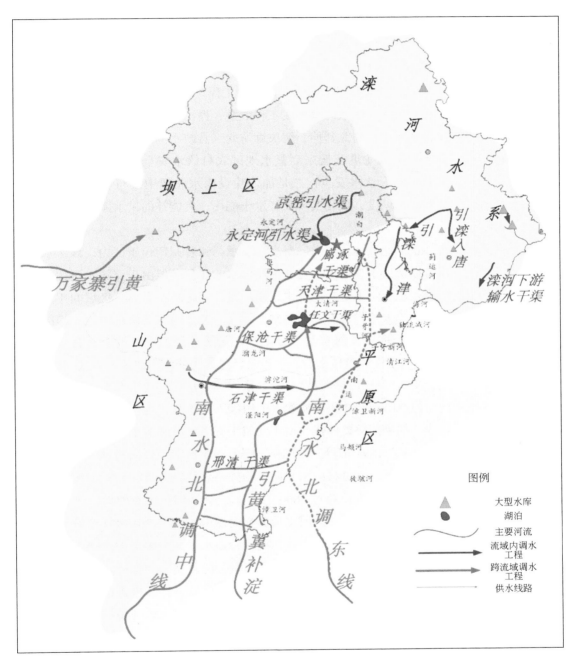

图 2-57 京津冀人工水网总体格局

补的京津冀水资源保障网；三是水环境治理倒逼作用发挥更充分，经白洋淀进京线路更深入华北平原的腹地，更有利于带动整个京津冀地区水生态环境治理；四是对北京市而言，无论是工程综合效益还是供水可靠性、用水经济性，经白洋淀进京线路方案比较优势都十分明显，更有可持续性；五是对雄安新区而言，经白洋淀调蓄调水，可为千年大计雄安新区的供水保障和生态宜居的城区建设提供稳定可靠的水源保障。基于上述原因，建议进一步开展东线进京线路的优化比选。

（2）南水北调中线工程效益北延。南水北调中线工程对保障京津冀水资源安全具有极为重要的战略意义，为充分发挥南水北调中线工程效益，提出以下三点建议：一是扩大城市供水范围工程，建设廊涿干渠向北延伸，解决廊坊北三县缺水问题；二是建设城镇水厂向农村延伸工程，彻底解决黑龙港及运东高氟水地区农村饮水安全问题，保障沧州、衡水、邢台、邯郸 4 市 386 万人饮水安全；三是加快建设南水北调中线与当地水的连通工程，通过江水和当地水联合调度，最终实现长江水丰能用、欠能补的供水体系。

2）滦河区

该区内矿产丰富、重工业发达，唐山、秦皇岛、承德和曹妃甸位于区内。该区水资源相对丰富，滦河干流的潘家口水库还承担着向天津供水的任务，但由于流域水资源衰减严重等，该区水源匮乏、生态流量不足、地下水超采严重等问题日益突出，区域间用水竞争激烈。该区重点一是在保障天津供水安全的基础上，充分考虑南水北调东中线工程战略效益的发挥，适度还水于河，推进滦河水量再分配；二是统筹滦河上下游、左右岸，打造"一河九库"供水网络。从京津冀整体来看，无论是已经通水的南水北调东中线一期工程，还是其后续工程规划，受水区最北端均到北京，北京以北的承德、唐山和秦皇岛等地并未包括在受水区范围内。但 20 世纪 80 年代初建设的引滦入津工程，为南水北调受水区和滦河流域建立了工程联系，如果能够整体优化南水北调工程受水区和非受水区的水量配置方案，完善滦河水系格局，共享南水北调工程红利，则不需要新增工程措施和资金投入，仅通过引滦水量分配方案的调整，就可将南水北调工程战略效益向北延伸到滦河流域，惠及承德、唐山和秦皇岛等地，受益人口超过 1000 万人，社会经济和生态效益巨大。遇枯水年份，在保证天津用水安全的前提下，滦河水量分配向唐山生产生活用水适度倾斜，消除安全隐患，避免出现重大供水危机。在东中线二期工程通水后，更多考虑滦河下游地区生态环境保护和经济社会发展需求，进一步优化常态水量分配方案。为保障冀东滦河流域高质量发展，需重点加强水源涵养和流域、区域地表水优化配置，持续推进燕山山区水土保持和水源涵养，平原区系统实施河湖生态修复，滨海区实施近岸海域环境整治，统筹滦河上下游、左右岸，推进滦河水量再分配，建议打造"一河九库"供水网络（九库指大坝沟门、双峰寺、潘家口、大黑汀、邱庄、陡河、桃林口、洋河、石河），加大滦河水特别是潘家口、大黑汀水库水利用，保障区域供水需求，压减地下水超采量。

2.6.7 常态和应急统筹管理

1）实现应急管理向风险管理的转变

当前，应急管理仍然是京津冀地区应对洪水、干旱灾害的主要模式，防洪、抗旱的预案制度与设计仍然是各自为战，应急性措施仍然是管理的主要目标对象，导致防洪与抗旱的管理决策缺乏周密计划和全面考虑，面对灾害时处于被动式应对。转变这种被动防洪与抗旱的工作方式，加强风险的识别与管理，采取综合预防措施，实现向洪涝干旱灾害风险管理的战略转变，是新时期治水发展的趋势。实现风险管理，首先应建立水资源风险评价机制，加强水资源应急预案编制，科学制定应急预案，进一步健全预案种类，提高基层预案覆盖面；其次应加强水资源综合管理法律法规建设，制定各项配套制度，实现洪涝干旱灾害风险管理的制度化、规范化；最后应加强常态情况下的风险防范意识和极端情况下的灾害应对能力宣传教育，将防灾避险、自救互救等应急救援知识纳入国民教育体系，深入宣传节水的重大意义，倡导节水和低碳生活方式，提高公众的水忧患意识和节约保护意识。

2）完善涉水信息标准化及多部门共享机制

实现信息标准化及共享是促进水资源常态与应急综合管理的基本条件和要求。洪水与旱情的监测信息对于在灾害发生前降低洪灾与干旱风险，以及在洪水期与干旱期采取适当的防洪与抗旱措施至关重要。通过构建多元化、标准化信息采集、传输、处理、分析、预测与预警等现代化功能于一体的信息服务平台，实现不同区域、不同部门水情、旱情实时信息的高效传输，形成水资源系统常态管理部门和应急管理部门之间，水资源管理部门与气象、国土等其他部门之间，政府与公众之间的沟通和共享，实现对区域水情旱情的综合决策、统筹调度。

3）统筹跨区域常态与应急管理制度

促进常态与应急管理部门的融合，使得部门在行使管理职能时更加充分和全面地考虑各方面利益，将常态与应急综合管理落到实处，同时避免职能分离造成的人力、物力和财力的浪费。建立常态与应急管理目标的综合考核机制，避免管理中的单一目标化，进一步促进常态与应急综合管理的实行。通过各级水行政主管部门管理机构、部门联立体系和基层一体化管理体制的建立，形成水资源常态与应急综合管理的构架，并通过各项基本制度的建立，促进和保障常态与应急综合管理的实行。

第3章 海河流域地下水修复与保护战略

3.1 地下水超采与治理现状

3.1.1 地下水超采情况分析

1. 平原区地下水现状分析

截至 2020 年，地下水位数据采用国家地下水监测工程监测井与京津冀三省（直辖市）自建地下水监测井，共计 3665 眼，其中国家地下水监测工程监测井数 1756 眼，省级地下水监测井数 1909 眼，其中超采区内共有 1603 眼（河北 821 眼、北京 437 眼、天津 345 眼），水位监测频次为 6 次/d。北京和天津国家级监测井布设密度较高，平均密度分别为 27 眼/1000km² 和 33 眼/1000km²，符合《地下水监测工程技术规范》特殊类型区站网布设密度标准。河北省国家级监测井整体密度较低，平均密度为 8 眼/1000km²，共有 16 个县（区）的国家级监测井数量不足 2 眼，其中 3 个县（区）没有国家级监测井。针对国家级监测井数量不足的问题，为提高监测井密度，增强评估准确性，将省级监测井纳入评估范围。截至 2020 年，河北省目前共有省级地下水自动监测井 1787 眼，超采区内有 1636 眼。国家级监测井（水利部分）与省级监测井在超采区范围内的站点平均密度为 24 眼/1000km²，达到《地下水监测工程技术规范》特殊类型区站网布设密度标准。另外，北京市年度考核评估选用了代表性较强的地下水监测井 122 眼，一并纳入监测评估体系。

监测分析表明，在降水偏枯的情况下，2019 年 12 月底京津冀平原区地下水位较 2018 年同期总体仍在下降，但降幅与枯水年份（2014 年）相比明显减缓；部分地区水位止跌回升。

对比 2018 年，2019 年的浅层地下水位平均下降 0.62m，其中回升（上升幅度＞0.5m）、稳定（水位变幅±0.5m）、下降（下降幅度＞0.5m）的面积比例分别为 12%、43% 和 45%。河北下降 0.81m，天津维持基本稳定，北京回升 0.66m。其中河北平原区浅层地下水位回升、稳定、下降的面积比例分别为 11%、40% 和 49%，下降幅度较大的区域主要包括邯郸、沧州、保定，分别下降 1.34m、1.09m、0.89m。深层承压水位平均下降 1.62m，其中回升、稳定、下降的面积比例分别为 14%、23% 和 63%。河北下降 2.04m，天津回升 1.14m。其中河北平原区深层承压水位回升、稳定、下降的面积比例分别为 7%、23%、70%，下降幅度较大的区域主要集中在衡水、邢台、邯郸、沧州，分别下降 4.73m、3.18m、2.89m、2.15m，廊坊、石家庄、唐山等也呈下降趋势。

2014 年河北平均降水量 408mm，属于枯水年份，与 2019 年降水情形类似。根据 2014 年河北地下水动态变化数据，全省平原区浅层地下水位平均下降 1.18m，深层承压水位平均下降 8.35m。与 2014 年相比，2019 年地下水位平均下降幅度明显减缓，平原区浅层地下水位平均下降 0.81m，深层承压水位平均下降 2.04m。

2020 年降水量与多年平均降水量持平的情况下，年底（12 月底）京津冀平原区地下水位较 2019 年同期总体有所回升。

与 2019 年同期对比，2020 年 12 月底浅层地下水位总体保持稳定（回升 0.23m），其中回升（上升幅度>0.5m）、稳定（水位变幅±0.5m）、下降（下降幅度>0.5m）的面积比例分别为 24.3%、58.2% 和 17.5%。北京回升 0.23m，天津回升 0.18m，河北回升 0.24m，均基本维持稳定。其中河北平原区浅层地下水位回升、稳定、下降的面积比例分别为 25.8%、56.6% 和 17.6%，地下水位上升幅度较大的区域为邢台、保定和邯郸，分别回升了 0.76m、0.72m 和 0.68m；秦皇岛和唐山略有下降，分别下降了 0.49m 和 0.14m。深层承压水位平均回升 1.34m，其中回升、稳定、下降的面积比例分别为 59.5%、26.3% 和 14.2%。河北回升 1.19m，天津回升 2.32m。其中河北平原区深层承压水位回升、稳定、下降的面积比例分别为 55.9%、28.2%、15.9%，水位上升幅度较大的区域为衡水、邢台、邯郸、唐山、沧州和保定，分别回升 2.62m、1.90m、1.43m、1.18m、0.98m 和 0.68m；仅秦皇岛有所下降，降幅为 1.24m。

2. 地下水超采面积与超采量

本次地下水超采区评价范围为海河流域京津冀地区平原区，总面积为 103 027km²。评价现状水平年为 2018 年，评价期为 2015～2018 年。

评价结果表明，京津冀地区地下水超采区数量为 43 个，超采区总面积为 83 254km²，占平原区总面积的比例为 80.8%，涉及 145 个县级行政区。其中，浅层地下水超采区 25 个，超采区面积 40 804km²（一般超采区 12 个，超采区面积 35 044km²；严重超采区 13 个，超采区面积 5760km²）。深层承压水超采区 18 个，超采区面积 51 585km²（一般超采区 10 个，超采区面积 11 493km²；严重超采区 8 个，超采区面积 40 092km²）。

根据 1980～2000 年系列地下水可开采量成果，本次评价京津冀地区现状地下水超采量 37.08 亿 m³，其中，北京市地下水超采量 0.08 亿 m³，全部为浅层地下水超采；天津市地下水超采量 1.7 亿 m³，全部为深层承压水超采；河北省地下水超采量 35.3 亿 m³，包括浅层地下水超采量 13.1 亿 m³，深层承压水超采量 22.2 亿 m³。根据 2000~2016 年系列地下水可开采量成果，本次评价京津冀地区现状地下水超采量 42.0 亿 m³，其中，北京地下水超采量 0.6 亿 m³，全部为浅层地下水超采；天津地下水超采量 1.7 亿 m³，全部为深层承压水超采；河北地下水超采量 39.7 亿 m³，包括浅层地下水超采量 17.4 亿 m³，深层承压水超采量 22.3 亿 m³。超采量与超采面积汇总见表 3-1 和图 3-1。

表 3-1 京津冀地区地下水超采面积与超采量

	超采区面积/km²			超采量/亿 m³		
	合计	浅层	深层	合计	浅层	深层
北京	4 134	4 134	—	0.6	0.6	—
天津	9 427	—	9 427	1.7	—	1.7
河北	69 693	36 670	42 158	39.7	17.4	22.3
合计	83 254	40 804	51 585	42.0	18.0	24.0

注：浅层地下水超采区与深层承压水超采区重叠区域面积为 9135km²。

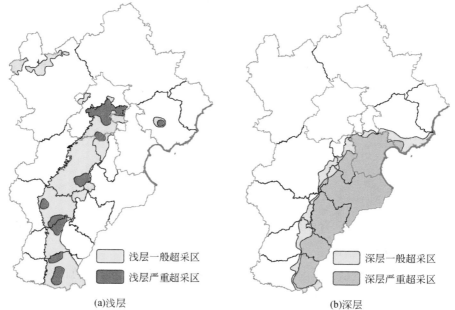

(a)浅层   (b)深层

图 3-1 京津冀地下水超采区分布

3. 深层地下水开采与地面沉降

开采深层承压地下水会使含水层水头下降，当承压含水层的水头下降时，含水层将释放水量，包括水体膨胀释水和含水层骨架的压缩变形释水，其中水体膨胀释水量一般远小于含水层骨架的压缩变形释水量。含水层骨架的压缩变形一般包括弹性压缩变形和塑性压缩变形，塑性压缩变形主要来自含水层中黏性介质（如黏土夹层）的永久性压密，是地面沉降的主要因素。当承压含水层的水头升高时，含水层将存储水量，包括水体压缩存储的水量和含水层骨架弹性膨胀变形存储的水量。一般说来，承压含水层的储水系数在水头下降时的数值要大于水头上升时的数值，因为水头下降时既包括含水层骨架的弹性压缩，又通常伴随含水层骨架的永久性压密，水头上升时含水层骨架只有弹性膨胀恢复（图3-2）。

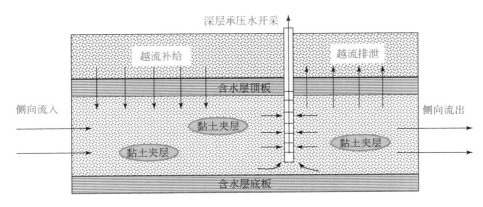

图3-2 评价单元深层承压水补、排示意

深层承压水虽然更新缓慢，但也受到越流与侧向流入的补给，本研究认为当深层承压水开采在一定合理范围时，不会引起含水层压密释水。利用中国水利水电科学研究院开发的地表–地下水二维水量耦合模型 MODCYCLE 开展研究工作，以京津冀平原区为例，通过超采治理前 2005~2014 年的地下水数值模拟得到年均深层承压水补、排平衡情况。

当前京津冀平原区深层承压水大部分区域的水头基本都处于持续性下降趋势，表明含水层的开采量大于含水层侧向补给量与越流补给量之和，含水层处于压密释水状态（储量减少）。分析表明，京津冀深层超采区承压水年均总侧向流入量和侧向流出量之差为 7.98 亿 m³（包含从山前的侧向流入量、区域边界处的流入/流出量）；年均总浅层地下水向深层地下水的净越流补给量（即从浅层越流至深层的水量减去从深层越流至浅层的水量）为 11.00 亿 m³。若将京津冀深层水侧向径流量和浅层向深层的净越流补给量视为可更新的资源量，评价深层承压水超采区总的可更新量约为 18.98 亿 m³，其中天津 2.26 亿 m³，河北 16.72 亿 m³。

地面沉降是由于过量抽汲地下水引起水位下降，在欠固结或半固结土层分布区，土层固结压密而造成的大面积地面下沉。在海河平原东部，由于长期开采深层承压地下水，部分地区出现地面沉降问题。

本研究以天津为例，经测算 1959~2018 年全市最大累计沉降量 3.451m，位于滨海新区塘沽街，低于平均海平面 1.6m。近年来，随着地下水压采工作的开展，全市地面沉降整体趋势明显减缓，2018 年，全市平原区平均年沉降量 20mm，但武清王庆坨、北辰双口—青光、静海台头、西青王稳庄、滨海新区杨家泊—寨上 5 个地面沉降严重的地区形势依然严峻，其中武清王庆坨沉降区最大沉降量达到 174mm，历年地面沉降量统计见表 3-2。

表 3-2　天津地面沉降监测值统计

年份	全市平均沉降量/mm	中心城区平均沉降量/mm	土方损失量/亿 m³	大于 50mm 面积/km²	最大沉降量/mm	监测面积/km²
2017	24	14	2.4	963	166	8000
2016	25	18	2.57	1422	135	8000
2015	26	21	2.6	1400	154	8000
2014	26	18	2.8	1400	121	8000
2013	27	27	3.1	1400	131	8000
2012	26	27	3.2	1400	127	8000
2011	34.8	26	3.48	1550	119	8000
2010	35.4	24	3.54	1550	116	8000
2009	31.1	23	3.11	1500	120	8000
2008	25	19	3.08	1550	78	8000
2007	30.4	24	3.04	1530	72	8000
2006	28.6	27	2.86		68	3850
2005	23.2	28	2.33		70	3330
2004	29.8	25	2.98		90	2850
2003	15	28	1.5		81	2155
2002	15.3	22	1.53		77	2155
2001	14.9	25	1.49		105	1635
2000	14.9	22	1.49		95	1635
1999	13.6	19	1.36		88	1635
1998	14.4	31	1.43		103	1635
1997	15.5	22	1.55		84	1635
1996	15.2	26	1.52		112	1635
1995	10.4	19	1.04		96	1635
1994	17.1	21	1.71		98	1595

续表

年份	全市平均 沉降量/mm	中心城区 平均沉降量/mm	土方损失量 /亿 m³	大于 50mm 面积/km²	最大沉降量 /mm	监测面积/km²
1993	16.9	25	1.69		82	1595
1992	30	18	1.54		89	1595
1991	17	17	1.35		75	1300
1990	22	15	1.11		41	1300
1989	30	18	1		101	1300

通过分析各区地下水开采强度与平均地面沉降的关系，可以建立开采强度–沉降量统计方程，进而揭示不同区域沉降敏感性，为地面沉降控制和地下水超采治理提供基础性依据。本研究采用线性回归法，统计结果见表 3-3。

表 3-3　天津地下水开采–地面沉降统计方程

监测区域	回归系数		拟合方程	相关系数 R^2
	a	b		
宝坻	1.565	−1.736	$y = 1.565x - 1.736$	0.658
北辰	3.493	36.867	$y = 3.493x + 36.867$	0.845
东丽	5.475	13.543	$y = 5.475x + 13.543$	0.470
津南	2.491	43.448	$y = 2.491x + 43.448$	0.334
宁河	11.168	−18.682	$y = 11.168x - 18.682$	0.954
武清	3.855	1.631	$y = 3.855x + 1.631$	0.112
西青	11.049	8.777	$y = 11.049x + 8.777$	0.362
静海	7.585	30.678	$y = 7.585x + 30.678$	0.203
滨海新区	4.560	15.843	$y = 4.560x + 15.843$	0.637
市区	1.240	15.629	$y = 1.240x + 15.629$	0.627

考察地下水开采–地面沉降关系可知，虽然有的区域数据离散性较大，但地下水开采强度与地面沉降正向关系明显。取相关系数 0.6 以上的区域，得到开采 1 万 m³/（km²·a）的深层地下水引发的地面沉降为 1.2～4.5mm。

开采地下水引起含水层系统压缩沉降，与诸多因素相关。第一与含水层补给条件相关，如在宝坻、宁河、武清，由于地下水侧向补给充足，开采引发相对较小的沉降量。第二与含水层导水性（含水层厚度和渗透系数的综合）、储水性相关，也就是与含水层系统本身的供水能力相关。第三与地层压缩性有关。含水层的导水性、储水性和压缩性与沉积历史及沉积相密切相关。由于过程十分复杂，要建立一个统一的地下水开采量–开采深度–

地面沉降关系是困难的。

深层承压地下水由于受到隔水层阻挡,与大气降水及地表水体入渗联系微弱。因此在当地进行河道生态补水对深层地下水的恢复几乎不起作用。如果未来南水北调东线北延可以将当地深层地下水开采全部置换,则深层承压水由于历史上超采而形成的降落漏斗在停止开采后受到弹性应力的作用,通过侧向补给与浅层地下水的越流补给就可以在自然条件下逐渐得到恢复,不需要额外的人为干预(张长春等,2003)。并且由于停止了深层地下水开采,也可以防止地面沉降等地质环境问题的恶化。

需要注意的是,历史上的深层水超采已经造成深层含水层的塑性形变压缩,深层水即便在自然恢复后的水位得以上升,但储水能力不可能达到超采前的水平。

3.1.2　地下水超采治理行动

在海河平原区开展地下水超采治理意义重大。近年来,水利部等有关部门与地方政府开展了一系列地下水超采治理行动,梳理如下。

1)南水北调受水区置换城市地下水开采

2013 年国务院批复了《南水北调东中线一期工程受水区地下水压采总体方案》。2014年南水北调东中线一期主体工程建成通水,为城市地下水超采治理提供了水源条件。受水区利用南水北调工程置换受水区城市地下水开采,通过加快南水北调水源骨干工程与水厂、供水管网等配套工程建设,充分利用南水北调东中线工程调水,置换城区地下水开采,关停供水管网覆盖范围内自备井。截至 2017 年底,受水区 5 省(直辖市)实际消纳南水北调水量 60 亿 m^3,受水区城区已封填机井 1.4 万余眼,新建、改建水厂近 200 座。与 2014 年相比,压减地下水年超采量 15 亿 m^3。

2)河北省针对农耕区试点地下水超采综合治理

2014 年中央一号文件,要求先期在华北地区河北省开展地下水超采综合治理试点工作。2014~2016 年,国家有关部门组织河北省开展了地下水超采综合治理试点。通过多种治理措施,压减地下水开采量。综合三年压采效果评估成果,截至 2018 年 6 月底,水利压采项目实际完成地表水置换工程 600.03 万亩,井灌区高效节水工程 312.38 万亩,微咸水利用工程 61.37 万亩。农业压采项目共实施 2198.45 万亩,其中调整种植模式 201.84 万亩、种养结合或旱作模式 30.44 万亩、冬小麦稳产配套 1680.76 万亩、保护性耕作 117.73 万亩、小麦玉米水肥一体化 75.42 万亩、蔬菜水肥一体化 89.50 万亩、中药水肥一体化 2.76 万亩。林业项目共实施非农作物替代 52.50 万亩。河北省 2017 年形成地下水减采能力 43.8 亿 m^3,其中地下水压采能力 33.6 亿 m^3,地下水恢复能力 10.2 亿 m^3。试点项目在 2017 年共实现农业地下水压采量 21.08 亿 m^3,完成三年试点期间农业地下水压采目标

（22.26 亿 m^3）的 95%，压采量占河北省农村地下水超采量（41.7 亿 m^3）的 51%。

3）华北地区试点河湖地下水回补

2018 年，水利部、河北省印发了《华北地下水超采综合治理河湖地下水回补试点方案（2018—2019 年)》，选择滹沱河、滏阳河、南拒马河三条典型河流，开展了河湖地下水回补试点，逐步回补地下水和恢复河流生态。具体措施包括：实施河道清洁行动，清理河道主槽、滩地垃圾、障碍物、违章建筑，实现河道清洁通畅，并采取适宜的生态措施，恢复河道生态环境；根据上游水库蓄水、南水北调中线等水源条件，加强水资源合理配置，为试点河段生态补水；加强河道巡查与管护，强化水量监管，严控沿程用水排污，严禁乱挖滥采，确保输水安全。三条试点河流自 2018 年 9 月 13 日开始补水，截至 2019 年 8 月底，累计补水量达 13.2 亿 m^3；补水期间形成最大水面面积 46km²，地下水位最高时期平均回升 1.6m。

4）流域各省（直辖市）划定地下水禁限采区

2012 年水利部办公厅发布了《水利部办公厅关于开展全国地下水超采区评价工作的通知》。海河流域各省（直辖市）在地下水超采区评价成果的基础上，划定并公布了地下水禁采区和限采区。其中，禁采区主要包括：超采区内城市管网覆盖并能满足供水要求的地区，具备其他替代水源条件的地区，发生了严重的生态与环境地质问题的区域，高速铁路等国家重点基础设施保护区、重要文物保护区，以及其他需要禁采的区域。禁采区以外的超采区划定为限采区。根据划定的地下水禁采区、限采区范围，严格地下水禁采区管理，在地下水禁采区，除临时应急供水和无替代水源的农村地区少量分散生活用水外，严禁取用地下水，已有的要限期关闭；在地下水限采区，一律不准新增地下水开采量。2021 年水利部启动了新一轮地下水超采区划定工作，海河流域已完成压采治理，以及地下水超采区及地下水开发利用临界区的划定工作。

3.1.3 地下水超采治理模式

1. 城市节水压采模式

海河流域的北京市、天津市水资源利用以城市工业和生活用水为主（北京市为 75%，天津市为 50%），且南水北调通水后外调水量引水量均大于其超采量，水位开始恢复。未来地下水超采修复将以城市节水与水源替代模式为主。应充分利用外调水替代地下水开采，加大使用非常规水（再生水、海水淡化）；发扬结构节水，需求端合理布局产业结构，发展节水型产业和节水型企业，减少高耗水产业比例；加强改造节水，降低输配水管网漏失率，强化企业的节水工艺力度；推行节水型用水器具、提高生活用水节水效率，控制用水需求；推进清洁生产战略，促进废污水处理回用等方面完成城市节水压采。

1）北京城市压采模式

北京地下水超采区均为浅层超采，每年 10.5 亿 m³ 的南水北调引水量（干渠口门）已经超过其 5.92 亿 m³ 的超采量，且自南水北调供水进京以来地下水位呈现持续回升趋势。南水北调供水加上本身具备的密云水库、地下水、自然降水等，北京的供水量将超过需水量，不仅能缓解北京严重缺水的现状，也能利用部分水资源进行地下水的涵养。因此，未来北京的地下水修复治理主要依靠城市南水北调供水即可满足需水，但除此之外北京还应控制超采区环境恶化、促进地表水和地下水联合利用并加强应急水源的储备建设，实现地下水的可持续开发利用，为保障城市供水安全、长期稳定发展提供保障。

南水北调工程的实施改变了北京原有供水布局，减轻了本地水资源的供水压力。但北方地区连续干旱条件下地表水供水能力锐减，为北京城市供水安全保障研究工作敲响了警钟。由于地下水资源具有多年调蓄能力、不易被污染、分散就地取水等诸多独特优势，地下水应成为城市应急水源储备的首选。目前北京地下水开采集中在平原区第四系，而山区岩溶水是北京市重要的优质水源，将岩溶水作为北京总水资源的重要战略储备资源之一，进行系统全面的勘查评价工作，这一举措对于水资源严重紧缺的首都北京来讲是十分必要的。更为重要的是，北京是全国社会和政治文化中心，其水资源能否保障城市供水安全必然是重中之重的问题，岩溶水将是南水北调后北京市城市供水和应急供水的重要战略后备水源。

此外，北京还应当加强建立一系列法律法规、加强机构管控力度，增加节水意识、加大生活节水力度，增加污水处理能力、减少污染物排放，同时增加再生水利用和雨水利用，用科学的手段管控地下水，合理利用南水北调水。

2）天津城市压采模式

天津地下水超采均为深层，目前南水北调年引水量为 8.16 亿 m³（干渠口门），已超出其每年 3.94 亿 m³ 的地下水超采量。因此，天津市工业、生活深层地下水开采可完全置换，以后需要解决的主要是农业深层开采（约 2.0 亿 m³/a）如何通过引黄（滦）水、再生水逐步替代的问题。此外，天津生产制造型经济为城市的主要增长点且生产效率高，社会环境发展相对经济发展具有一定滞后性；第二产业用水在用水总量中占比大；工业用水效率极高；已采用非常规水源，但所占比例低。因此建议在未来利用临海优势，增加海水利用量。同时要加大力度进行污水处理厂升级改造，进一步减少污水排放，增加再生水利用。

由于深层承压水不直接接受降水补给，唯有开展大规模地表水源替代地下水源的水源转换工程，深层地下水位才可以实现稳定以及回升，优先开展深层承压水压采；在有条件的地区开展地面沉降防控的井灌回补，探索开展利用南水北调中线引水进行深层承压水井灌回补试验，储备应急战略水源。而深层地下水超采及地面沉降治理具有延时效应，之前的治理目前已经产生初步效果，后期随着南水北调分水方案的完善和后期合理配置引黄水、加大再生水、海水等非常规水资源的利用量，将能逐步改善地下水的超采局面，完成天津市深层地下水资源的涵养修复。

根据天津经济产业结构特点、发展规划，改善城市水循环各个子过程，提出水循环合理模式如下：①充分利用临海的地理优势，进一步加大海水利用量；在有条件的场馆、小区等实施雨水收集和利用工程，提高非传统水源的供水比例。②进一步发展高新技术产业，抓住滨海新区临海及第三产业优势，优化产业结构，继续推广节水器具，提高生活用水效率，更进一步降低用水效益，加大生态用水从而优化用水结构。③进一步加大工业点源污染的治理，以主要水污染物总量减排和城市河道水系治理为重点，改善水环境质量，努力实现城市河道功能性、生态性和景观性的统一。④进一步加大污水处理厂升级改造、新厂扩建及管网配套工程，增加再生水处理设施建设及管网配套工程，增加再生水供水能力。

2. 农业节水压采模式

河北全省工农业用水从 20 世纪 50 年代初期的 40 亿 m^3 增加到 2014 年的 193 亿 m^3，其中地下水供水超过 73%。尤其是近 50 年来灌溉面积大幅扩大，导致农业用水需求大幅增加，2014 年农业用水量达到 139 亿 m^3，占总用水量的 72%，且以地下水供水为主，地下水超采程度大，农业用水量是地下水超采治理的重点和难点。即使将南水北调 30.4 亿 m^3 的外调水足量使用，尚不足以完全填补超采缺口。因此河北需坚持地下水超采综合治理"节水优先、空间均衡、系统治理、两手发力"的治水理念，统筹考虑粮食安全、水安全和生态安全，充分发挥水价配置水资源的经济杠杆作用，实现地下水采补平衡，全面推行"科学规划、确权定价、控管结合、内节外引、综合施策"的农业节水压采为主的治理工作模式，具体超采治理措施如图 3-3 所示。

当前河北地下水农业超采综合治理措施主要集中在排泄端，且以田间治理措施为主，包括种植结构调整、非农作物替代、保护性耕作、地下水高效利用、水肥一体化、井渠双灌、井灌改渠灌等，实施少量非田间措施，如农村生活用水置换、坑塘蓄水等。然而，在应用的时候各类措施当因地制宜，如河北山前平原超采区、河北黑龙港深层地下水超采区及河北西部山区的地下水超采治理应当针对各地区特点确定最适宜的治理方案。

1）山前平原区

河北山前平原地区以浅层地下水超采为主。在此区域若实施农业节水压采措施，在减少地下水开采量的同时地下水的补给量也相应减少，认为地下水开采量的减少量等于超采量的减少量，这是基于地下水补给量稳定不变的假设上。而严格意义上，当前压采效果只

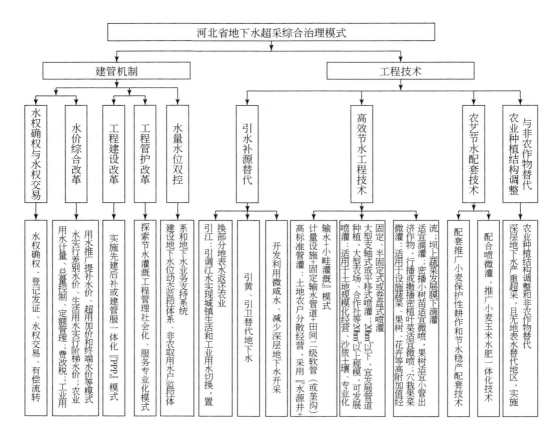

图 3-3　河北省地下水超采综合治理模式

PPP 指公共部门–私人企业–合作的模式

能称为"减采"效果。因此，此区域实施农业地下水超采综合治理在减少农业灌溉地下水开采量的效果上是显著的，但减少地下水超采的效果可能远小于预期。因此不能一味地实施农业节水压采，应当在此区域搭配地下水回补等增源项目。

充分利用南水北调中线工程水源区生态调水，将山区水库的地表供水功能变为山区地表水库、跨流域调水与地下水库联合调蓄的生态供水系统，逐步恢复区域地下水位，恢复停产的大型城市水源供水，建设城市应急水源地，保障山前沿线城市供水安全，也可为当地节水灌溉提供清洁水源。南水北调中线河北受水区沿线山前倾斜平原地下水超采形成的亏空体积达数百亿立方米，优先选择易补、易采、调蓄能力强的山前大厚度含水层区，修建地下水库，减少水面无效蒸发。在适当实施"减排"措施的同时，搭配"增源"措施双管齐下来完成地下水超采治理。可对当前已实施的超采修复模式进行水量-水位效果关联评估和模式优化，科学搭配治理措施，使得措施效益最大化。

2）中东部深层超采区

河北黑龙港地区主要是深层承压水超采区，深层地下水不能直接接受当地大气降水垂向入渗补给，主要接受越流和侧向径流补给，与浅层地下水除在冲洪积扇顶部以弱透水层相隔外，其余大部分地区以较厚的黏性土相隔，在河北平原区越向东部和东北部隔水层厚度越大，与浅层地下水的水力联系越差，越是远离补给区，径流速度越慢。中东部平原深层承压水埋藏较深区域难以接受降水和河流补给，是地质历史时期形成的淡水体，循环交替极为缓慢。开采过程中，弱透水层和透镜体状的黏性土压缩呈塑性变形，即使深层地下水头回升至天然状态，深层地下水也不能完全恢复。过量开采后形成巨大漏斗，地下水耗竭，同时可能诱发严重的地面沉降灾害。

在此区域地下水位变化主要随开采量变化而变化，近几年农业开采是其主要排泄方式，因此可实施"减排"相关的节水压采措施完成地下水超采修复，不用过分担心节水压采的同时减少了地下水补给量，但此区域农田灌溉水利用系数高达0.70，节水潜力有限，建议优化水土资源联合配置，适度加大外流域调水，调整农业结构，压减高耗水产业，实行土地轮耕制度，适度减少冬小麦种植面积，减少小麦外销量，全面压减深层承压水开采量，增加地下水应急战略储备，减缓地面沉降灾害，通过长期努力，实现从采补平衡到区域深层地下水位逐步恢复。此外也建议对已实施的超采修复模式进行水量-水位效果关联评估和模式优化。

3.1.4 地下水超采治理效果

1）"增"的措施效果

实施河湖地下水回补以来，补水河道内生态水量增加，河道水质改善，河湖生态功能逐步恢复，水面面积有所增加，补水期间河道周边地区地下水位总体呈回升和稳定态势。

2018年9月补水以来，至2019年12月底，水利部会同三省（直辖市）向21个补水河湖累计补水41.2亿 m^3，其中2019年1~12月累计补水34.9亿 m^3，超额完成了补水计划任务，补水后有水河长超过1108km，形成水面面积403km²，其中河道水面面积111km²，湖泊水面面积292km²。顺利完成滹沱河、滏阳河、南拒马河三条试点河流生态补水工作，2018年9月至2019年8月底，累计为试点河段补水13.2亿 m^3，补水期间形成最大补水河长477km、最大水面面积46km²，三条试点河段的入渗水量约9.5亿 m^3，地下水回补影响范围达到河道两侧近12km。与补水前（2018年9月13日）相比，2019年2月中旬试点河段两侧10km范围内监测井地下水位平均回升效果最为明显，地下水位平均回升幅度达到1.62m，地下水位上升、稳定、下降的面积比例分别为95%、1%和4%。补水后河道与地下水水质有所改善，试点河段11个地表水水质监测断面中，有8个断面水质类别有所改善，3 个断面水质类别基本稳定；试点河段周边 61 眼国家水质监测井数据显示，补水后Ⅳ、Ⅴ类监测井数减少了 7 眼，南拒马河周边Ⅴ类监测井全部消失。河段生态功能有所恢复，鱼类、生物种类有一定增加，岸边植被增多，水生态空间增加，试点河段鱼类增加 4 种，底栖动物增加 6～10 种，浮游植物增加 5～9 种，浮游动物增加 8～15种。开展了河湖生态补水社会影响调查，受访群众对生态补水反响良好。

北京市利用南水北调水源通过小中河、潮河、雁栖河向密怀顺水源地补水，与补水前相比，水源地周边监测井的地下水位平均回升 3.0m。利用官厅水库向下游河道生态补水，永定河陈家庄—卢沟桥段周边区域地下水位普遍回升，与补水前相比，2019 年 10 月底地下水位平均回升 4.6m；卢沟桥—房山夏场段周边部分区域也呈现出不同程度的回升态势，地下水位平均回升 0.9m。

2020 年，通过实施河湖生态补水，河道内生态水量明显增加，河湖生态功能逐步恢复。根据补水河湖遥感影像解译结果，2020 年底补水河湖有水河长增加至 1873km（占补水河道长度的 76.5%），形成水面面积 733.8km²，其中河道水面面积 271.5km²，湖泊水面面积 462.3km²，有水河长较补水前（2018 年）增加 967km，水面面积较补水前增加 348km²，永定河、滹沱河、七里河、汦河、南运河和瀑河 6 条河流实现全线贯通。2020 年 6 月对 19 个补水河湖进行了生物多样性调查，共设置 56 个调查样点，采集水生生物样品 212 份，鱼类 475 尾，河岸带植物 97 种。调查结果表明，补水期间河流水质明显改善，底栖动物、鱼类多样性较 2019 年有所提高，浮游植物密度降低，尤其是 2018 年率先实施生态补水的滹沱河、滏阳河、南拒马河三条河流，水生态状况改善明显。

2）"减"的措施效果

通过实施重点领域节水、严控开发规模和强度等措施，治理区地下水超采量得到进一步压减。2018 年，京津冀三省（直辖市）较 2017 年新增压减地下水超采量 3.6 亿 m³，其中河北省 3.5 亿 m³，天津市 0.1 亿 m³。

2019 年，高效节水灌溉、地下水源置换工程等大部分地下水超采治理工程措施仍处于建设阶段，尚未发挥实际压采效果。待 2019 年工程措施建设完成后，预计将新增地下水压采能力 7.70 亿 m³（河北省 7.02 亿 m³、天津市 0.68 亿 m³），较 2018 年压采量大幅增加。其中，农业高效节水灌溉措施新增地下水压采能力 0.59 亿 m³，农村生活水源置换措施新增压采能力 0.99 亿 m³，农业灌溉水源置换措施新增压采能力 2.47 亿 m³，种植结构调整措施新增压采能力 0.47 亿 m³，城镇水源置换措施新增压采能力 3.18 亿 m³。

2020 年，高效节水灌溉、地下水源置换工程等新建地下水超采治理工程措施大部分处于建设阶段，尚未发挥实际压采效果，待工程措施全部建设完成后，预计将新增地下水压采能力 7.53 亿 m³（河北省 6.71 亿 m³、北京市 0.31 亿 m³、天津市 0.51 亿 m³）。其中，农业高效节水灌溉工程措施新增地下水压采能力 0.75 亿 m³，农村生活水源置换措施新增压采能力 0.91 亿 m³，农业灌溉水源置换措施新增压采能力 1.61 亿 m³，种植结构调整措施新增压采能力 0.77 亿 m³，城镇水源置换措施新增压采能力 3.49 亿 m³。京津冀三省（直辖市）每项措施预计形成地下水压采能力详见表 3-4 和表 3-5。

表 3-4　2019 年各项治理措施形成地下水压采能力　　　（单位：亿 m³）

治理措施		河北	天津	合计
"增"的措施	城市水源置换	3.00	0.18	3.18
	农村生活水源置换	0.70	0.29	0.99
	农业灌溉水源置换	2.30	0.17	2.47
	小计	6.00	0.64	6.64
"减"的措施	农业高效节水	0.55	0.04	0.59
	种植结构调整	0.47	0	0.47
	小计	1.02	0.04	1.06
合计		7.02	0.68	7.70

表 3-5　2020 年各项治理措施形成地下水压采能力　　　（单位：亿 m³）

治理措施		河北	北京	天津	合计
"增"的措施	城市水源置换	3.15	0.23	0.11	3.49
	农村生活水源置换	0.69	0	0.22	0.91
	农业灌溉水源置换	1.43	0	0.18	1.61
	小计	5.27	0.23	0.51	6.01
"减"的措施	农业高效节水	0.72	0.03	0	0.75
	种植结构调整	0.72	0.05	0	0.77
	小计	1.44	0.08	0	1.52
合计		6.71	0.31	0.51	7.53

3.1.5　地下水超采治理面临的挑战

1）气候变化存在不确定性，降水丰平枯条件对实现压采目标影响大

海河平原区地下水的主要补给来源为降水形成的面上补给（汪林等，2013）。研究通过地表-地下水耦合数值模型，对未来地下水修复进行了情景设置与模拟预测。结果表明，虽然海河平原区已经在局部达到了采补平衡，但整个流域能否全面地实现地下水采补平衡的目标，受未来降水丰、枯影响的因素较大。偏丰情景下海河平原区地下水超采不仅可以完全消除，还可以逐步走向恢复；平水情景下地下水基本接近采补平衡；在降水偏枯情景下，区域整体水循环系统依然为水量负均衡状态，尚不能完全修复。由此可见，未来的气候条件将会是地下水能否全面实现采补平衡的关键制约因素之一。

2）水安全与粮食安全同样重要，但水-粮之间相互制约

在海河流域的绝大多数地区，粮食生产量仍然是地方政府考核指标，地方政府面临着粮食生产与超采治理政策难以协调的难题。以农村地区地下水超采治理为例，如果大幅压减地下水开采量，现有种植规模和种植结构下的农作物灌溉用水将无法得到保障，粮食生产任务指标将无法完成；如果要完成粮食生产任务指标，受水资源禀赋条件所限，即便全部采用先进的节水灌溉技术，仍需继续超采地下水。此外，近年来虽然高耗水冬小麦的种植与往年相较持平甚至减少，但蔬菜种植规模呈逐渐增长趋势，给地下水超采治理带来了压力和风险。

3）资源型缺水问题依然存在

海河流域特别是京津冀城市群是我国重要的经济中心，近年来人口与 GDP 都呈现了大幅增长。为满足人口与经济发展的需求，即便是在全面建设节水社会的前提下，未来流域的供水量仍有可能进一步增加。目前流域内能够实现地下水采补平衡的地区主要依靠外调水对地下水开采进行置换。海河流域是典型的资源型缺水地区，未来在面临严重缺水时，地下水将不可避免地作为备用水源被开采利用，因此，当前采补平衡地区再次出现超采的可能性也是存在的。

4）地下水计量监测体系不完善，行政监管不到位

目前，有效的地下水开采计量体系尚未建立，尤其对农业地下水开采量及变化缺乏动态监测，对地下水开采量压减治理效果以及地下水回补效果无法提供有力数据支撑，致使地下水管理整体属于粗放型。目前河北省共有规模以上机井数量 102 万眼，其中农业灌溉机井 96 万眼，除少数安装了水表可以直接计量外，其余大部分农灌机井没有安装计量设施。农业灌溉用地下水取水许可存在面广量大、执行难度大等难题，需创新管理手段与措施。目前推广使用的"以电折水"计量技术，受制于用电量数据、水量-电量转换系数等影响因素，仍需进一步校验和完善。此外，现有法规对地下水的有关规定较为宏观宽泛，需尽快出台地下水管理专门法规。完善地下水凿井、取水、排水、保护等环节监管机制。基层管理人员严重缺乏，执法能力不足，难以满足地下水管理需求，需加强基层人员培训，提升执法能力，提高管理水平。

5）超采治理追求短期效果，忽略了地下水治理的长久性与持续性

近年来国家在海河流域投入了巨大的人力、物力、财力，全面开展了地下水超采的综合整治，取得了明显的效果。然而容易被忽略的问题是，地下水与地表水在水力学机理上有明显的区别，受到地质条件、气候条件、人为因素等多重影响，地下水流的运动规律也更为复杂，国际上常以 10 年为单位来评估地下水的治理效果。因此，当前通过短期内大量投入所产生的治理效果是否具有长期性和持续性需要等待时间的检验。此外，前期修建的水利、农田水利等设施，随着时间的推移维护成本会逐渐上升，若未来资金与人力的投入无法及时跟上，则已经实现的地下水压采能力以及刚刚得以小幅恢复的地下水资源有可能再次面临挑战。

3.1.6 海水入侵地下水的现状分析

首先应明确海水入侵地下水的形成机制，分为古海水入侵与现代海水入侵。古海水入侵是指在地质历史时期因海进海退而形成海相成因的沉积水（又称地下咸水）过程。海侵活动在沿海地区相应地沉积了厚度不等的海相层，将海水封存其中而形成沿海平原原生型高矿化度咸水体。

现代海水入侵主要是指海水以风暴潮和大潮涌海水地面入侵、沿通道顺层入侵、古海水（咸水）浸染淡水含水层等方式引起的海（咸）水补给改造淡水含水层的过程。海水入侵形式、强度、分布特征受控于地质、构造、岩性、含水层渗透性、含水层补给条件、含水层在海底方向上的延伸状况和大气降水等自然条件，以及地下水开采强度等人为条件。

现代海水入侵可能由自然和人为两种原因造成。自然主导的海水入侵一般是由于：①风暴潮和大潮涌引起海水向陆地漫溢，海水地面垂向入侵陆相含水层；②海平面的上升使咸淡水之间原有的水动力平衡遭到一定程度的破坏，咸淡水界面向内陆方向移动。

人为造成的海水入侵主要由以下原因导致：①大量开采地下水，淡水层压力降低，淡水与咸水界面平衡被破坏，在海水压力作用下，楔形界面向陆地延伸，形成海水入侵；②由于深层淡水的过度开采，其与上覆咸水的水位差增大，导致咸水下移越流补给深层淡水，即古海水（咸水）侵染淡水层。

定义海水入侵范围的常用方法是以矿化度阈值作为咸淡水界面的分界线（一般采用 250mg/L 氯离子浓度）。海河滨海平原区浅层地下水开采量极少，当前浅层地下水矿化度高的主要原因是"古海水入侵"，即地质历史时期海进海退形成的海相沉积水，并非由人为开采地下水造成。目前绝大多数研究以浅层地下水的矿化度来定义海水入侵的范围，因此是古代与现在海水入侵、自然与人为原因造成的海水入侵的叠加结果。

深层地下水开采导致的海水入侵深层地下含水层是未来海河平原区海水入侵需要关注的主要方向。但由于测绘深层地下海水入侵范围难度极大，目前还未能在面上大规模地开展。本研究通过地表–地下水二维水量耦合模型 MODCYCLE 计算得到京津冀海河滨海平原区海水进入深层地下含水层的量为 1 亿 ~2 亿 m³/a。未来在海河滨海平原区工业、生活用水的水源得到外调水有效置换的前提下，预计深层地下水的开采量将会进一步减少，海水入侵的程度也会随之缩减。但需要注意的是，海河滨海平原区农业开采深层地下水问题目前仍然无法得到有效解决，因此，如果未来该地区的农业种植强度、灌溉强度得不到控制，海水入侵的风险就会持续存在。

3.2　地下水健康修复目标

3.2.1　健康地下水位修复目标

对于海河平原这样的强人类活动地区，地下水位恢复和保持目标不仅需要考虑自然生态，还应考虑人类活动和社会发展的需求。研究提出了"健康地下水位"的概念（刘蓉等，2022a），以健康地下水位作为未来地下水修复的方案框架。研究认为健康地下水位指在保障生态健康的基础上，最大限度地支持当地社会经济发展的地下水位，是以保障生态健康为导向，以地下水获得最大补给为基础，以降低对社会经济发展用水影响为要求，由一系列不同类型地下水位服务功能目标构成的，并随时空变化的复合型健康水位。

1. 健康地下水位的确定方法

海河平原区地下水位应该具有如下特征：①受水文地质与地理位置影响，健康地下水位在空间分布上各异。②受年内水文气象变化影响（主要影响土壤积盐过程，如旱季蒸发积盐、雨季淋溶脱盐，以及旱季雨季地表水体维持对地下水位的需求不同），健康地下水位在年内动态变化。③健康地下水位具有叠加效应，同一地区可能面临多类型生态环境功能需求。

结合海河平原实际情况，研究将健康地下水位分为上限水位和下限水位两类：下限地下水位包括维持地表水体健康补给地下水位、遏制海水入侵地下水位、植被健康地下水位；上限地下水位包括控制盐渍化地下水位、城镇建筑物安全地下水位、地下含水层调蓄地下水位（图3-4）。地下水最大补给能力水位与下限健康地下水位和上限健康地下水位均有关系。

海河平原区水文地质条件复杂，地下水位空间差异较大，不同区域面临的地下水生态问题也不尽相同，为便于实践管控需要进行空间分区。根据土地利用数据，将京津冀平原分为城市区和非城市区，其中，城市区主要考虑城市建筑物安全地下水位，非城市区则考虑其他类型健康地下水位。

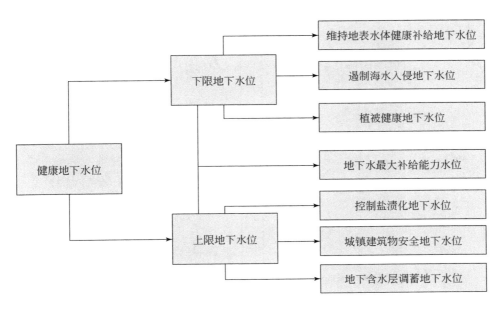

图 3-4　健康地下水位确定方法

　　根据地形地貌将整个京津冀平原区划分为以下三部分：①山前平原，由各条河流的冲洪积扇连接而成。该区域地表-地下水交互强烈，既需要考虑旱季地下水对地表水的补给能力，也需要考虑雨季增大地下含水层调蓄能力，减小洪水灾害。②中部平原，由海河、滦河等水系冲积物组成。该区土地利用以耕地为主，且地下水矿化度较高容易发生盐渍化，需要着重考虑土壤含水量和含盐量的平衡，同时，河流、湖泊等地表水体的生态健康也需要被考虑。③滨海平原，沿渤海湾呈半环状分布。该区淡水与海水交互频繁，地下水矿化度较高，海水入侵与土壤盐渍化问题严重（图 3-5）。

2. 海河平原区健康地下水位

　　京津冀平原区健康地下水上下限埋深空间分布如图 3-6 所示。关于健康地下水上限，从东部沿海向内陆地区，埋深逐渐增大，东部沿海地区上限埋深为 2m 左右，中部平原上限埋深以 3m 左右为主，城市区上限埋深为 6 ~ 8m，山前地区地下水上限埋深为 8 ~ 10m。关于健康地下水下限，东部沿海地区主要生态问题为海水入侵，其下限埋深为 0 ~ 2m，中部平原大部分下限埋深为 3 ~ 5m，城区所在区域下限埋深主要为 8 ~ 10m，山前地下水库容调蓄区下限埋深主要为 10 ~ 20m。

3. 海河平原区地下水管理分区

　　基于海河平原区 2019 年现状地下水位分布以及健康地下水位研究结果，对京津冀平原区进行地下水管理分区，如图 3-7 所示。

（a）城市-非城市分区　　　　　　　　　　（b）地理位置分区

图 3-5　健康地下水位分区

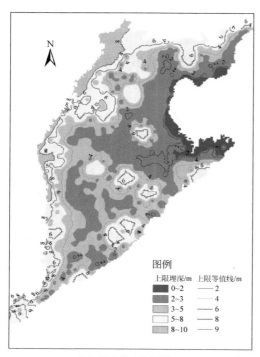

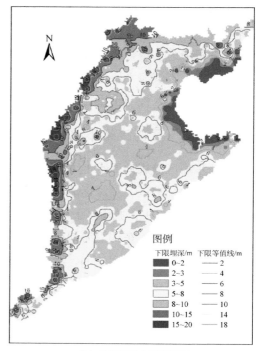

（a）健康地下水上限埋深　　　　　　　　　（b）健康地下水下限埋深

图 3-6　京津冀平原区健康地下水上下限埋深

| 第 3 章 | 海河流域地下水修复与保护战略

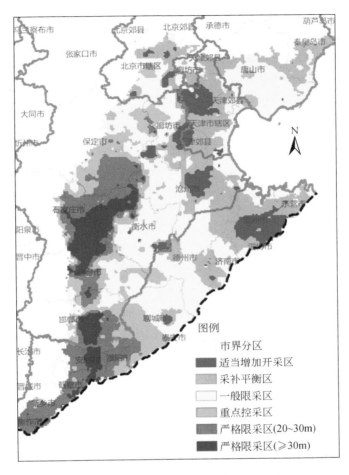

图 3-7　京津冀平原区地下水管理分区

1）适当增加开采区

现状地下水埋深高于健康地下水埋深上限值，埋深超过上限值 $0 \sim 2m$，主要分布于天津一带和沧州东部地区，面积达 $10\,788km^2$，占总面积的 8.4%。该区域大部分位于地下水咸水区，适当增加地下水埋深，有利于控制盐渍化危害；另有一小部分区域位于聊城、德州等水资源较为丰富、地下水埋藏较浅的城市区，该区域未来随着城市建设和发展，地下水位也可适当增加开采，调节地下水埋深。

2）采补平衡区

天津、沧州、滨州等环滨海一带地下水埋深处于健康地下水埋深上下限范围之内，面积达 $25\,829km^2$，占总面积的 20.0%，是较为理想的地下水埋深。建议该区域保持地下水的采补平衡，维持地下水健康水位。

| 113 |

3）一般限采区

廊坊、衡水、德州等中部平原及滨海沿海一带地下水埋深普遍低于健康地下水下限埋深 0～10m，面积达 48 808km²，占总面积的 37.8%，是地下水超采状况分布最广的区域，也是未来能率先回归健康地下水位的区域。建议该区域适当减少地下水开采，保证地下水稳步回升。

4）重点控采区

保定、石家庄、邢台、邯郸、安阳等山前平原一带现状地下水埋深距健康地下水下限埋深有较大差距，地下水恢复任务艰巨。低于健康地下水下限埋深 10～20m 的区域可认定为重点控采区，面积达 17 566km²，占总面积的 13.6%。该区域地下水现状埋深不容乐观，应严格限制地下水开采。

5）严格限采区

低于健康地下水下限埋深 20m 以上的区域为严格限采区，其中低于下限埋深 20～30m 的区域面积达 17 474km²，占总面积的 13.5%，低于下限埋深 30m 以上的区域面积达 8708km²，占总面积的 6.7%，该区域部分地区现状地下水埋深较健康地下水下限埋深差距可高达 60m。该区域需要加强地下水管理，增加生态补水，确保地下水位尽快回升。

3.2.2 剩余地下水超采量评估

根据气候变化研究，海河流域降水存在 30 年左右的年代际周期变化。20 世纪 70 年代末至 80 年代初是降水进入枯水周期的起始点，2010 年左右可能枯水周期结束，之后将进入相对丰水周期，气候变化可能有利于缓解地下水超采；此外在外部调水层面，南水北调中线一期工程于 2014 年 12 月全面通水，可为超采严重的京津冀地区提供 49.5 亿 m³ 的外调水量。北京、天津近年来已经满负荷使用引江水，河北近些年来的引江水量也在逐步增加。随着城镇、生活水量的水源置换，地下水超采压力将进一步减轻。对于农业灌溉超采，河北于 2014 年起开展了大规模的地下水超采综合治理工作，有望解决农业灌溉超采问题。

2019 年，经国务院同意，水利部、财政部、国家发展和改革委员会、农业农村部联合印发了《华北地区地下水超采综合治理行动方案》，提出到 2022 年现状超采量压减率 70% 左右，2/3 的地区做到采补平衡，特别是超采区城镇，力争做到全部实现采补平衡，2035 年全面实现地下水采补平衡，超采亏空水量逐步填补的治理修复目标。综上，考虑到降水演变、南水北调中线供水、地下水超采综合治理等有利因素，未来海河流域地下水超采有望达到以上治理修复目标。

海河流域地下水历史上长期处于超采状态，已对区域的生态环境造成巨大影响，急需外调水源的补充。南水北调东中线一期工程通水为华北地区地下水修复提供了条件。本研究计算了如果全部依靠南水北调，后续在实现"采补平衡"与"填补亏空"两种情况下，还需要增加的外调水量。

经过近年来的超采治理，截至 2019 年底，河北地下水剩余超采量共计 29.84 亿 m³，其中浅层地下水剩余超采量为 9.52 亿 m³，深层地下水剩余超采量为 20.32 亿 m³。河南地下水剩余超采量共计 11.11 亿 m³，其中浅层地下水剩余超采量为 6.18 亿 m³，深层地下水剩余超采量为 4.93 亿 m³。北京的压采任务已基本完成，平水年可以基本实现采补平衡。天津、山东还剩余少量的深层水超采，具体数据见表 3-6。

表 3-6　2019 年海河流域地下水剩余超采量　（单位：亿 m³）

省级行政区	可开采量	剩余超采量		
		浅层	深层	合计
北京	15.69	0	0	0
天津	3.17	0	1.13	1.13
河北	93.88	9.52	20.32	29.84
京津冀小计	112.74	9.52	21.45	30.97
河南	112.34	6.18	4.93	11.11
山东	83.44	0	1.53	1.53
合计	308.52	15.70	27.91	43.61

注：深层水超采量通过开采量统计得到。

若要在海河平原区全面实现"采补平衡"，在中线二期工程需要增加调水量 21.53 亿 m³/a，主要为满足河北浅层地下水剩余超采量及河南全部的剩余超采量。东线二期工程需要延至黄河以北，并且增加调水量 22.08 亿 m³/a，主要为满足河北东部平原区深层地下水超采。

海河平原区在历史上由于超采地下水已经形成了若干沉降漏斗。对于这些沉降漏斗的修复，在浅层可以通过补水来实现。深层地下水由于缺少与地面的水力连接，只能通过停止开采使其自然恢复。

海河平原区的沉降漏斗主要位于河北山前平原地区，根据计算结果，2019 年浅层超采区沉降漏斗主要位于石家庄、邯郸和邢台，地下水埋深最大处为 66m。未来的地下水恢复目标定为将现有山前漏斗区的埋深恢复到 20m，则需要外调水补给的地下水亏空量为 306.03 亿 m³。若采用增加中线二期供水量来"填补亏空"，未来 30 年平均需增加调水量 10.2 亿 m³/a。加上实现"采补平衡"的调水量 21.53 亿 m³/a，则同时满足地下水"采补平衡"与"填补亏空"，使河北山前平原地区浅层地下水恢复到合理生态水位的中线二期调水需水量为 31.73 亿 m³/a。

3.2.3　地下水累计可恢复超采量

1. 地下水累计超采量

1959～2019 年的浅层地下水位差如图 3-8（a）所示，山前平原一带浅层地下水位下降最为严重，尤其形成以石家庄、邢台、邯郸等城市为中心的大面积水位降落漏斗，地下水位降幅从山前平原向东部滨海平原逐渐减小，整个平原区平均水位下降约 11.5m。

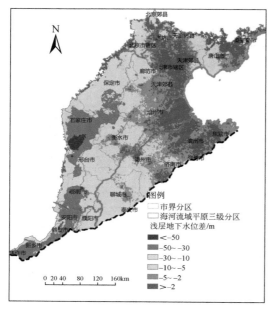

(a)1959~2019年浅层地下水位差

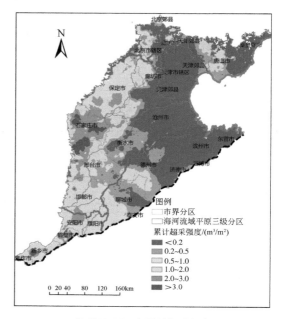

(b)1959~2019年累计超采强度

图 3-8　研究区 1959～2019 年浅层地下水位差及累计超采强度

将能够保障生态地质环境健康状态的临界下限水位定义为健康地下水下限，当浅层地下水位低于健康地下水下限后，年际间浅层地下水位下降造成地下水储存量的减少量为地下水超采量（刘蓉等，2022a）。基于"改进水位动态法"计算的海河平原浅层地下水超采量结果如图 3-9（a）所示。2005 年以前浅层地下水位数据只有 1959 年、1984 年、2003 年共 3 期，根据水位差估算 1959～1984 年、1984～2003 年平原区浅层地下水多年平均超采量分别为 10.4 亿 m^3/a、18.5 亿 m^3/a。2003～2019 年浅层地下水超采量整体呈下降趋势，多年平均超采量为16.1 亿 m^3/a，其中 2008 年、2010 年、2012 年、2018 年海河平原降水充沛，浅层地下水位较上一年有所回升，整体表现为未超采。1959～2019 年整个海河平原浅层地下水累计超采量为 868.5 亿 m³，其中子牙河平原和大清河淀西平原累计超采量最大，滦河及冀东沿海诸河、北四河下游平原累计超采量较小。

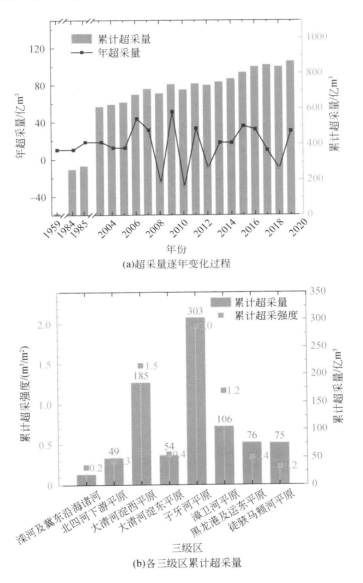

(a)超采量逐年变化过程

(b)各三级区累计超采量

图 3-9　1959～2019 年海河平原浅层地下水超采量

红色点表示当年未超采

为更直观表述超采量的空间分布，将单位面积超采量大小定义为超采强度。1959～2019 年，海河流域平原区浅层地下水累计超采强度分布如图 3-8（b）所示，累计超采强度的分布与浅层地下水位降落漏斗分布基本一致，整个平原区平均超采强度为 0.67 m³/

m²。其中，子牙河、大清河淀西等平原区累计超采强度最大，累计超采强度大于 2m 的面积主要分布在石家庄、邢台、保定一带，该区域大多含水层沉积颗粒较粗、富水性好，地下水利用以浅层地下水开采为主；滦河及冀东沿海诸河、北四河下游、大清河淀东等中东部沿海地区由于浅层地下水矿化度较高，浅层水开发利用较少，该区域浅层地下水超采很小，累计超采强度大多小于 0.5m³/m²，天津、沧州等沿海地区浅层基本不超采。

2. 深层累计超采量

1970～2019 年，根据统计年鉴数据及文献资料记载，海河平原累计深层地下水开采量约为 1640 亿 m³，1970 年以前深层地下水开采量很小可忽略不计。年开采量整体呈先增加后减少趋势［图 3-10（a）］，2019 年研究区深层地下水年开采量已下降至约 23 亿 m³，相比年开采量最大时期（2002 年）下降了 2/3。1970～2019 年海河平原各三级区深层累计开采量和累计开采强度分布如图 3-10（b）所示，黑龙港及运东平原累计开采量和累计开采强度最大，累计开采强度为 1.9m³/m²。

截至 2019 年，海河平原累计地面沉降量分布如图 3-11（a）所示，通过计算地面沉降体积，估算深层地下水累计超采量为 756.1 亿 m³，累计深层地下水超采量空间分布与地面沉降量一致，天津—沧州—衡水—邢台一带已形成明显的沉降漏斗，深层地下水超采严重。各三级区深层累计超采量和超采强度分布如图 3-12（a）所示，黑龙港、大清河淀东深层地下水累计超采量最大，分别为 221.9 亿 m³ 和 177.4 亿 m³，共占总累计超采量的 52.8%，其中大清河淀东平原超采强度最大；漳卫河平原、滦河及冀东沿海诸河、大清河淀西平原的累计超采量和超采强度较小。

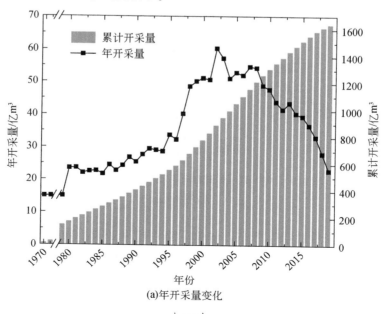

(a)年开采量变化

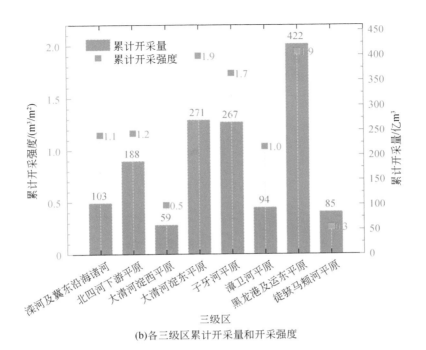

(b)各三级区累计开采量和开采强度

图 3-10 1970～2019 年开采量变化

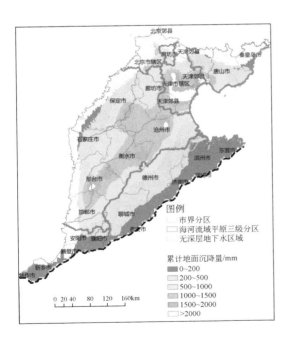

(a)地面沉降量（累计超采量）

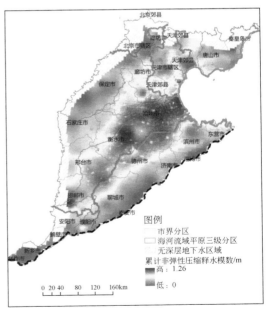

(b)非弹性压缩释水量（累计不可恢复超采量）

图 3-11 1970～2019 年海河平原深层地下水超采强度空间分布

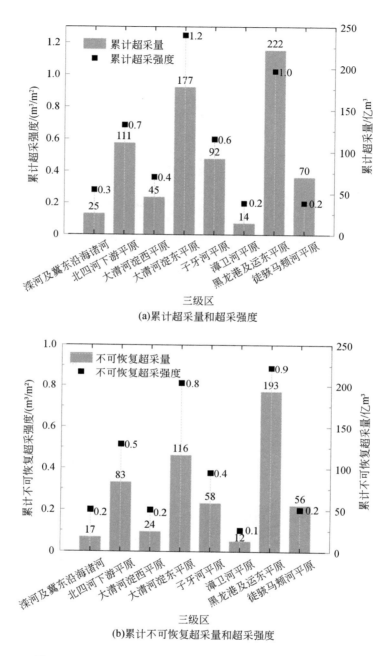

(a)累计超采量和超采强度

(b)累计不可恢复超采量和超采强度

图3-12　1970~2019年海河平原各三级区深层地下水超采量

　　根据建立的"一维非线性压缩释水模型"模拟结果，1970~2019年研究区累计非弹性压缩释水量，即深层累计不可恢复超采量分布如图3-11（b）所示，其空间分布与地面沉降分布较为一致，天津—沧州—衡水一带累计非弹性压缩释水量较大，单位面积非弹性释水量最大可达 1.2m³/m²。通过统计分析可得，海河平原累计不可恢复超采量为 558.0 亿 m³，其中各三级区累计不可恢复超采量和超采强度分布如图 3-12（b）所示，分布情况与累计超采量也较为一致。

对比深层地下水开采量、超采量、不可恢复超采量结果，深层地下水累计超采量占总开采量的 46.1%，不可恢复超采量占总超采量的 73.7%。未来若严格控制地下水开采，使承压水位恢复到初始水位，约 198.1 亿 m³ 的深层地下水储量（占总超采量 26.2%）可以恢复，剩余 558.0 亿 m³ 的超采量不仅是地下水储存资源量的永久性损失，也是地下水储存空间的永久性减少，深刻影响京津冀地区长远水资源安全保障能力，科学管控不可恢复超采量能够防止地下水供水保障能力遭到持续破坏。

3. 累计地下水可恢复量

截至 2019 年，海河平原累计可恢复超采量为 1066.6 亿 m³，平均超采强度为 0.89m³/m²，累计可恢复超采强度空间分布及各三级区累计可恢复超采情况如图 3-13 所示。海河平原可恢复超采量主要由浅层地下水超采量构成，因此其分布与浅层超采量较为相似，尤其是浅层超采严重的山前平原一带，但不同的是东西部平原区累计可恢复超采量差距较小、空间分布更均衡。总体来看，子牙河平原和大清河淀西平原累计可恢复超采量和超采强度均最大，其超采量分别为 337 亿 m³、207 亿 m³，大清河淀东平原虽然浅层累计超采量较小，但其累计可恢复超采量仅次于大清河淀西平原，为 116 亿 m³；滦河及冀东沿海诸河可恢复超采量和超采强度均最小，超采量仅为 28 亿 m³。

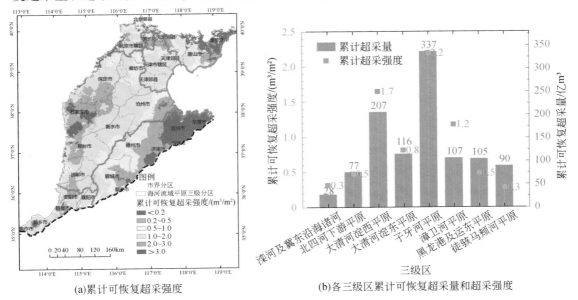

(a)累计可恢复超采强度　　(b)各三级区累计可恢复超采量和超采强度

图 3-13　1959～2019 年海河平原可恢复超采量

综合浅层、深层、可恢复超采量评价结果，截至 2019 年，海河平原区累计超采量构成如图 3-14 所示，深层、浅层累计超采量总计 1624.6 亿 m³，其中浅层累计超采量为 868.5 亿 m³（占比 53.5%），深层累计超采量为 756.1 亿 m³（占比 46.5%）。海河平原累计不可恢复超采量为 558 亿 m³，占总累计超采量的 34.3%，累计可恢复超采量为 1066.6 亿 m³，占总累计超采量的 65.7%。累计可恢复超采量中浅层可恢复的超采量为 868.5 亿 m³（占比 81.4%），深层超采量为 198.1 亿 m³（占比 18.6%）。

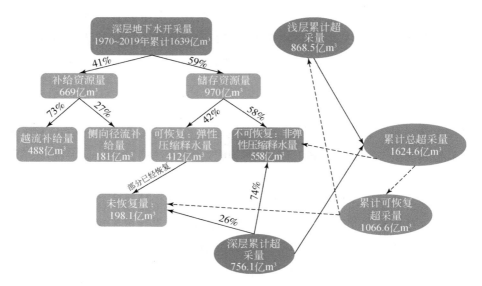

图 3-14　海河平原累计总超采量构成示意

弹性压缩释水量依据本研究建立的"一维非线性压缩释水模型"模拟确定

海河平原各三级区深层、浅层地下水累计超采量占比如图 3-15（a）所示。漳卫河平原、大清河淀西平原、子牙河平原浅层超采量大于深层；大清河淀东平原、黑龙港及运东平原、北四河下游平原则是以超采深层为主；徒骇马颊河平原、滦河及冀东沿海诸河深层和浅层超采量占比基本一致。各三级区可恢复、不可恢复累计超采量占比如图 3-15（b）所示。可恢复超采量大于不可恢复的三级平原区共计 6 个，包括大清河淀西平原、漳卫河平原、子牙河平原、滦河及冀东沿海诸河、徒骇马颊河平原和大清河淀东平原；黑龙港及运东平原和北四河下游平原则不可恢复超采量更大。根据以上分析，海河平原区的深层、浅层和可恢复、不可恢复累计超采量的空间分布具有较强的空间异质性，可结合不同区域超采情况进行分区治理。浅层超采严重的山前平原一带是地下水亏空量最多的区域，通过"增补减排"达到地下水采补平衡后，需要继续对地下水进行回补，使地下水位恢复到健康状态，保持地下水生态健康；深层超采严重的大清河淀东平原、黑龙港及运东平原一带浅层地下水矿化度较高，开发利用潜力小，同时经过近几年的超采综合治理，深层地下水节水潜力已基本接近上限，该区域现阶段允许深层水适量开采仅是权宜之计，未来需要在外调水源支持下逐步完全停止对深层地下水开采，同时要对深层地下水进行适量回补，恢复弹性压缩释水量。

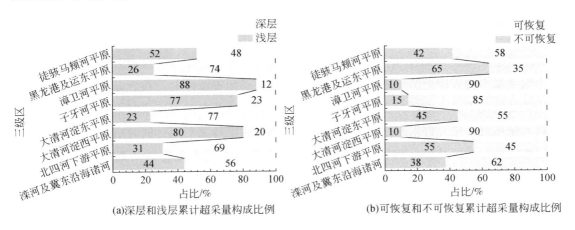

图3-15　各三级区累计超采量构成比例

3.3　地下水修复战略与保障措施

华北地区地下水修复的总体目标为2035年全面实现地下水采补平衡，超采亏空水量逐步填补。水资源承载能力不足是海河流域地区地下水超采的根本原因，未来区域地下水治理需要通过增加补给、减少消耗、加强管理多管齐下的方式来实现地下水采补平衡，最终恢复到健康的地下水位（李和平等，2008）。

1）逐步实现浅层水"采补平衡"到"填补亏空"

针对海河流域京津冀平原区浅层地下水超采，北京的压采任务完成较好，天津浅层地下水利用程度极低，当前的主要治理难点在河北山前平原的地下水降落漏斗。经计算，当前海河平原区浅层地下水的剩余超采量为15.7亿 m^3，并且经过多年的治理，容易压减的部分已经完成，剩余的都是"硬骨头"。建议加大南水北调中线引水量，多措并举继续压减地下水开采，保证在2035年满足地下水"采补平衡"的目标。

达到采补平衡后地下水位将不再下降，但漏斗仍然存在。目标到2050年，山前地下水恢复到合理水位，建议对浅层超采区沉降漏斗填补306亿 m^3 亏空量，用15年时间完成，因此需要再次增加20.4亿 m^3/a 外调水源。

2）有序推动深层承压水全面停采

针对海河流域京津冀平原区深层地下水超采，当前北京不存在深层水超采问题，天津尚存少量深层水超采需继续压减，但预期完成难度不大，因此主要治理难点仍然在河北，特别是以黑龙港及运东平原地区为代表的中东部平原区。黑龙港及运东平原地区本地地表水资源极度匮乏，而浅层地下水多为难以利用的咸水，深层水是唯一可靠的用水来源。2014 年超采治理前，京津冀平原深层水开采量每年约为 32.4 亿 m^3，其中含水层不可恢复的压缩释水量约为 13.4 亿 m^3，其余 19.0 亿 m^3 为深层水的侧向径流补给以及浅层向深层越流，可视为深层水的可更新水量。经过近些年的超采综合治理，2019 年京津冀平原深层水开采量已经减少到 21.5 亿 m^3 左右。当前大部分深层水开采量为农业开采，但当前农业节水水平基本接近能力的上限，继续减少深层开采量的难度巨大。在农业灌溉尚无深层替代水源的情况下，考虑到民生问题和粮食安全问题，以及当前深层水开采量与深层水的可更新水量接近，应允许未来一段时期内深层水继续适度开采利用。同时应该认识到，允许深层水适量开采仅是当前的权宜之计，远期目标深层水仍不能作为常态水源进行开发利用，只能作为应急战略储备水源，因此建议加快推动南水北调中线二期、东线一期北延应急供水工程上马，并考虑为黑龙港地区的农业灌溉分配用水指标，全面置换深层地下水开采量。

3）充分利用地下水库的调蓄能力

海河流域地下水治理的关键在河北，而河北地下水未来修复治理的关键是如何用好引江水（盖美等，2005）。外调水来水量大，但输水干线调蓄能力小。河北山前平原超采多年，含水层疏干形成的埋深空间，提供了潜在的"地下水库"库容，为外调水调蓄提供了有利条件。本次研究显示，现状条件下海河平原区地下水库建设适宜区主要分布在山前的冲洪积平原区，面积为 9676 km^2，总调蓄空间为 1017 亿 m^3，潜力巨大。在山前主要河道进行渗水试验，得到河段垂向渗透系数为 15~50m/d，下渗能力优越。因此，应充分利用地下水库容，在南水北调水源区未来来水条件较好的情况下，通过山前河道尽可能地向地下水库补水。

此外，河北本地地表水受气候因素影响大，来水不稳定。近些年来气候旱化，河北山前众多大、中型水库常年蓄水不足，库容也未充分利用。未来在多水源供水格局下，应科学设置地表、地下调蓄空间的联合运用，构建面向地下水涵养的大尺度、多水源联合调度技术，这不仅对修复治理地下水超采具有重要作用，也将提高水资源调控和管理水平，帮助实现安全供水和高效用水。

4）加大和推广中东部平原微咸水利用

京津冀中东部平原区浅层赋存大量的微咸水和咸水，目前开发利用量很少。普遍认为矿化度小于 5g/L 的浅层微咸水具有较高的利用潜力。本次研究显示，京津冀中东部平原区矿化度小于 5g/L 的浅层微咸水可开采资源量为 11.06 亿 m^3/a，矿化度小于 3g/L 的浅层微咸水可开采资源量为 7.1 亿 m^3/a。开采资源模数由山前冲洪积平原—中东部平原—滨海平原逐渐减少，中东部平原模数一般在 5 万~10 万 $m^3/(km^2 \cdot a)$，在当地地表水严重不足且深层淡水严重超采的情况下，应加大中东部平原区地表水与微咸水联合利用，推广"蓄水混灌模式""管道混灌模式""抽咸补淡模式"等咸淡水混用方法，置换与替代深层地下淡水开采。如果实现大规模微咸水推广利用，预计现状（2019 年）21.5 亿 m^3/a 深层水开采量中有 1/3 可以得到置换。

5）调整种植结构降低区域农业耗水强度

海河平原区既是地下水超采治理区，又是粮食功能区，农业灌溉的主要水源为地下水，因此地下水保护与粮食生产保障之间存在一定程度的矛盾。高强度的小麦–玉米轮作是海河平原农业超采的主因，根据水平衡测算分析，在现状河北气象与水文条件下，每亩小麦–玉米轮作都将造成地下水超采 $160m^3$。经过大规模超采综合治理，当前农业田间工程节水的潜力已经基本用尽。下一步优化区域种植结构，进一步适当调减冬小麦种植面积，将是降低区域农业耗水强度，适水发展的主要方向。建议形成水利、农业多部门对地下水超采的合作共治。根据当地水资源条件和超采状态，研究调整地下水超采区粮食生产任务指标，并研究针对农业种植结构调整的补贴政策，从国家层面加大农业种植结构调整资金支持，保证农业种植结构调整的实施。

6）扩展南水北调向农村生活供水

当前南水北调的供水对象主要为城市工业和生活用水，然后是生态补水，农村地区生活用水尚未覆盖。数据统计表明，2019 年京津冀受水区范围内的农村生活用水量为 17.6 亿 m^3，其中地下水占 92.6%，达到 16.3 亿 m^3。未来建议将南水北调供水由城市向农村延伸，置换农村生活用水。

7）完善地下水"水位–水量"监测计量

监测计量是地下水有效管理的抓手。监测计量分为"动态水位"与"开采水量"两个层面。水位的监测通过观测井来实现，相对较为直观。国家地下水监测工程完成验收后，为水位的监测工作提供了极大的便利条件，但仍然存在两个关键问题：第一，水利部与自然资源部各自拥有一半的监测井，两边的数据尚未得到有效的整合；第二，按照《地下水监测工程技术规范》规定的站网布设密度标准，北京与天津的地下水观测井密度基本符合要求，而超采问题最为严重的河北，若只依靠水利部门的国控井尚不能达到密度标准。因此建议以流域管理机构为中心，将水利部、自然资源部，国控井、地方井全部整合至一个统一的平台。

地下水开采量的计量很难通过直观观测获得，是世界范围内地下水管理的难题。海河流域地下水开采井数量约 150 万眼，单井计量显然是不现实的，因此能够获得较为客观真实的间接开采量数据十分关键。在广大的农业地区，虽然开采计量率低，但由于开采井需缴纳电费，机井用电量尚有记录，是目前可借鉴的宝贵实测数据。因此，建议通过典型开采井历史用电量数据对地下水开采量进行核算，进而推广到面上，实现区域范围的"以电折水"应用。

8）系统防控地下水治理修复过程的水质风险

在地下水治理修复过程中还应有意识地防控水质退化的风险。地下水污染成因分为原生地质条件引起、人类活动排放污染物引起、地下水位回升引起等几种不同情况。特别需要注意在严格控制人为污染源排放的同时，将地下水位上浮波动控制在合理区间，避免水位上升过程中溶出早前吸附于地下介质的污染物，从而造成次生性水质污染。建议将水质监测与水位监测同时进行，将水质指标纳入统一的信息化平台。

|第 4 章| 海河流域河湖保护与修复战略

本章面向建设与社会主义现代化进程相适应的流域水安全保障体系总体目标，立足海河流域经济社会发展全局，揭示海河流域河湖保护修复新变化和新矛盾，分析海河流域主要河湖特征及水生态环境问题，提出河湖水生态保护修复总体布局和治理体系及建议。

4.1 河湖生态环境问题成因分析

从水量（水位）、水质、水域空间、水系连通性、水生生物、水生态环境监测管理现状及其特征，分析流域水生态环境现状与成因，发现河湖修复保护主要问题。

4.1.1 水量（水位）现状与成因分析

近年来，海河流域生态流量保障缓慢向好，但达标情况仍属全国最差，河湖生态水量仍严重不足（欧阳志云等，2014）。按照"优良–合格–不达标"的 3 级评价标准，对海河流域 53 个代表性断面生态基流达标情况进行评价（图 4-1），发现近 10 年（2009~2018

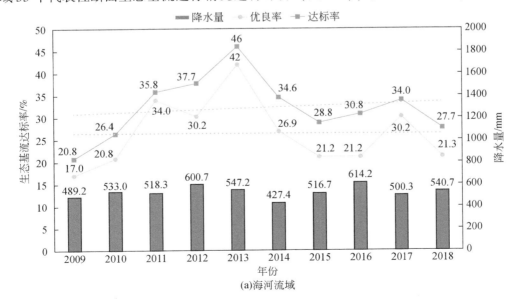

(a)海河流域

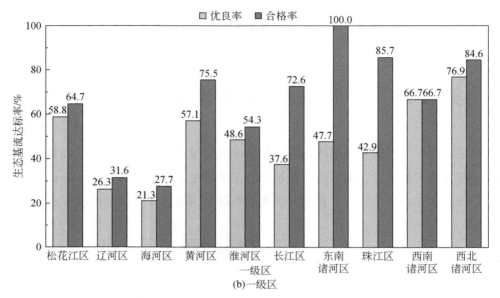

图 4-1　海河流域近 10 年生态基流达标率情况

年）海河流域平均合格率（月均流量达标、日均不断流且连续不达标天数≤7 天）为 32.3%；平均优良率（逐日流量达标）为 26.5%。从年际变化来看，受降水影响较大，但仍然呈上升趋势。近 15 年海河流域入海水量占其地表水资源量的比例均值仅为 32%（图 4-2）。经济社会用水的过度消耗使得海河流域入海水量严重不足，河口生态遭受极大破坏。与全国其他流域相比，现状生态基流达标率、优良率均为十大一级区最低水平，入海水量占比仅略高于黄河。

流域规划中 28 个提出生态水量目标（年径流量 10% 左右）的断面，有 18 个（64%）断面近 10 年达标情况为差（低于 80%），其中 8 个达标率为 0，即近 10 年均不达标。核算 14 个断面 1956～2000 年天然径流 Q_{95}（保证率 95%）最低流量作为月生态流量目标，

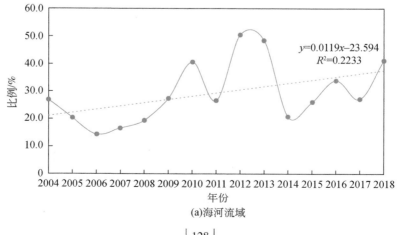

(a)海河流域

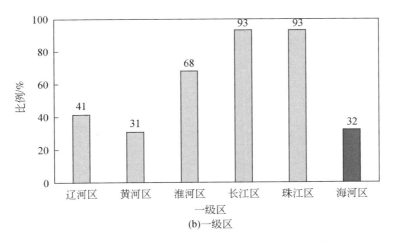

图 4-2　海河流域入海水量占地表水资源量的比例

从近 10 年最枯月径流来看，仅东武仕水库满足月生态流量目标（表 4-1 和表 4-2）。

表 4-1　主要控制节点和断面生态需水满足度

主要控制节点和断面名称	基本生态需水量/亿 m^3	评价年数/2007～2016 年	满足年数	满足度/%
三道河子	1.05	10	10	100
大黑汀水库	3.78	10	3	30
桃林口水库	1.38	10	6	60
滦县	6.39	10	7	70
于桥水库	0.80	10	0	0
密云水库	1.01	10	0	0
苏庄	0.69	10	0	0
通县	0.59	10	10	100
册田水库	0.79	10	0	0
三家店	2.60	10	0	0
屈家店枢纽	1.43	10	2	20
永定新河防潮闸	1.10	10	10	100
张坊	0.67	10	4	40
北河店	0.32	10	2	20
王快水库	0.64	10	1	10
西大洋水库	0.44	10	0	0
进洪闸枢纽	1.63	10	0	0
黄壁庄水库	3.02	10	1	10
献县枢纽	1.47	10	8	80
东武仕水库	0.45	10	0	0
艾辛庄	0.45	10	6	60

续表

主要控制节点和断面名称	基本生态需水量/亿 m³	评价年数/2007～2016 年	满足年数	满足度/%
刘家庄	0.45	10	10	100
侯壁	1.16	10	10	100
岳城水库	2.39	10	2	20
元村集	2.05	10	10	100
安陵	0.06	10	8	80
聊城	0.15	10	9	90
大道王闸	0.18	10	10	100

表 4-2　代表断面最枯天然月径流量

主要控制断面	河系	基本生态需水量/亿 m³	1956～2000 年最枯月天然径流 Q_{95}/(m³/s)	近 10 年最枯月径流/(m³/s)
三道河子	滦河	1.05	1.08	0.27
桃林口水库	青龙河	1.38	2.15	0
滦县	滦河	6.39	8.18	4.59
于桥水库	州河	0.80	0	0
密云水库	潮白河	1.01	2.45	0.08
苏庄	潮白河	0.69	2.00	0
通县	温榆河	0.59	0	0
册田水库	桑干河	0.79	1.57	0
张坊	拒马河	0.67	2.45	0
王快水库	沙河	0.64	0	0
西大洋水库	唐河	0.44	1.02	0
黄壁庄水库	滹沱河	3.02	2.10	0.75
东武仕水库	滏阳河	0.45	0	1.05
元村集	卫河	2.05	6.24	0.82

　　根据 2009～2018 年的实测资料，六河中 18 个河段有 10 个河段生态水量得不到满足。相对而言，山区河段生态水量满足状况优于平原河段；滦河、北运河生态水量满足状况相对较好，永定河、大清河和南运河满足状况较差。永定河干支流 4 个河段生态水量均得不到满足，尤其是卢沟桥—屈家店段，常年处于干涸状态。潮白河虽然整体满足状况较好，但苏庄—运潮减河段却常年干涸（表 4-3）。五湖近年来多次面临干涸，衡水湖、七里海通过多次应急生态补水，生态水量才得以满足。《白洋淀生态环境治理和保护规划（2018—2035 年）》要求白洋淀入淀水量 3 亿～4 亿 m³，自 2018 年引黄入冀补淀生态补水常态化以来，加之南水北调中线相继补水，2018～2020 年入淀水量可以满足要求。而南大

港、北大港虽实施了生态补水，但仍不能满足生态水量要求，近十年的实测资料表明，南大港和北大港仅能够满足生态水量的 1/3 左右（表 4-4）。

表 4-3 河流生态水量满足状况 （单位：亿 m³）

河流	主要河流/河段	范围	控制站	生态水量	近十年平均实测水量	生态水量满足状况
滦河	武烈河	双峰寺水库—入滦河口	承德	0.49	1.04	满足
	滦河山区段	三道河子—大黑汀	三道河子	1.31	3.12	满足
	滦河平原段	大黑汀水库—河口	滦县	4.21	10.4	满足
永定河	桑干河	册田水库—官厅水库	石匣里	0.8	0.6	不满足
	洋河	怀安—官厅水库	响水堡	0.82	0.4	不满足
	永定河	卢沟桥—屈家店	卢沟桥	1.42	0	不满足
	永定新河	屈家店—河口	屈家店	0.68	0.55	不满足
潮白河	白河	云州水库—密云水库	张家坟	0.77	1.96	满足
	潮河	丰宁县城—密云水库	古北口	0.57	0.96	满足
	潮白河	苏庄—牛牧屯	苏庄	1.38	0	不满足
	潮白新河	牛牧屯—宁车沽	宁车沽	1.38	2.96	满足
北运河	北运河	通县—子北汇流口	通县	1.53	4.46	满足
大清河	北拒马河	张坊—东茨村	张坊	0.55	0.81	满足
	南拒马河	落宝滩—新盖房	落宝滩	0.35	0.28	不满足
	白沟河	东茨村—新盖房	东茨村	0.68	0.58	不满足
	大清河	新盖房—进洪闸	新盖房	0.83	0.45	不满足
	独流减河	进洪闸—防潮闸	防潮闸	1.24	0.1	不满足
南运河	南运河	四女寺—第六堡	四女寺	0.66	0.38	不满足

表 4-4 湖泊生态水量满足状况

湖泊	水面面积/km²	生态水量/亿 m³	近十年平均实测水量/亿 m³	生态水量满足状况
白洋淀	276	3	1.5	不满足 *
衡水湖	55	0.51	0.97	满足
七里海	85	1.08	1.14	满足
南大港	55	0.47	0.17	不满足
北大港	177	2.16	0.8	不满足

* 近三年加强补水后满足。

六河生态水量上，滦河和北运河生态水量均达到满足，潮白河超过半数达到满足，大清河超过半数不满足，南运河和永定河均不满足；五湖中只有白洋淀、衡水湖、七里海生态水量在生态补水后达到满足，南大港和北大港均不满足。

从生态流量不达标程度和时间分布来看（图 4-3），海河流域生态基流平均破坏深度、平均不达标天数均处于全国最差水平，流域平均破坏深度为19.8%，平均不达标天数为97.7天，均为全国最高（表4-5）。流域生态基流不达标时段集中在非枯水期（4~11月），且具有明显的持续性。

表4-5　不同流域近10年生态基流破坏情况分析

一级区	站点数量/个	平均破坏深度/%	平均不达标天数	平均达标率/%
松花江区	53	4	20.3	59.1
辽河区	24	18.9	82.9	44.1
海河区	53	19.8	97.7	32.3
黄河区	52	9.2	51.6	58.1
淮河区	35	16.6	65.7	39.7
长江区	132	7.6	37.8	67.1
东南诸河区	13	0.5	6	96.2
珠江区	22	0.9	10.7	87.1
西南诸河区	3	0.5	17.6	70
西北诸河区	13	3.7	20.4	69.2
全国	400	9.8	47.7	58.5

月份	松花江区	辽河区	海河区	黄河区	淮河区	长江区	东南诸河区	珠江区	西南诸河区	西北诸河区	全国
1	0.2	3.0	5.3	4.7	1.1	4.0	0.8	1.3	4.0	1.1	3.1
2	1.0	2.6	5.1	4.2	1.5	3.6	0.5	1.5	5.2	1.0	3.0
3	0.8	1.7	4.9	3.9	0.9	3.0	0.1	1.4	2.6	0.7	2.6
4	4.7	8.8	10.0	5.2	8.4	3.4	0.2	1.3	1.3	2.2	5.2
5	1.8	8.5	10.0	5.0	8.4	3.2	0.2	0.6	1.5	2.8	4.7
6	1.1	8.7	9.9	5.4	8.2	2.5	0.1	0.4	1.0	1.3	4.4
7	0.8	8.6	9.9	4.8	6.7	2.3	0.1	0.3	0	2.4	4.1
8	0.6	8.3	9.4	4.0	6.5	2.5	0.2	0.3	0	2.3	3.9
9	1.8	8.7	9.2	3.7	6.6	2.7	0.3	0.3	0	2.2	4.1
10	2.7	10.2	9.7	3.9	8.4	3.7	1.2	0.8	0	0.7	4.8
11	4.8	11.2	9.5	3.7	8.1	3.9	1.6	1.3	0.3	3.2	5.3
12	0.1	2.6	4.7	3.0	1.0	3.2	0.9	1.2	1.7	0.4	2.5

多

少

图4-3　不同流域近十年各月份平均不达标天数

分别从降水偏枯（A）、取用水总量高（B）、季节性用水冲突（C）、水利工程不合理调度（D）以及其他（E）5 个方面解析不稳定达标站点的不达标成因，各项原因的判别条件见表 4-6。其中，成因 A 代表断面以上流域遭遇 90% 以上特枯水年；成因 B 代表断面以上社会经济取用水量造成的径流量衰减幅度超过 10%；成因 C 代表农田灌溉用水与河流生态流量竞争激烈的时期（4~6 月）取用水造成季节性径流衰减幅度超过 20%；成因 D 代表断面天然不断流，但由于水利工程的拦蓄和不合理调度，断面人为断流或径流大幅度改变。对于某一断面，若该评价年生态基流不达标，又不满足 A~D 中任何一项成因的判别条件，则将其该评价年不达标原因归结为其他。其他因素包括下垫面变化导致断面集水区产汇流关系变异、基流目标设置不合理等。需要指出的是，某一断面在同一不达标年可能同时满足 A~D 中的多项判别条件，在进行不达标成因统计分析时，将多种成因均考虑在内。

表 4-6　生态基流不达标成因分类及判别条件

成因编号	成因名称	判别条件
A	降水偏枯	L_{90}
B	取用水总量高	$(V'_y - V_y)/V'_y \times 100\% > 10\%$
C	季节性用水冲突	$(V'_a - V_a)/V'_a \times 100\% > 20\%$
D	水利工程不合理调度	$\exists\, Q_m = 0 \cap Q'_m > 0,$ $\exists\, Q_d \geq T \cap Q_{d+1} > Q_d \times 0.1$
E	其他	产汇流关系变异、基流目标设置不合理等

注：L_{90} 表示该年遭遇 90% 特枯水年；V'_y 和 V_y 分别表示河流断面上游流域现状年天然径流量和实测径流量，万 m^3；V'_a 和 V_a 分别表示河流断面上游流域现状年 4~6 月天然径流量和实测径流量，万 m^3；Q'_m 天然月均流量，m^3/s；Q_d 为日流量，m^3/s；Q_{d+1} 为下一日流量，m^3/s；T 为水利工程调库水量。

从分析结果来看，海河流域近 10 年生态基流不达标的首要成因是社会经济取用水总量过高，贡献占比达到 37.9%；第二位成因是季节性取用水冲突，贡献占比为 33.1%；两项成因占比之和达到 71%，可见社会经济取用水总量过高、过程不均是海河流域生态基流不达标的主要成因。第三位成因是水利工程不合理调度，贡献占比为 22.8%，其他成因贡献占比较小（表 4-7）。

表 4-7　全国及各分区各不达标成因次数分布

一级区	总不达标天数	A		B		C		D		E	
		次数	占比/%	次数	占比/%	次数	占比/%	次数	占比/%	次数	占比/%
松花江区	186	19	6.3	89	29.4	102	33.6	34	11.2	59	19.5
辽河区	168	41	10.2	122	30.5	138	34.5	96	24.0	3	0.8

续表

一级区	总不达标天数	A		B		C		D		E	
		次数	占比/%	次数	占比/%	次数	占比/%	次数	占比/%	次数	占比/%
海河区	380	48	5.7	317	37.9	277	33.1	191	22.8	4	0.5
黄河区	300	38	6.0	238	37.6	271	42.8	65	10.3	21	3.3
淮河区	231	48	7.9	171	28.2	211	34.8	175	28.9	1	0.2
长江区	854	189	15.6	169	13.9	251	20.7	305	25.2	298	24.6
东南诸河区	76	9	11.7	0	0	9	11.7	5	6.5	54	70.1
珠江区	123	28	19.9	28	19.9	11	7.8	7	4.9	67	47.5
西南诸河区	13	2	15.4	0	0	0	0	0	0	11	84.6
西北诸河区	57	4	6.8	10	16.9	0	0	22	37.3	23	39.0
全国	2388	426	10.0	1144	26.7	1270	29.7	900	21.0	541	12.6

4.1.2　水功能区水质现状与成因分析

2009~2018 年，海河流域水质大幅改善，劣Ⅴ类水质占比从 2009 年的 51.5%下降到 2018 年的 25.0%，但仍显著高于其他流域；Ⅰ~Ⅲ类水质占比从 35.3%上升到 42.6%，仍显著低于其他流域（图 4-4）。平原区河湖水源主要来自区域涝水和城市退排水。2018 年海河流域 230 个重要水功能区中，断流河长 750km，不达标水功能区总长 3275km，均主要位于平原区。

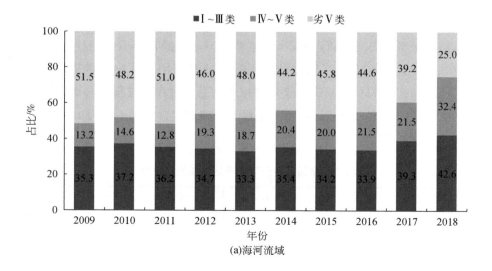

(a)海河流域

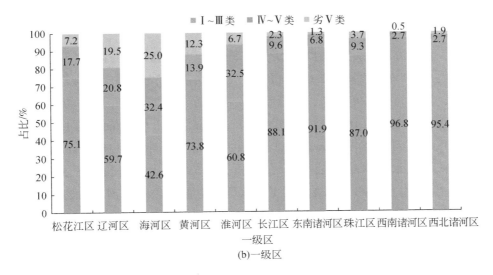

(b)一级区

图 4-4 海河流域近 10 年河流水质变化及 2018 年流域河流水质对比

2014～2018 年，滦河及冀东沿海诸河 Ⅰ～Ⅲ类水质占比略有波动，劣Ⅴ类水质占比减少了 7.88 个百分点；海河北系 Ⅰ～Ⅲ类水质占比变化不大，Ⅳ～Ⅴ类水质总体增长了 20.27 个百分点，劣Ⅴ类水质占比减少了 23.39 个百分点；海河南系 Ⅰ～Ⅲ类、Ⅳ～Ⅴ 类水质分别增长了 11.69 个百分点和 16.10 个百分点，劣Ⅴ类水质明显减少；徒骇马颊河总体变化不大，劣Ⅴ类水质减少了 8 个百分点（图 4-5）。

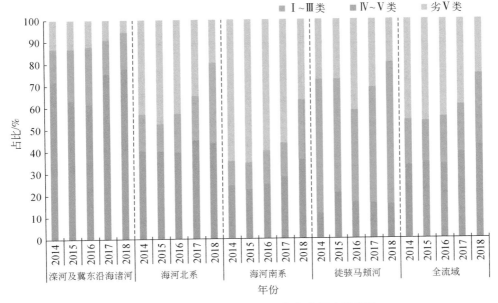

图 4-5 海河流域 2014～2018 年各分区水质变化

1. 水功能区水质现状

2018 年，海河流域 I 类水质水功能区 3 个，河长 192.0km，占总河长的 2.0%，湖库面积 29.0km²，占湖库总面积的 2.0%；II 类水质水功能区 56 个，河长 2492.2km，占总河长的 26.1%，湖库面积 369.1km²，占湖库总面积的 26.1%；III 类水质水功能区 31 个，河长 1530.7km，占总河长的 16.0%，湖库面积 176.0km²，占湖库总面积的 12.4%；IV 类水质水功能区 38 个，河长 1849.8km，占总河长的 19.4%，湖库面积 182.0km²，占湖库总面积的 12.9%；V 类水质水功能区 19 个，河长 505.5km，占总河长的 5.3%，湖库面积 499.0km²，占湖库总面积的 35.3%；劣 V 类水质水功能区 69 个，河长 2223.0km，占总河长的 23.3%，湖库面积 159.8km²，占湖库总面积的 11.3%；断流水功能区 14 个，河长 748.8km，占总河长的 7.8%。水质超 III 类标准的指标主要有五日生化需氧量、COD、总磷、氨氮、高锰酸盐指数等。各水质类别统计情况见表 4-8。

表 4-8　全指标评价水功能区的水质现状统计

全指标水质类别	水功能区个数	长度/km	面积/km²
I 类	3	192.0	29.0
II 类	56	2492.2	369.1
III 类	31	1530.7	176.0
IV 类	38	1849.8	182.0
V 类	19	505.5	499.0
断流	14	748.8	
劣 V 类	69	2223.0	159.8
总计	230	9542.0	1414.9

2018 年，海河流域 230 个重要水功能区中，除去 14 个断流水功能区和 6 个无水质目标水功能区，共 210 个水功能区参与水质达标评价。达标水功能区 115 个，水功能区达标率为 54.8%；河流水功能区达标 105 个，达标河长 5469.7km，占达标评价总河长的 62.5%，主要超标污染物有氨氮、总磷、COD、高锰酸盐指数、氟化物等；湖库水功能区达标 10 个，达标面积 460.3km²，占达标评价总面积的 32.5%，主要超标污染物有总氮、高锰酸盐指数、COD 等（表 4-9）。

表 4-9　全指标评价水功能区水质达标情况统计

分区	所在水系名称	达标评价	水功能区个数	长度/km	面积/km²
滦河分区	滦河	不达标	7	215.2	89
		达标	12	650	
		断流	2	79	

续表

分区	所在水系名称	达标评价	水功能区个数	长度/km	面积/km²
大清河以北分区	北三河	不达标	17	649.5	113.8
		达标	28	1086.5	185.6
		断流	3	79.8	
	永定河	不达标	19	498.4	167.8
		达标	14	711.6	7.7
		断流	2	86	
		无目标	2	9.1	
大清河分区	大清河	不达标	9	135.9	509
		达标	11	575	29
		断流	3	200	
	海河干流	不达标	1	38.5	
		达标	3	64.6	
大清河以南分区	黑龙港及运东地区	不达标	13	372	75
		达标	2	250	16.7
	漳河	不达标	1	165	
		达标	3	181.6	
		断流	1	114	
	漳卫河	不达标	11	455.6	
		达标	12	603.3	91.2
		无目标	4	39.4	
	子牙河	不达标	11	635.2	
		达标	16	612.6	125.9
		断流	3	190	
徒骇马颊河	徒骇马颊河	不达标	6	109.7	
		达标	14	734.5	4.2
海河流域		不达标	95	3275	954.6
		达标	115	5469.7	460.3
		断流	14	748.8	
		无目标	6	48.5	
		总计	230	9542	1414.9

2018 年海河流域重要河流水功能区断面主要监测指标有总磷、高锰酸盐指数、COD、氨氮、总氮，以二级区为单元对各项指标平均浓度进行计算，得出海河流域重要河流水功能区多数指标平均浓度处在Ⅲ～Ⅳ类水质类别；而比较各二级区情况，滦河及冀东沿海诸

河水质明显好于海河北系、海河南系和徒骇马颊河的水质，山区河流水质明显好于平原区（表 4-10）。

表 4-10 2018 年海河流域重要河流水功能区断面主要指标浓度值（单位：mg/L）

二级区	断面个数	总磷		高锰酸盐指数		COD		氨氮		总氮	
		浓度	水质类别	浓度	水质类别	浓度	水质类别	浓度	水质类别	浓度	水质类别
滦河及冀东沿海诸河	17	0.07	Ⅱ	3.93	Ⅱ	16.68	Ⅲ	0.22	Ⅱ	1.46	—
海河北系	76	0.26	Ⅳ	4.75	Ⅲ	18.67	Ⅲ	0.97	Ⅲ	6.47	
海河南系	93	0.16	Ⅲ	6.7	Ⅳ	33.95	Ⅳ	1.5	Ⅳ	4.1	
徒骇马颊河	19	0.17	Ⅲ	6.34	Ⅳ	30	Ⅳ	0.69	Ⅲ	3.62	
海河流域	205	0.2	Ⅲ	5.78	Ⅲ	26.83	Ⅳ	1.15	Ⅳ	5.11	

2018 年海河流域重要湖库水功能区主要监测指标与河流相同，重要湖库的水功能区四个二级区的高锰酸盐指数、COD 和氨氮水质类别均在 Ⅲ 类之上，总磷在滦河及冀东沿海诸河水质类别为 Ⅳ 类，其他均为 Ⅲ 类，水质指标在总氮上多数呈现出劣 Ⅴ 类，总氮严重超标（表 4-11）。

表 4-11 2018 年海河流域重要湖库水功能区断面主要指标浓度值（单位：mg/L）

二级区	断面个数	总磷		高锰酸盐指数		COD		氨氮		总氮	
		浓度	水质类别	浓度	水质类别	浓度	水质类别	浓度	水质类别	浓度	水质类别
滦河及冀东沿海诸河	2	0.09	Ⅳ	3.61	Ⅱ	9.96	Ⅰ	0.21	Ⅱ	4.01	劣Ⅴ
海河北系	5	0.03	Ⅲ	3.69	Ⅱ	14.12	Ⅰ	0.17	Ⅰ	2.19	劣Ⅴ
海河南系	10	0.05	Ⅲ	5.21	Ⅲ	20.16	Ⅲ	0.27	Ⅱ	3.61	劣Ⅴ
徒骇马颊河	1	0.04	Ⅲ	3.56	Ⅱ	17.28	Ⅲ	0.23	Ⅱ	1.6	Ⅴ
海河流域	18	0.05	Ⅲ	4.52	Ⅲ	17.12	Ⅲ	0.24	Ⅱ	3.16	劣Ⅴ

整体上，流域河流水功能区由北至南污染物浓度呈升高趋势，水质变差。滦河及冀东沿海诸河和海河北系山区面积比例较大，水质较好；海河南系和徒骇马颊河以平原区为主，河道有断流情况，造成水质较差，此外，平原区农业活动对水质影响较大。流域湖库受总氮污染严重，但氨氮浓度较低，考虑湖库受有机氮污染影响。若不考虑总氮指标，则流域湖库水功能区水质远好于河流水功能区。

2. 2014 年和 2018 年海河流域水功能区水质对比

对比 2014 年和 2018 年海河流域国家重要河流和湖库水功能区（表 4-12 和表 4-13），发现 2018 年水质较 2014 年明显改善，整体上浓度明显下降，水质改善显著，但是海河南系湖库总氮浓度升高，12 个湖库中仅 5 个总氮浓度降低，其中黄壁庄水库和岗南水库总氮年均浓度分别达 8.8mg/L 和 8.0mg/L，分别有 6 个月和 5 个月浓度大于 10mg/L，而滦河及冀东沿海诸河二级区的高锰酸盐指数、COD 有所增加，原因是 3 月乌龙矶和白城子（闪）水文站两个断面浓度异常，其中乌龙矶断面高锰酸盐指数和 COD 浓度分别为 26.7mg/L 和 40mg/L，白城子（闪）水文站断面两个指标浓度分别为 22.5mg/L 和 123mg/L。

表 4-12　2014 年和 2018 年海河流域重要河流水功能区
断面主要指标浓度值　（单位：mg/L）

二级区	断面个数	总磷		高锰酸盐指数		COD		氨氮		总氮	
		2014 年	2018 年	2014 年	2018 年	2014 年	2018 年	2014 年	2018 年	2014 年	2018 年
滦河及冀东沿海诸河	15	0.15	0.08	3.67	4.15	12.5	17.68	0.72	0.28	8.79	1.02
海河北系	48	0.6	0.16	6.52	4.49	43.75	18.74	3.35	0.75	8.84	5.46
海河南系	60	0.63	0.36	7.25	5.81	52.66	23.55	4.22	1.11	8.26	4.82
徒骇马颊河	11	0.47	0.15	6.65	5.84	32.3	26.83	2.35	0.67	5.72	3.81
海河流域	134	0.56	0.24	6.53	5.17	46.52	21.51	3.37	0.86	8.32	4.85

表 4-13　2014 年和 2018 年海河流域重要湖库水功能区
断面主要指标浓度值　（单位：mg/L）

二级区	断面个数	总磷		高锰酸盐指数		COD		氨氮		总氮	
		2014 年	2018 年	2014 年	2018 年	2014 年	2018 年	2014 年	2018 年	2014 年	2018 年
滦河及冀东沿海诸河	3	0.11	0.07	4.24	4.2	—	15.62	0.4	0.17	3.72	3.48
海河北系	6	0.15	0.06	6.42	4.52	30.42	16.81	0.8	0.29	2.84	2.26
海河南系	12	0.06	0.05	5.74	5.34	51.83	21.3	0.54	0.26	2.83	3.61
海河流域	21	0.10	0.05	5.72	4.94	43.8	19.21	0.6	0.25	2.96	3.20

3. 水功能区汛期和非汛期水质对比

对比 2018 年河流汛期和非汛期水质（表 4-14 和表 4-15），发现流域河流水功能区非汛期总磷、高锰酸盐指数和 COD 浓度略低于汛期浓度，但氨氮和总氮非汛期浓度明显高于汛期浓度，湖库指标变化影响因素较多。

表 4-14　2018 年海河流域重要河流水功能区断面主要指标浓度值（单位：mg/L）

二级区	断面个数	总磷		高锰酸盐指数		COD		氨氮		总氮	
		汛期	非汛期	汛期	非汛期	汛期	非汛期	汛期	非汛期	汛期	非汛期
滦河及冀东沿海诸河	17	0.09	0.07	3.96	3.89	16.76	17.20	0.18	0.28	1.23	1.60
海河北系	76	0.28	0.27	4.97	4.65	19.66	17.77	0.75	1.10	4.97	7.24

二级区	断面个数	总磷		高锰酸盐指数		COD		氨氮		总氮	
		汛期	非汛期	汛期	非汛期	汛期	非汛期	汛期	非汛期	汛期	非汛期
海河南系	93	0.17	0.17	6.86	6.75	37.41	33.90	1.00	1.94	3.11	4.62
徒骇马颊河	19	0.23	0.15	6.48	6.30	30.72	29.79	0.71	0.67	3.13	3.94
海河流域	205	0.21	0.20	5.85	5.67	28.28	25.98	0.81	1.36	3.93	5.76

表4-15　2018年海河流域重要湖库水功能区断面主要指标浓度值（单位：mg/L）

二级区	断面个数	总磷		高锰酸盐指数		COD		氨氮		总氮	
		汛期	非汛期	汛期	非汛期	汛期	非汛期	汛期	非汛期	汛期	非汛期
滦河及冀东沿海诸河	2	0.03	0.11	3.93	3.46	8.50	10.69	0.18	0.23	3.38	4.33
海河北系	5	0.03	0.02	3.86	3.68	14.61	13.85	0.21	0.15	2.26	2.16
海河南系	10	0.04	0.06	5.20	5.21	19.28	20.60	0.24	0.28	3.84	3.50
徒骇马颊河	1	0.05	0.03	3.78	3.45	16.98	17.43	0.29	0.20	1.66	1.57
海河流域	18	0.04	0.05	4.61	4.50	16.66	17.47	0.23	0.24	3.23	3.13

4. 湖库富营养化状况

选取潘家口水库、大黑汀水库、密云水库、于桥水库、官厅水库、岗南水库、黄壁庄水库、岳城水库、北大港水库、壶流河水库、白洋淀、衡水湖12个重要湖库，采用《地表水资源质量评价技术规程》开展富营养化状况评价。因缺少叶绿素a和透明度指标，仅用总氮、总磷和高锰酸盐指数三项指标进行评价（表4-16）。

表4-16　重要湖库富营养化状态评估

湖库名称	浓度/（mg/L）			分值				营养状态
	高锰酸盐指数	总磷	总氮	高锰酸盐指数	总磷	总氮	平均	
潘家口水库	3.6	0.1	4.0	47.9	60.4	74.9	61.1	中度富营养
大黑汀水库	3.6	0.1	4.1	48.2	53.8	75.1	59.0	轻度富营养
密云水库	2.9	0	1.2	44.3	29.5	62.3	45.4	中营养
于桥水库	4.1	0	2.3	40.1	46.0	70.7	52.3	轻度富营养
官厅水库	4.5	0	1.2	40.1	44.0	62.4	48.8	中营养
岗南水库	2.3	0	8.0	41.4	24.7	86.7	50.9	轻度富营养
黄壁庄水库	2.5	0	8.8	42.4	28.6	89.2	53.4	轻度富营养
岳城水库	1.8	0	3.0	38.0	33.6	72.5	48.0	中营养
北大港水库	21.6	0.2	2.7	63.5	70.1	71.6	68.4	中度富营养

续表

湖库名称	浓度/（mg/L）			分值				营养状态
	高锰酸盐指数	总磷	总氮	高锰酸盐指数	总磷	总氮	平均	
壶流河水库	5.0	0	2.8	40.1	43.7	72.1	52.0	轻度富营养
白洋淀	6.0	0.1	3.1	40.3	60.8	72.8	58.0	轻度富营养
衡水湖	7.1	0.1	1.2	40.3	60.3	61.6	54.1	轻度富营养

2018 年，潘家口水库和北大港水库 2 个水库为中度富营养状态，其中，潘家口水库受总磷和总氮影响，北大港水库三项指标分值均较高；大黑汀水库、于桥水库、岗南水库、黄壁庄水库、壶流河水库、白洋淀和衡水湖为轻度富营养状态，其中，大黑汀水库、白洋淀和衡水湖受总磷和总氮两项指标影响，于桥水库、岗南水库、黄壁庄水库、壶流河水库仅受总氮影响。

5. 入河污染物数量及超载状况

2018 年海河流域共监测入河排污口 809 个，其中，规模以上排污口（入河废污水量≥10 万 t/a 的排污口为规模以上排污口）662 个，规模以下排污口（入河废污水量<10 万 t/a 的排污口为规模以下排污口）38 个，停排排污口 109 个。

2018 年，海河流域 700 个入河排污口共排放污废水 5.8 亿 t，COD、氨氮、总氮、总磷排放量分别为 204 891.2t、15 125.2t、76 186.1t、5381.1t。从各河系来看，漳卫河排污口数量最多，达 181 个，2018 年污水排放量约 9.4 亿 t，COD 排放量最大，达 5.3 万 t；北三河污废水及氨氮、总氮和总磷排放量最大，78 个排污口排放污废水约 10.1 亿 t，氨氮、总氮和总磷排放量分别为 4775.9t、13 227.8t、1703.2t（表 4-17）。

表 4-17　入河排污口排污情况统计

水系（河系）	污废水排放量 /（万 t/a）	排污口个数		污染物排放量/（t/a）			
		非停排排污口	停排排污口	COD	氨氮	总氮	总磷
北三河	100 672.6	78	9	37 260.9	4 775.9	13 227.8	1 703.2
大清河	53 229.5	70	0	18 146.2	1 352.6	7 024.8	751.6
海河干流	60 518.9	12	0	12 295.0	959.0	7 744.7	294.5
黑龙港及运东地区	18 038.0	28	9	4 479.7	682.0	3 274.4	179.4
滦河及冀东沿海诸河	46 398.3	52	4	10 366.8	903.7	5 804.8	153.7
内陆河	1 617.8	4	0	531.9	3.4	110.0	25.2
徒骇马颊河	81 077.5	95	10	27 365.1	806.1	11 103.7	294.0
永定河	43 814.6	93	47	21 413.7	1 465.1	5 854.4	1 053.0
漳卫河	94 079.1	168	13	52 708.3	2 128.2	12 192.4	340.9
子牙河	81 782.4	100	17	20 323.6	2 049.1	9 848.9	585.5

4.1.3 水域空间现状与成因分析

20 世纪 50 年代,京津冀六河五湖区域主要河道常年有水,航道畅通;20 世纪 70～90 年代由于降水减少和生产生活用水的增加,河流干涸断流,湿地出现萎缩。直到 2000 年,主要河道年均断流天数达 273 天,断流现象严重。当前滦河大黑汀水库—海口、永定河官厅水库坝下—三家店等河段基本不断流;潮白新河黄白桥—宁车沽、北运河筐儿港—屈家店、永定新河屈家店—防潮闸、独流减河万家码头—防潮闸等河段常年有水,但基本处于长期断流状态;潮白河苏庄—赶水坝、永定河卢沟桥—屈家店、大清河新盖房—新镇、南运河九宣闸—第六堡等河段基本全年干涸,河流水生态严重退化(表 4-18)。

表 4-18 不同年代六河平原河段断流情况

河名	河段	年均河道断流天数				
		20 世纪 60 年代	20 世纪 70 年代	20 世纪 80 年代	20 世纪 90 年代	2000 年
滦河	大黑汀水库—海口	0	3	149	91	307
永定河	官厅水库坝下—三家店	0	7	129	36	56
潮白河	黄白桥—宁车沽	45	194	319	197	366
北运河	筐儿港—屈家店	99	270	242	358	340
永定河	卢沟桥—屈家店	197	315	361	337	366
永定新河	屈家店—防潮闸	12	220	248	153	103
独流减河	万家码头—防潮闸	0	15	58	50	127
潮白河	苏庄—赶水坝	8	86	105	156	134
大清河	新盖房—新镇	39	134	277	300	344
南运河	九宣闸—第六堡	53	175	302	341	366
	平均	50	157	229	220	273

在水域空间数量变化分析方面,1980～2018 年海河流域水域空间面积变化趋势及占流域面积比整体呈现先上升(1980～2000 年)、再下降(2000～2010 年)、再上升(2010～2018 年)的趋势(图 4-6)。海河流域 1980 年水域空间面积为 0.95 万 km²,占全流域的 2.99%;2000 年增长至 1.01 万 km²,占全流域的 3.17%;到 2010 年下降至 0.92 万 km²,占全流域的 2.89%;最后恢复至 2018 年的 1 万 km²,占全流域的 3.14%。进一步分析组成水域空间的主要土地利用类型(河流、湖泊、水库、滩涂、滩地、沼泽等)的变化规律可以发现,沼泽水域面积总体呈现出缓慢上升趋势,1990～2010 年出现明显下降,2010～2018 年上升。湖泊水域面积总体趋于上升趋势,1980～2000 年缓慢上升,2000～2010 年出现下降,2010～2018 年大幅上升。滩涂 1980～1990 年大幅下降,1990～2005 年呈现平

缓趋势，2005～2018 年先出现小幅度上升，后出现下降。水库面积总体呈现上升趋势，总体缓慢上升；滩地出现总体下降趋势。

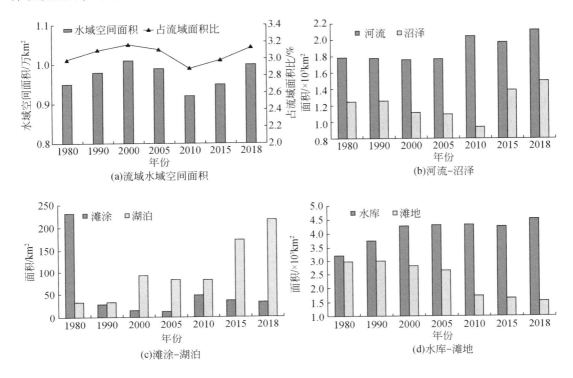

图 4-6　1980～2018 年海河流域面积变化

1990～2018 年海河流域水域空间面积相较 1980 年的保留率呈现持续下降的趋势，从 95% 下降至 70%。其中 2005～2010 年的下降幅度最大，从 87% 下降至 73%（图 4-7）。

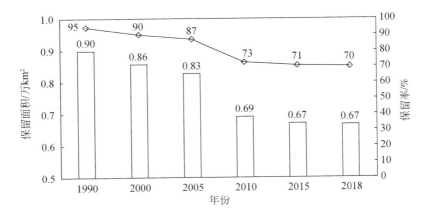

图 4-7　1980～2018 年海河流域水域空间保留率情况

4.1.4 水系连通性现状与成因分析

水系连通性包括构建景观、生态和水文连通性以及连通性修复四层含义，故采用水系环度、节点连接率、水文连接度和景观生态连接度四个指数评价水系结构连通性，反映不考虑水利工程阻隔作用的水系连通性情况，采用水系纵向连续性指数评价，反映考虑水利工程阻隔作用的水系连通性情况（王延贵等，2020）。

水系结构连通性方面，将水系结构连通性评价根据水系环度、节点连接率、水文连接度和景观生态连接度，标准分为优、良、中、差四个评价等级标准（表4-19），从评价结果来看，仅有大清河水系结构连通性为良，永定河为差，其余子流域均为中（表4-20）。

表4-19　水系结构连通性评价标准

等级指标	优	良	中	差
水系环度 α	(0.5, 1]	(0.3, 0.5]	(0.1, 0.3]	[0, 0.1]
节点连接率 β	(2.5, 3]	(2, 2.5]	(1.2, 2]	[0, 1.2]
水文连接度 γ	(0.6, 1]	(0.4, 0.6]	(0.25, 0.4]	[0, 0.25]
景观生态连接度 C	>4	(2.5, 4]	(1.3, 2.5]	[0, 1.3]

表4-20　海河流域水系结构连通性

水系连通评价	水系环度 α	节点连接率 β	水文连接度 γ	景观生态连接度 C	评价结果
北三河	0.116	2.441	0.413	1.327	中
	中	良	良	中	
大清河	0.176	2.679	0.452	1.552	良
	中	优	良	中	
黑龙港及运东地区	0.063	2.190	0.383	2.472	中
	差	良	中	良	
滦河	0.021	2.061	0.351	1.404	中
	差	良	中	中	
徒骇马颊河	0.052	2.146	0.376	1.620	中
	差	良	中	中	
永定河	0.011	1.922	0.345	1.263	差
	差	中	中	差	
漳卫河	0.081	2.297	0.391	1.441	中
	差	良	中	中	

水系连通评价	水系环度 α	节点连接率 β	水文连接度 γ	景观生态连接度 C	评价结果
子牙河	0.067	2.243	0.381	1.627	中
	差	良	中	中	
海河流域	0.076	2.300	0.384	1.414	中
	差	良	中	中	

海河流域水系纵向连通性与河长和闸坝数有关，反映河流中闸坝等阻隔构筑物对河流的阻断作用。从水系纵向连通性评价方面来看，流域整体处于劣和差两种评价结果（表4-21）。

表 4-21　海河流域水系纵向连通性

流域名称	水库/个	水电站/个	水闸/个	总河长/km	评价结果
北三河	16	3	50	3 260.18	劣
大清河	17	4	71	411.06	劣
黑龙港及运东地区	1	0	69	2 531.17	劣
滦河	16	12	13	4 275.65	差
徒骇马颊河	0	0	43	1 885.59	差
永定河	19	4	2	2 934.75	差
漳卫河	27	12	64	3 139.43	劣
子牙河	19	5	24	3 883.6	差
海河流域	115	40	336	26 621.42	劣

综上，在不考虑水利工程阻隔作用下，各子流域水系结构连通性评价结果基本为中；在考虑水利工程阻隔作用下，各子流域水系纵向连通性评价结果基本为劣。

4.1.5　水生生物及生境现状

六河中，河岸带现状得分由高到低依次为北运河、滦河、永定河、潮白河、南运河和大清河。北运河由于近年来河道治理力度大，岸坡稳定性加强，河岸带生态和景观得到了一定的恢复，河岸带评价为优。大清河等河流山前平原河段，河道滩地采砂现象严重，河漫滩植被破坏，林草地明显减少，人工农业生态系统增加，水土流失加重，河岸带得分较低。五湖中，白洋淀、衡水湖湖滨带评分较低，白洋淀湖滨带破坏较为严重，而衡水湖滨岸带林木少，多是人工景观（表4-22）。

表4-22 河湖岸带状况评价情况

序号	河流/湖库	河段（湖库）	评价赋分				评价结果
			岸坡稳定性	植被覆盖度	人工干扰程度	综合得分	
1	滦河	武烈河	90	75	60	75	良
		滦河山区段	80	91	75	82	优
		滦河平原段	60	90	60	70	良
		引滦入津沿线（黎河）	60	80	60	67	中
2	潮白河	白河	76	80	85	80	优
		潮河	71	75	70	72	良
		潮白（新）河	71	85	80	79	良
3	北运河	北运河	77	85	80	81	优
4	永定河	洋河	78	75	80	78	良
		桑干河	78	70	70	73	良
		永定河	79	75	70	75	良
		永定新河	76	75	75	75	良
5	大清河	北拒马河	67	50	60	59	中
		南拒马河	66	50	60	59	中
		白沟河	69	70	60	66	中
		大清河	69	70	60	66	中
		独流减河	76	80	80	79	良
6	南运河	南运河	74	70	70	71	良
7	白洋淀	白洋淀	60	70	40	57	良
8	衡水湖	衡水湖	60	70	65	65	良
9	七里海	七里海	70	80	55	68	良
10	北大港	北大港	75	85	75	78	优
11	南大港	南大港	75	85	80	80	优

水生生物与生境重点考虑满足两方面的生物要求。

一方面是满足水产种质资源保护的基本需要。2007年我国农业部公布首批国家级水产种质资源保护区，海河流域首批有1个，自此开始数量逐年递增，截至2017年，海河流域共有25处国家级水产种质资源保护区（图4-8），主要保护对象为中华鳖、青虾、黄颡鱼等水生动物，均结合水库、重要湿地及河口区等生境较好的区域设置，因此保护问题相对不突出。

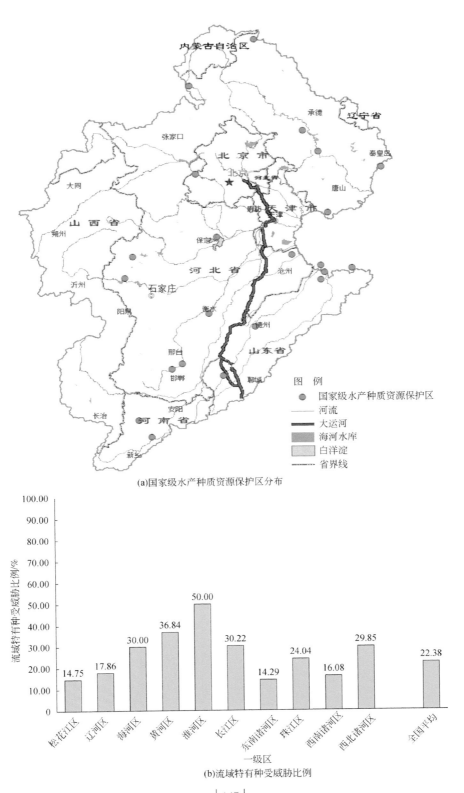

(a)国家级水产种质资源保护区分布

(b)流域特有种受威胁比例

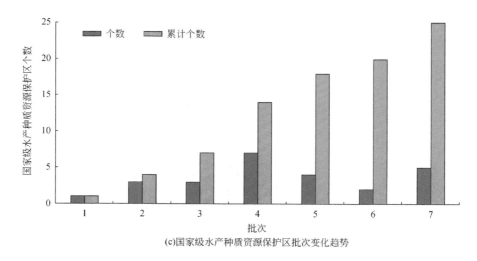

(c)国家级水产种质资源保护区批次变化趋势

图 4-8　海河流域生境与水生物现状

流域水生动植物与河湖生态水文、水环境状况等息息相关。以白洋淀为例（图 4-9），自 1966 年出现干淀以来，特别是 1983 年起历经连续 5 年的干淀和长期的水质污染，淀区

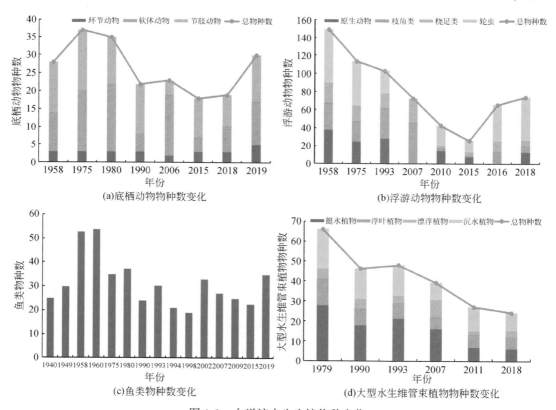

图 4-9　白洋淀水生生境物种变化

水域空间大面积减少，湿地规模大幅度缩减，湖泊生态稳定性遭到破坏，淀区水环境和水生态健康受到巨大威胁。在长期的生态补水下，近期白洋淀生态水量基本达标，整体生态状况有所恢复。与此同时，白洋淀 1958 年、1975 年、1990 年记录底栖动物分别为 28 种、38 种和 22 种，最后稳定在 20 ~ 25 种，近些年底栖动物群落结构有所恢复；浮游动物物种数 1958 ~ 2015 年大幅减少，2015 年浮游动物物种数仅有 25 种，近年随着淀区内水质逐渐改善，浮游动物物种数逐渐增加；鱼类方面，1958 年有 54 种，之后由于上游水库建设，入淀河流水量大量减少，特别是 1983 年白洋淀出现周期性干淀，鱼类资源大大减少，2003 年白洋淀实行增殖放流，增加经济鱼类产量，使得淀区内鱼类有所增加；大型水生维管束植物方面，1958 年、1975 年、1979 年白洋淀分别有 34 种、34 种、66 种，1990 ~ 2007 年大型水生维管束植物物种数较为稳定，2007 ~ 2018 年物种数大幅下降，可能是补水工程导致淀区自然生态水文节律的破坏，淹水深度和周期敏感的物种处于重建种群过程，造成物种数大量减少。

另一方面是保护候鸟迁徙的基本需求。我国在东亚—澳大利亚迁飞区范围，海河流域位于"环渤海"和"内陆平原"两条重要的迁徙路径，"环渤海"有南大港、北大港、七里海湿地群，湿地空间分布较为密集，可以满足候鸟迁徙的基本需求；"内陆平原"从北向南依次有滦河、白洋淀、衡水湖等，而永定河官厅水库湿地尚未完成恢复和提升，湿地总体空间分布较为分散，相较沿海湿地分布较差。

4.1.6 水生态环境监测管理现状

当前海河流域水生态环境管理能力不强，表现为五方面乏力。

一是管理乏力。流域统一管理基础整体薄弱，法治体系不健全，市场机制作用不突出，依法行政、水利社会管理急需加强，流域机构的权威性和执行能力严重不足。

二是协同乏力。流域跨省河流众多，水事关系复杂，治水涉及多行业，目前各省（直辖市）水治理的"一亩三分地"思维仍较普遍，按照系统治理要求，省（直辖市）间、相关部门间协同需进一步加强。

三是机制乏力。流域管理机制创新不足，流域和行政区域管理相结合的水资源管理体制需要进一步理顺，公众参与尚待完善。

四是投入乏力。水利工程建设和管理的投入相对不足，吸引社会资本投资水利的方法不多。

五是能力乏力。水利科技支撑能力亟须提高，信息化能力手段单一、业务协同不够，明显不适应水利行业强监管的需要。

4.1.7 存在的主要问题

1. 生态流量水量达标情况缓慢向好, 但仍处于全国最差水平

2009 ~ 2018 年海河流域 53 个代表性断面生态基流达标情况评价发现, 流域月均流量达标、日均不断流且连续不达标天数≤7 天的年平均合格率为 32.3%, 逐日流量达标的平均优良率仅有 26.5%。流域近 15 年 (2004 ~ 2018 年) 入海水量占地表水资源量比例均值为 32%, 2018 年上升到 41%。总体上, 生态流量水量达标情况向好, 但与全国其他流域相比, 生态基流达标率、优良率均为十大一级区最低水平, 入海水量占比仅略高于黄河的占比 31%。海河流域生态基流平均破坏深度为 19.8%, 平均不达标天数为 97.7 天, 均处于全国最恶劣水平。流域生态基流不达标问题集中在非枯水期 (4 ~ 11 月), 且具有持续性, 近 10 年 4 ~ 11 月平均不达标天数均在 10 天左右。

2. 河湖水质逐步改善, 但平原区水质达标压力巨大

2009 ~ 2018 年, 海河流域水质大幅改善, 劣Ⅴ类水质占比从 2009 年的 51.5% 下降到 2018 年的 25%, 但仍显著高于其他流域; Ⅰ ~ Ⅲ类水质占比从 35.3% 上升到 42.6%, 仍显著低于其他流域。2018 年流域废污水排放总量为 59.5 亿 m³, 入海水量为 71.7 亿 m³, 废污水排放量占入海水量的 82.9%, 平原区河湖水源主要来自城市退排水。2018 年海河流域 230 个重要水功能区中, 断流河长 750km, 不达标水功能区总长 3275km, 均主要位于平原区。

3. 天然水域空间侵占严重, 但水域面积仍有恢复

虽然水域空间总体面积有一定的恢复, 但原生水域空间的保留率情况不容乐观, 主要河流滩地和沿海入海口滩涂面积大幅萎缩。天然水域空间保留小, 人工水域空间新增多。相较 1980 年, 1990 ~ 2018 年水域空间面积保留率呈现持续下降的趋势, 从 95% 下降至 70%。其中 2005 ~ 2010 年的下降幅度最大, 从 87% 下降至 73%。

4. 河流连通性严重阻隔, 水系连通性整体较差

从纵向连通性看, 六河平均连通性指数为 2.7 个/100km, 比劣的标准高了一倍以上; 其他河流平原段也基本完全受人工闸坝控制。河流与湖泊、沼泽湿地之间的横向连通性也急剧降低, 以最大水域斑块面积占比表征流域河湖湿地横向连通性, 1980 ~ 2018 年, 海河流域下降了 52.5%, 位于十大一级区之首。在不考虑水利工程阻隔作用下, 各子流域水系结构连通性评价结果基本处于中；在考虑水利工程阻隔作用下，各子流域水系纵向连通性评价结果基本为劣。

5. 鱼类修复保护问题相对不突出，候鸟是近期水生态保护重点

海河流域内有省级以上自然保护区 22 处，国家湿地公园 26 处，总面积 3964.5km²，特征指示性物种较少，鱼类特有种仅 8 种，在十大一级区里面最少。虽然目前设立有 25 个国家级水产种质资源保护区，主要保护对象为中华鳖、青虾、黄颡鱼等水生动物，均结合水库、重要湿地及河口区等生境较好的区域设置，修复保护问题相对不突出。

生境保护修复重点是保护候鸟迁徙的基本需求。我国属于东亚—澳大利亚迁飞区，我国境内京津冀地区位于重要迁徙路线上，主要包括"环渤海"和"内陆平原"两条迁徙路径。现状条件下，"环渤海"有南大港、北大港、七里海湿地群，湿地空间分布较为密集，迁徙路径水生生境较好，可以满足候鸟迁徙的基本需求；"内陆平原"从北向南依次有滦河、白洋淀、衡水湖等，而永定河官厅水库湿地尚未完成恢复和提升，滦河流域仍缺乏国家重点保护的候鸟栖息地，湿地总体空间分布较为分散，相较沿海湿地分布较差。

4.2　河湖生态需水评价分析

当前，海河流域河湖生态保护修复面临的最大问题是生态需水不能得到保障。而随着南水北调后续工程的推进，将为海河流域生态需水保障提供良好机遇。在南水北调后续工程中，东中线均可向海河流域补水，且东中线的受水区存在一定范围交叉。因此，本节分析以南水北调东中线整体受水区为重点进行阐述，部分研究区超出了海河流域范围。

4.2.1　生态需水目标

1. 制定方法与关键参数

1）总体思路

聚焦南水北调工程影响区范围广、生态水文特征差异大等实际，可认为流域区域生态需水量是指从尊重生态系统自然规律、保障人类可持续发展合理用水需求出发，考虑水资源调配和调度管理的可行性，因地制宜地确定生态保护目标并提出符合特定目标要求的生态需水量及其过程。其包含两方面基本内涵：一是河湖水体自身的生态需水量及

其过程，具体包括维持河流基本结构和功能的生态基流、促进鱼类等生物繁殖的敏感期脉冲流量、河流汛期输沙流量、河口入海水量等；二是面向流域生态保护与修复，维持与提升流域生态系统质量和稳定性的水分平衡所需要的水量，包括水土保持及其他合理植被建设的需水量、维持合理水面景观的需水量、地下水超采治理的替换水量。二者之间存在一定的重复，主要是地下水超采治理新补充的地表水资源量，在使用和消耗后存在一定的退水量，可以补充河道内生态需水，在计算时这一部分重复水量需要扣除（图 4-10）。

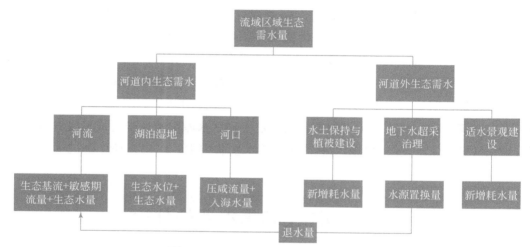

图 4-10　重点流域区域生态需水内涵

在明晰流域区域生态需水内涵的基础上，如何界定其合理的值和范围是专题研究的重点与难点。需要指出的是，生态系统本身具有一定的弹性，在维持生态系统基本结构和功能的基础上，生态需水量的大小主要取决于不同时期"预期+可行"的生态保护目标。本研究面向南水北调后续工程的高质量发展，具有战略性和长远性，还需要考虑到后续工程的分阶段建设问题，因此在生态需水量的计算方面，分别设置了"低-中-高"3 种方案，以满足不同阶段不同目标的需求。其中，"低方案"代表在多年平均条件下，维持天然最枯年份的生态水量和入海水量；"中方案"代表在多年平均条件下，维持天然 95% 枯水年份的生态水量和入海水量；"高方案"代表在多年平均条件下，维持天然 90% 枯水年份的生态水量和入海水量。

一般而言，采取 90%（Q_{90}）或 95%（Q_{95}）的长系列天然径流量作为生态流量（水量）目标是目前比较公认的水文学方法测算依据。常用的生态流量计算方法，如 7Q10 法、Qp 法、流量历时曲线法等，均采用上述思路和参数，只不过上述方法一般用来计算日尺度或月尺度的生态流量目标。时间尺度越长，极端水文情景被"中和"的可能性越大，会造成计算出来的目标占相应时长多年平均径流量的比例越高。但对于年生态水量（入海水量）目标的制定来说，其本身就包含了枯水期基流、敏感期脉冲流量、汛期洪水过程等多种要素，且不能简单按照每个时期的最小流量积分得到，否则河流生态系统长期处于"紧平衡"状态，也将不可避免造成生态系统退化。综合两方面因素，研究认为将相关方法和参数推广到断面年生态水量（入海水量）目标的制定是合适的。考虑到南水北调受水区水资源总体短缺，现状生态水量和入海水量缺口巨大，因此在本研究中，推荐采用 Q_{90} 的天然径流量作为年生态水量（入海水量）"高方案"；Q_{95} 的天然径流量作为年生态水量（入海水量）"中方案"；以长系列最枯天然径流量（1956~2000 年）作为生态水量（入海水量）"低方案"。需要指出的是，由于缺乏生态系统长系列观测资料，在历史最枯天然径流量下，河流（河口）生态系统是否发生了不可逆转损害无法准确评估，其作为生态需水"低方案"的依据并不是十分充分，但可以作为分阶段生态需水调控保障的重要参考值。

根据上述准则，采用分区分类大数据分析方法，制定一套河流生态基流、生态水量和河口入海水量占断面多年平均天然径流量比例的"低-中-高"阈值标准，根据阈值标准推求断面生态流量水量目标，并根据流域实际情况予以适当修正；河道内湖泊湿地水位上升、水面增加的需水量与河道外适水景观建设的新增耗水量，通过确定研究区适宜水面率进行合并计算；水土保持新增耗水根据未来新增水保规模进行确定；地下水超采治理需水量根据现状条件下地表水仍需要进行置换的超采量进行确定，并对其置换使用后的退水量进行扣除，避免重复计算。

2）河流断面分区分类

目前，一般将河流断面生态基流占其多年平均天然径流量的百分比（简称"生态基流占比"）作为反映生态基流目标大小的关键参数。例如，目前应用最广泛的 Tennant 法，推荐的生态基流占比阈值一般是枯水期 10%，汛期 20% 或 30%。而我国幅员辽阔，不同区域河流径流特征有很大差异，采用统一的阈值标准体系既不科学，在有些区域也不可行。依据同一地区同一类型河流生态基流水平具有相似性的原则，基于对代表性河流断面生态水文特征的统计分析，提出分区分类河流生态基流占比阈值和推荐值。

以长江、黄河、淮河、海河水资源一级区作为分区，按照集水面积小于 2000 km²、2000~10 000 km²、大于 10 000 km² 作为小、中、大站点划分依据，按照断面上游是否有控制性水利工程进行分类，并按照枯水期（12 月至次年 3 月）、非枯水期（4~11 月）进行分期（图 4-11 和表 4-23）。分析不同区域不同规模不同类型站点在不同时期的天然生态基流占比，根据同一类型多站点的统计特征分析，提出分区分类断面生态基流占比的最小阈值、最大阈值和推荐值。

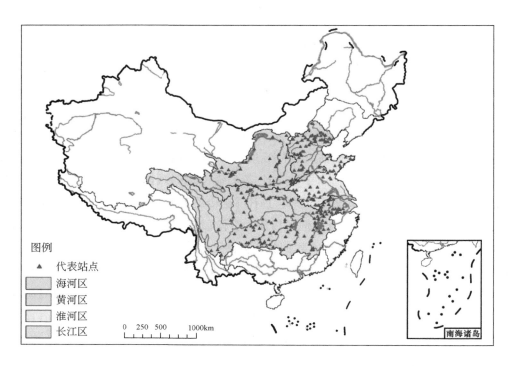

图4-11 代表性水文站点分布

表4-23 代表性断面分区分类数量统计 （单位：个）

一级区	站点总数量				受水利工程正向调控站点数量			
	合计	小站	中站	大站	合计	小站	中站	大站
海河区	55	24	16	15	4	1	3	0
黄河区	52	3	15	34	8	0	0	8
淮河区	35	12	13	10	7	3	2	2
长江区	138	49	47	42	44	11	16	17

3）无控制性水利工程断面生态基流占比阈值和推荐值

对于上游无控制性水利工程正向调节的断面，在确定生态基流占比阈值时只需考虑不同区域不同类型断面天然生态基流占比即可。因此，针对全部代表性站点，首先利用月径流 Q_{95} 分别计算各断面天然生态基流占比，然后根据分区分类的各项统计特征值，综合确定无水利工程调控下，不同区域不同类型断面生态基流占比的最小阈值、最大阈值和推荐值。其中，最小阈值重点参考下四分位值和样本最小值确定；最大阈值重点参考上四分位值和样本最大值确定；推荐值重点参考中位值和平均值确定，结果见表4-24和表4-25。

表 4-24 枯水期（12 月至次年 3 月）天然生态基流占比阈值和推荐值 （单位:%）

水资源 一级区	小站			中站			大站		
	最小阈值	最大阈值	推荐值	最小阈值	最大阈值	推荐值	最小阈值	最大阈值	推荐值
海河区	0	12	3	0	15	5	5	18	10
黄河区	5	15	10	7	20	14	10	20	16
淮河区	0	4	1	0	5	1	1	6	3
长江区	1	10	5	3	15	10	8	18	11

表 4-25 非枯水期（4～11 月）天然生态基流占比阈值和推荐值 （单位:%）

水资源 一级区	小站			中站			大站		
	最小阈值	最大阈值	推荐值	最小阈值	最大阈值	推荐值	最小阈值	最大阈值	推荐值
海河区	8	24	14	8	25	15	9	30	17
黄河区	8	25	15	12	30	20	20	40	30
淮河区	1	10	2	1	10	2	3	15	5
长江区	3	20	7	6	25	12	10	30	15

4）控制性水利工程断面生态基流占比阈值和推荐值

当上游存在控制性水利工程并发挥正向调节作用时，断面基流水平将显著增加，此时仅采用天然径流序列确定断面生态基流占比阈值将丧失实践指导意义。当河流受水利工程正向调节时，不同大小或规模间的生态基流差异将遭到显著弱化。针对水利工程正向调节断面，不再区分大、中、小规模，仅针对 10 个水资源一级区，提出不同区域枯水期（12 月至次年 3 月）和非枯水期（4～11 月）生态基流占比阈值和推荐值。阈值确定方法与无控制性水利工程调控断面类似，通过不同区域相关断面实测基流占比的统计值分析确定，结果见表 4-26。

表 4-26 控制性水利工程调控断面生态基流占比阈值和推荐值 （单位:%）

一级区	枯水期基流占比阈值			非枯水期基流占比阈值		
	最小阈值	最大阈值	推荐值	最小阈值	最大阈值	推荐值
海河区	6	18	10	9	30	17
黄河区	12	30	20	20	40	30
淮河区	3	20	8	5	25	10
长江区	8	20	12	10	30	15

需要指出的是，除了生态基流，河流生态流量过程还包括鱼类产卵期脉冲流量等敏感生态需水要求，本书根据前期成果，提出了一套分区分类鱼类产卵期脉冲流量阈值成果，

但成果应用还需要相关断面（河段）的具体地形等资料，短时间内难以收集和测量，因此本研究中涉及的河流敏感生态需水目标制定重点参考了前期相关河流的研究成果。

5) 年生态水量和入海水量占比阈值

对于年生态水量，分区分类方式与生态基流基本一致。将生态水量作为反映流域区域生态需水的一个综合指标，根据当地水资源禀赋条件和取用水特点确定生态水量保障标准，并分别设置高、中、低 3 种情景，分析河流断面年生态需水。

对于海河、黄河和长江流域，年生态水量低方案选择 1956～2000 年天然径流系列最低水平；中方案选择 1956～2000 年天然径流系列的 Q_{95} 水平，即达到天然径流量的 95% 枯水年型时的年径流量；高方案选择 1956～2000 年天然径流系列的 Q_{90} 水平，即达到天然径流量的 90% 枯水年型时的年径流量。对于淮河流域，由于其降水年际变化大，但总水资源量相对较丰，年生态水量低方案选择 1956～2000 年天然径流系列的 Q_{90} 水平；中方案和高方案均选择 1956～2000 年天然径流系列的 Q_{75} 水平。

在分区分类确定河流年生态水量的同时，进一步考虑社会经济用耗水和近年各流域入海水量变化情况，综合确定四大流域入海水量占多年平均天然径流量（1956～2000 年）的比例。其中淮河、海河流域均是多河流分别入海，单一入海河流集水面积一般不超过 10 万 km² （淮河 16.7 万 km²，但并不直接入海），估值参考不同情景下的大型断面（流域面积 10 000km² 以上）的年生态水量占比作为入海水量目标；黄河由于下游为地上悬河，且花园口以下山东、河北等省有近 100 亿 m³ 的水量直接引走，其入海水量目标降一级，按照流域中型断面的年生态水量占比作为入海水量目标；长江流域由于流域面积巨大（180 万 km²），径流丰富且稳定性好，入海水量在目前基础上再提升一级，采用流域 75% 保证率的天然径流量占比均值（80%），相关结果见表 4-27。

表 4-27　年生态水量与流域入海水量占比阈值　　　　　　　　　　（单位:%）

情景	流域	断面类型			入海水量
		小	中	大	
高	淮河	50	52	54	54
	黄河	47	50	67	50
	海河	34	42	52	52
	长江	58	61	67	80
中	淮河	50	52	54	54
	黄河	32	40	60	40
	海河	27	36	46	46
	长江	50	52	60	75

续表

情景	流域	断面类型			入海水量
		小	中	大	
低	淮河	31	33	35	35
	黄河	28	38	55	38
	海河	24	29	37	37
	长江	40	40	50	70

2. 重点河湖生态流量（水量、水位）目标

根据已确定东中线受水区重点河湖及其关键断面，首先采用分区分类的生态水量占比阈值，计算关键断面生态水量（水位、水面面积）。其次梳理已有各流域综合规划、六河五湖综合治理和生态保护规划、水利部发布的两批生态流量目标等，对计算结果进行复核，综合确定东中线受水区重点河湖生态水量（水位、水面面积），结果见表4-28。从结果看，多数河湖断面生态水量目标要高于相关规划方案的目标，主要原因在于规划方案水平年不一，且多要求较低，如《京津冀协同发展六河五湖综合治理与生态修复总体方案》针对的2020年恢复目标，永定河、滦河、北运河、大清河、南运河、潮白河六河关键断面生态水量仅为其多年平均天然径流量的10%，长远来看显然不符合河流生态需水要求。

表 4-28　东中线受水区重点河湖生态水量（水位、水面面积）目标

序号	重点河流（段）、湖泊	控制断面	生态水量/亿 m³		
			高	中	低
1	武烈河	承德	0.85	0.68	0.60
2	滦河山区段	三道河子	6.81	6.03	4.85
3	滦河平原段	滦县	21.89	19.37	15.58
4	白河	张家坟	3.23	2.77	2.23
5	潮河	古北口	2.39	2.05	1.65
6	潮白（新）河	宁车沽	7.44	6.58	5.29
7	北运河	通县	1.53	1.11	0.89
8	洋河	响水堡	2.85	2.52	2.03
9	桑干河	册田水库	2.98	2.64	2.12
10	桑干河	石匣里	4.17	3.68	2.96
11	官厅水库	官厅水库	7.44	6.58	5.29
12	永定河	三家店	4.58	4.05	3.26

续表

序号	重点河流（段）、湖泊	控制断面	生态水量/亿 m³		
			高	中	低
13	永定河	屈家店	5.87	5.16	4.15
14	永定新河	防潮闸	6.29	1.74	0.88
15	北拒马河	张坊	2.33	1.99	1.61
16	南拒马河	落宝滩	0.35	0.35	0.35
17	小清河（白沟河）	东茨村	0.68	0.68	0.68
18	大清河	新盖房	2.71	2.40	1.93
19	独流减河	防潮闸	3.00	2.00	1.20
20	南运河	四女寺	0.77	0.77	0.77
21	徒骇河	毕屯—坝上挡水闸	4.31	3.81	3.06
22	马颊河	沙王庄—大道王闸	2.44	2.16	1.74
23	沙河	临沂	14.83	9.61	9.61
24	沂河	苏鲁省界（港上）	汛期（7~9 月）451 万 m³/月；非汛期（10 月至次年 6 月）4104 万 m³		
25	白洋淀	十方院	6.5m		
26	衡水湖	—	55km²		
27	七里海	淮淀闸	1.5m（4 月）、1.7m（5~10 月）		
28	北大港	—	55km²		
29	南大港	—	177km²		

3. 分流域入海水量

利用计算得到的流域区域分区入海水量占比阈值计算结果，选择海河流域入海水量占其多年平均天然径流量的比例在高、中、低 3 种方案下分别为 52%、45% 和 38%，山东半岛区入海水量占其多年平均天然径流量的比例在高、中、低 3 种方案下分别为 54%、54% 和 35%。由此，综合确定东中线受水区分流域入海水量，结果见表 4-29。从结果看，海河流域在高、中、低 3 种方案下入海水量需求分别为 112 亿 m³、98 亿 m³ 和 81 亿 m³。各水资源二级区中，海河南系入海水量最多，在 37 亿 ~51 亿 m³，占到海河全流域的 45% 左右；徒骇马颊河入海水量最少，在 5 亿 ~7 亿 m³。另外，山东半岛诸河入海水量在 25 亿 ~38 亿 m³。总体看，东中线受水区入海水量在高、中、低不同情景下分别合计达到 150 亿 m³、136 亿 m³、106 亿 m³。

表 4-29　东中线受水区入海年生态需水目标　　　　　（单位：亿 m³）

区域/流域	多年平均天然径流量	入海水量		
		高	中	低
海河流域	216	112	98	81
其中：滦河及冀东沿海诸河	53	28	24	20
海河北系	50	26	23	19
海河南系	99	51	45	37
徒骇马颊河	14	7	6	5
山东半岛区	71	38	38	25
合计	287	150	136	106

4. 河湖复苏生态需水量

针对河湖复苏，以适宜水面面积率为抓手，分析东中线受水区河湖水面面积所应恢复的合理规模及其需水量大小。考虑河湖生态保护修复与经济社会发展的协调兼顾，立足"预期+可行"的生态需水保障原则，研究重点分析东中线工程受水区河湖水面自 20 世纪末以来的变化情况，即经济社会开始快速发展时期河湖水面的变化。结果来看，东中线受水区水面面积均呈波动中下降趋势，具体如图 4-12 和图 4-13 所示。其中，东线受水区水面面积由 1995 年的 6049km² 减少到 2018 年的 5929km²，中线受水区水面面积由 1995 年的 2480km² 减少到 2018 年的 2084km²。进一步，研究聚焦"盆里的水"和"盛水的盆"，分析受水区内水面占水域空间的比例。一般来说，除人类活动影响外，河湖水面面积受区域来水的影响具有随机性，随水文年份、不同季节、水文气象条件等动态变化，而包括天然河道、湖泊、人工水道、湿地、坑塘、行洪区、蓄洪区、滞洪区以及人工修建的蓄水设施等在内的水域空间，即"盛水的盆"则相对稳定。为此，研究以东中线受水区现状水域空间为基准，以 20 世纪末以来水面面积占水域空间的比例变化为抓手，确定河湖水面适宜修复规模。具体来说，设置河湖水面适宜修复规模高、中、低 3 种情景。其中，以水面面积占水域空间的比例恢复到 20 世纪末以来最高水平为高情景；以水面面积占水域空间的比例恢复到 20 世纪末以来平均水平为低情景；以高、低两种情景的平均值作为中情景。计算结果见表 4-30。在高、中、低 3 种情景下，东线受水区水面面积占水域空间的比例适宜值分别为 50.9%、49.7% 和 48.5%，适宜水面面积为 6380km²、6228km² 和 6077km²。由此，计算得到相对现状水面面积，高、中、低情景所需新增水面面积分别为 494km²、342km² 和 191km²。由此，根据区域降水量和水面蒸发量，通过水量平衡方法计算东线受水区由于水面面积增加需要增大的生态补水量，在高、中、低情景下分别为 2.05 亿 m³、1.42 亿 m³ 和 0.80 亿 m³。同样地，得到了中线受水区以及全区高、中、低情景生态需水。

总体看，东中线受水区维持合理水面规模在高、中、低情景下分别还需要生态补水 4.91 亿 m^3、3.53 亿 m^3 和 2.16 亿 m^3。

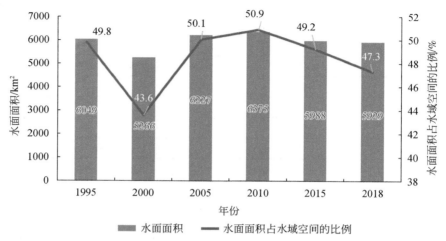

图 4-12　南水北调东线工程受水区水面面积率变化

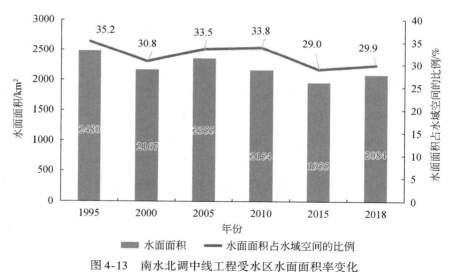

图 4-13　南水北调中线工程受水区水面面积率变化

表 4-30　东中线受水区适宜水面面积率及其生态补水目标

情景	分区	现状水面面积 /km²	水面面积占水域空间的比例/%	水面面积 /km²	新增水面面积 /km²	新增耗水量/亿 m³
高	东线	5886	50.9	6380	494	2.05
	中线	2034	35.2	2453	419	2.86
	合计	7920	—	8833	913	4.91

续表

情景	分区	现状水面面积/km²	水面面积占水域空间的比例/%	水面面积/km²	新增水面面积/km²	新增耗水量/亿 m³
中	东线	5886	49.7	6228	342	1.42
	中线	2034	33.6	2343	309	2.11
	合计	7920	—	8571	651	3.53
低	东线	5886	48.5	6077	191	0.80
	中线	2034	32.0	2232	198	1.36
	合计	7920	—	8309	389	2.16

4.2.2 目标达标分析

1. 重点河湖生态流量（水量、水位）达标情况

研究选取东中线 15 个重要控制断面，分析其 2006～2018 年生态水量变化情况及趋势。结果表明，多数断面调水前后年均径流量上涨，生态水量保障形势呈小幅好转趋势，但总体保障形势仍不容乐观（表4-31）。

表4-31 东中线受水区河湖生态水量保障情况

控制断面	年均径流量/亿 m³		高目标情景不达标年数		低目标情景不达标年数	
	调水前	调水后	调水前	调水后	调水前	调水后
承德	1.04	1.12	3	2	3	0
三道河子	3.12	2.90	8	5	8	5
滦县	10.30	12.17	7	4	7	4
张家坟	1.96	2.41	8	4	5	3
古北口	0.91	1.14	8	4	8	3
通县	4.61	2.69	0	0	0	0
响水堡	0.65	1.02	8	5	8	5
册田水库	0.24	0.55	8	5	8	5
石匣里	0.60	0.99	8	5	8	5
官厅水库	0.66	0.85	7	2	7	2
屈家店	0.22	1.43	6	2	6	2
张坊	0.81	0.80	7	5	7	4
东茨村	0.56	1.00	5	1	5	1

控制断面	年均径流量/亿 m³		高目标情景不达标年数		低目标情景不达标年数	
	调水前	调水后	调水前	调水后	调水前	调水后
大道王闸	6.75	1.10	5	6	1	1
临沂	18.95	6.02	2	5	1	3

具体来说，共有 10 个断面年均径流量上涨，平均涨幅达到 98%，其中永定河上屈家店断面由调水前的 0.22 亿 m³，上涨到调水后的 1.43 亿 m³，涨幅达到 550%。但仍有 5 个断面年均径流量下降，平均降幅达到 27%，其中沂河上临沂断面、马颊河大道王闸断面分别由调水前的 18.95 亿 m³、6.75 亿 m³，降至调水后的 6.02 亿 m³、1.10 亿 m³，降幅分别高达 68.2%、83.7%。

高、低两种目标方案下，15 个参评断面分别平均有 9.3 年、8.3 年生态水量不达标。其中调水前分别有 6 年、5.5 年生态水量不达标；调水后分别有 3.7 年、2.9 年生态水量不达标。北运河上通县断面是唯一高目标方案下历年生态水量均达标的断面。

2. 入海水量达标情况

梳理海河流域和山东半岛区 2001～2019 年实际入海水量，计算分析其入海水量在高、中、低不同情景下的达标情况。同时，以生态水量在近年来（2001～2019 年）多年平均入海径流水平上得到保障作为目标要求，核算流域区域缺水量，结果见表 4-32。从结果来看，海河流域高、中、低不同方案下入海水量达标情况均较差，近 19 年里达标年份占比分别为 5.3%、10.5% 和 10.5%，年均缺水量分别为 79.3 亿 m³、67.2 亿 m³ 和 49.0 亿 m³，处于严重缺水状态。进一步，从海河流域二级水资源分区来看，海河南系入海水量缺水状况最为严峻，在高、中、低 3 种情景下 2001～2019 年无一年达标，年均缺水量分别达到 41.9 亿 m³、36.0 亿 m³ 和 27.1 亿 m³，占海河流域总缺水量的 54% 左右。海河北系稍优于海河南系，年均缺水量在高、中、低情景下分别为 17.4 亿 m³、14.4 亿 m³ 和 9.8 亿 m³。徒骇马颊河入海水量满足程度最好，近年来入海水量达标率在高、中、低情景下分别达到了 68.4%、68.4% 和 73.7%，从年均水平来看并不存在缺水问题。

表 4-32 不同情景下东中线受水区入海水量达标情况及年均缺水量

情景	区域	入海水量目标/亿 m³	2001～2019 年平均入海水量/亿 m³	2001～2019 年入海水量达标率/%	年均缺水量/亿 m³
高	滦河及冀东沿海诸河	27.6	8	10.5	20.0
	海河北系	26.1	9	5.3	17.4
	海河南系	51.3	9	0	41.9

情景	区域	入海水量目标 /亿 m³	2001~2019 年平均入海水量/亿 m³	2001~2019 年入海水量达标率/%	年均缺水量/亿 m³
高	徒骇马颊河	7.3	14	68.4	0
	海河全流域	112.5	40	5.3	79.3
	山东半岛区	38.2	47	63.2	0
中	滦河及冀东沿海诸河	24.4	8	10.5	16.8
	海河北系	23.1	9	5.3	14.4
	海河南系	45.4	9	0	36.0
	徒骇马颊河	6.5	14	68.4	0
	海河全流域	99.5	40	10.5	67.2
	山东半岛区	38.2	47	63.2	0
低	滦河及冀东沿海诸河	19.7	8	15.8	12.1
	海河北系	18.6	9	10.5	9.8
	海河南系	36.5	9	0	27.1
	徒骇马颊河	5.2	14	73.7	0
	海河全流域	80.0	40	10.5	49.0
	山东半岛区	24.7	47	84.2	0

山东半岛区近年来入海水量呈增加趋势，年入海水量达标情况良好。结果显示，在高、中、低 3 种情景下全区入海水量达标率分别为 63.2%、63.2% 和 84.2%，从年均水平来看，实际入海径流可以满足目标需求。进一步，分析山东半岛区水资源开发利用情况。近年来山东半岛区年均本地水资源量为 101.4 亿 m³，引黄引江水年均水量为 17.3 亿 m³。当地社会经济取用水量为 68.5 亿 m³，占本地水资源量的 67.6%。若加上引黄引江水，则用水占比将进一步降低到 57.7%。此外，淮河流域耗水率较低，存在高比例的退水，随着近些年加大引黄引江水，入海水量得到了较好保障。

4.3 河湖生态保护修复总体布局

4.3.1 总体布局

从永定河、滦河、北运河、大清河、南运河、潮白河以及白洋淀、衡水湖、七里海、南大港、北大港"六河五湖"为重点向"五区三带"（图 4-14）整体推进。其中"五区"分别为滦河区、北四河区、大清河区、子-漳卫河区、徒骇马颊河区。"三带"分别为南水北调中线水源调配与生态补水带、南水北调东线－大运河水质保障与生态修复带、沿海滩涂湿地保护修复与功能提升带。

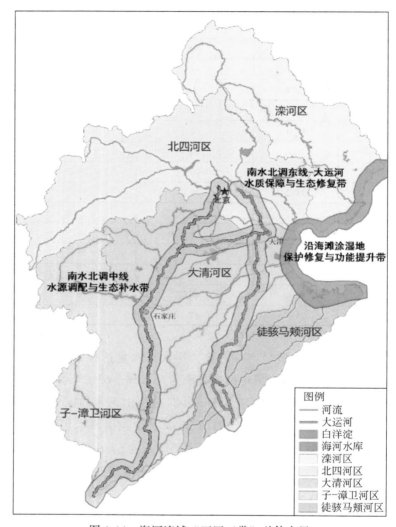

图 4-14　海河流域"五区三带"总体布局

　　在滦河区，增强上游水源涵养与生态屏障建设，增强生态补水能力，推动生态水量考核向生态流量转变，强化岸线治理；在北四河区，增强生态屏障建设，建立生态调度机制，生态用水保障，防控城市面源污染，实施清水退河战略；在大清河区，通过多水源联合调配，增强上游水库生态补水能力，恢复白洋淀等区域生态水文节律，强化农业节水减排；在子－漳卫河区，增强生态调度，恢复和保障重要湿地和廊道功能，强化农业节水减排；在徒骇马颊河区，强化农业节水减排。同时建立南水北调中线水源调配与生态补水带、南水北调东线－大运河水质保障与生态修复带、沿海滩涂湿地保护修复与功能提升带。

4.3.2 保护修复目标

2020～2025 年，以六河五湖为示范样板，恢复水生态空间，遏制水域空间面积萎缩，恢复河湖水域空间面积，保护重要河湖节点–廊道结构、天然–人工结构和保护–开发结构，致力于达成全线通水、水质达标、生态改善、景观怡人的美丽海河。

2026～2035 年，统筹子牙河、漳卫河、徒骇马颊河保护修复治理，河湖生态流量水量得到常态化保障，饮用水水源地实现全面达标和风险控制，"山水林田湖草"生命共同体全面建立，水域和岸线实现既定结构和功能目标，各流域水利工程与水生态系统实现新的平衡，水生态监测体系和智慧管控平台全面建成，流域水环境水生态整体达到"安全"水平，实现美丽海河。

2036～2050 年，海陆一体水生态环境问题得到全面解决，海河流域实现环境宜居、生态健康、河湖健康美丽、人水和谐共融的美丽海河，水生态安全保障的长效机制得以建立（表 4-33）。

表 4-33 海河流域水生态保护修复目标

	指标	近期（2025 年）	中期（2035 年）	远期（2050 年）
水量目标	主要河流断面生态流量达标率/%	50	70	95
	重要湖泊湿地生态水位达标率/%	70	90	100
水质目标	Ⅰ～Ⅲ类水质河长比例/%	60	75	90
	湖库平均富营养化指数	<55	<50	<45
水生态目标	分河段生态廊道建成比例/%	60	80	100
	流域水域空间立体连通性/%	45	60	75
	重要河湖底栖生物多样性指数均值	2	2.5	3
综合管理目标	水生态补偿机制	试点	推广	全面覆盖
	量–质–生一体化监控预警体系	覆盖重点河湖	全面建立	完善
	公众对于河湖生态的满意度/%	70	80	90

4.3.3 重点任务

1. 建立生态流量（水量）保障恢复体系

1）开展基础调查，设定流域河湖生态健康保护标准体系

开展海河流域河湖健康的基础调查与核查。结合河长制湖长制工作，调查海河流域河湖的岸线利用及河流生态廊道完整性、水资源利用、水环境状况、入河排污口、水功能区等河湖基础信息，并注重长期调查资料的积累，分区分类分级设立河湖生态健康保护的科学标准，建立海河流域系统科学的河湖生态健康保护标准。海河流域西部山区东部平原所处的地理位置、气候等自然条件不同，水文、水化学、生态系统等差异性较大，对于山区和平原地区的评价标准应有所不同。

2）建立生态流量保障体系和河湖生态水文节律保障体系

实施山前水库生态基流保障行动、生态水量提升行动和城市用水清水退河战略，推进由生态水量向生态流量的转变。同时建立河湖生态水文节律体系，增加河湖生态水位指标，满足河湖生态需水要求下，恢复河湖生态水文节律，实行重点河湖最低水位保障向生态水文节律恢复转变。

3）打造"三水"互补水资源调配体系

优化海河流域水资源配置，退还挤占的生态水量或者直接补给生态用水，建立并完善生态调度补水保障体系。努力实施本地水–外调水–再生水"三水"互补水资源调配，保障海河流域河流有水可流，保障湖库基本的水生生物生存繁殖需要。

2. 水域空间保护与功能提升体系

1）推进五区三带综合治理与生态修复体系

以《京津冀协同发展六河五湖综合治理与生态修复总体方案》为基础，以六河五湖为重点，向五区三带整体推进转变，增强上游水源涵养与生态屏障建设，增强生态补水能力体系，建立多水源联合调配和保证生态补水调度，恢复和保障重要湿地、河流廊道功能。

2）实现重点片区要从点–线治理向面–网治理推进

实现重点片区要从点–线治理向面–网治理推进，以南运河和北运河为纵向连通通道，连通各级河网，形成以京杭大运河为主骨架的海河水空间，恢复河湖自然生态功能与水域空间，同时加强城市水生态环境治理，优化城市湿地格局和功能，构筑和完善自然–人工二元生态水网格局。

3）实现河流廊道生态空间格局优化

以河湖湿地生境修复为总体目标，以种质资源保护区为关键节点，以河流廊道生态空间格局优化为主要手段，维持和修复本地水生生物种群。根据鸟类迁徙路线和迁徙需求，优化湿地空间格局和提升湿地的承载能力，推进区域内生物多样性提升和鸟类生境保护修复。

3. 宜居水环境建设体系

1）推行河长制管理，建立"一河一档"，编制"一河（湖）一策"方案

坚持推行河长制管理，推进海河流域所有河湖纳入河长制管理，建立"一河一档"，编制"一河（湖）一策"方案，切实提高河湖治理和保护工作的针对性，提高河湖管理效益，致力建设美丽海河。

2）建立城市用水清水退河体系，保障水质达标排放

实施城市用水清水退河战略，加强用水器具使用率和节水水平，同时提升污水处理厂处理能力和出水水质、提升再生水出水标准，逐步推行达到Ⅳ类水标准排放，构筑和完善自然-人工二元生态系统。

3）建立水资源集约化利用体系，推动生态化河湖修复保护

以水资源集约化利用为基础，实现水资源高效利用，保障生态用水，恢复和构建健康的生态水文节律，将生态化嵌入水安全、水景观、水环境、水文化等河湖修复工作中，贯穿规划、设计、建设、运行和管护全生命周期。

4. 水系与水网多维连通体系

建立水系与水网多维连通，科学调度水资源配置工程，提升海河流域河湖的横向与立体连通性。实现以大运河海河流域段为输水贯通轴线，调控徒骇马颊河、漳卫河、子牙河、大清河、海河干流、永定河等水系生态补水，逐步实现京杭大运河全线有水和适宜河段优先旅游通航，为海河流域河湖修复保护提供有力的水资源支撑。

5. 水生态监测与多样性提升体系

建立水生态监测信息化体系，推进智慧河湖监管体系建设，协调水安全、水资源、水环境、水生态多维目标，进一步提升信息化、智能化管理水平以及协调可持续的综合治理水平，建成水安全有保障、水资源利用集约化、治理措施生态化和监管决策智慧化相融合的河湖修复保护体系。

4.4 河湖生态保护修复战略措施

4.4.1 实施山前水库生态基流保障行动

受不合理调度影响，部分大中型山前水库下泄流量明显下降，如桃林口水库、怀柔水库、西大洋水库等甚至发生断流。因此，需要考虑水库建设前后天然和现状下泄流量，开展分区分类的生态基流目标制定，同时建设完善水库生态基流泄放设施与生态调度机制，保障基流需水。近期以流域生态基流占比最小值控制，枯水期 6%，非枯水期 9%；远期以推荐值控制，枯水期 10%，非枯水期 17%。Q_{95} 的月均还原流量大于 $0.1 \mathrm{m}^3/\mathrm{s}$ 的非天然断流河流或河段，应制定贯穿全年的基流目标；在 4～11 月非天然断流的季节性河流，应制定非枯水期基流目标。

4.4.2 实施海河流域生态水量提升行动

根据断面实测 Q_{75} 占比相对天然 Q_{75} 占比的相对变化，将人类活动对河流生态用水的影响分为高、中、低三个等级。考虑断面上游集水面积大小及其对径流特征的影响，将其划分为大、中、小三种类型。在保障人类生活用水的基础上，考虑水资源调配和调度的可能性，结合天然和当前实际水文过程，科学制定河流年生态水量占断面多年平均天然径流量比值的分区分类阈值。比较发现在高影响情况下，海河流域小站河流生态水量占比阈值为38%、中站为 42%、大站为 50%。加强用水总量控制和水量分配，发挥水资源最大刚性约束作用，切实提升流域生态水量保障程度，加强南水北调东中线生态补水，切实提升流域生态水量、入海水量保障程度。控制流域生态水量总体保障率，生态水量占多年平均径流量比例均值近期（2025 年）从 33% 恢复到 40%，南水北调东线二期达效后恢复到 50%。

4.4.3 实施城市用水清水退河战略

加强节水型社会建设，提升节水器具使用率和节水水平；提升污水处理厂处理能力和出水水质；加强城市水生态环境治理，优化城市湿地格局和功能；提升再生水出水标准，逐步推行达到Ⅳ类水标准排放；构筑和完善自然-人工二元生态水网格局；开展再生水等多种水源的生态补偿制度试点。

4.4.4 实施河湖横向与立体连通性提升行动

加大干支流河漫滩、洲滩、湖泊、库湾、岸线、河口滩涂等生物多样性保护与恢复，提升江河与附属湖泊、湿地之间横向连通性。河湖生态修复与保护是提升流域立体连通性的重要手段，是提升生物数量、保护候鸟迁徙的重要保障（王浩等，2021）。

|第5章| 海河流域水土保持生态建设战略

海河是中国华北地区最大的水系，承载着京津冀城市群经济社会的发展。该流域地处京畿要地，在我国政治、经济、文化等领域具有重要的战略地位，同时也是我国水土流失严重区域之一，水土流失类型以水力侵蚀为主，其次是风力侵蚀，具有面积大、分布广、危害重、治理难度大等特点。本章基于历史数据，归纳海河流域水土流失变化和现状，结合自然地理环境和人为扰动因素，分析海河流域水土流失成因，总结防治历程、成效和存在的问题。在研究分析成果基础上，制定海河流域水土保持生态建设的目标和总体布局，提出水土保持综合效益的战略措施。

5.1 水土保持生态建设现状与形势分析

5.1.1 海河流域水土流失现状和变化

根据海河流域水土流失动态监测结果，2020 年海河流域内的 6 个省份和 2 个直辖市的水土流失面积约有 6.68 万 km²，其中水力侵蚀面积约为 6.13 万 km²，占 91.74%，风力侵蚀面积约为 0.55 万 km²，占 8.26%（表 5-1）。水土流失强度以轻度侵蚀为主，占 95.01%，随着土壤侵蚀程度的增大，相应水土流失面积逐渐减小。水力侵蚀中，轻度侵蚀面积占 95.09%，中度侵蚀面积占 3.01%，强烈侵蚀面积占 1.58%，极强烈侵蚀面积占 0.29%，剧烈侵蚀面积占 0.03%。风力侵蚀中，轻度侵蚀面积占 94.24%，中度侵蚀面积占 3.53%，强烈侵蚀面积占 0.59%，极强烈侵蚀面积占 1.22%，剧烈侵蚀面积占 0.42%（图 5-1）。

表 5-1 海河流域水土流失变化情况

类别	1985 年	1999 年	2011 年	2019 年	2020 年
水力侵蚀面积/km²	110 605	98 724	72 860	62 167	61 297
风力侵蚀面积/km²	0	6 550	6 194	5 574	5 521
水土流失面积/km²	110 605	105 274	79 055	67 741	66 818
水土流失率/%	34.41	32.75	24.60	21.08	20.79

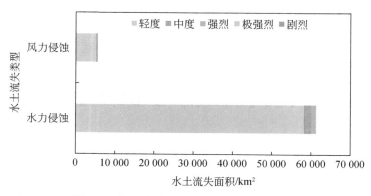

图 5-1　海河流域水土流失类型和强度分布

经过长期治理，海河流域水土流失状况不断改善，2020 年较 1999 年，水土流失面积约减少了 3.85 万 km²。其中，水力侵蚀面积约减少了 3.74 万 km²，减少了 37.91%；风力侵蚀面积约减少了 0.10 万 km²，减少了 15.71%（表 5-1）。同时，流域内高强度水土流失面积也在不断减小，强烈以上级别土壤侵蚀面积所占的比例由 1999 年的 4.88% 下降到 2020 年的 1.92%，中度以上级别土壤侵蚀面积由 1999 年的 51.57% 下降到 2020 年的 4.98%。但是，流域水土流失问题依然严峻，《2019 年中国水土保持公报》显示，2019 年海河流域水土流失率（20.08%）居八大流域第三位。其中，水力侵蚀面积占流域总面积的比例（19.34%）居第二位，仅次于黄河流域（23.86%）。

可见，海河流域水土流失以水蚀为主，水土流失面积持续减小，且呈现出高强度侵蚀向中低强度侵蚀转变的特征，高强度侵蚀面积减幅较大，治理成效显著。但是，当前水土流失面积仍然较大，水土流失防治压力依然存在。

5.1.2　海河流域水土流失成因及其变化

海河流域是我国江河水土流失最为严重的流域之一，由于特殊的自然地理环境，水蚀、风蚀广泛分布，局部地区存在滑坡、泥石流等重力侵蚀。随着城镇化进程和开发项目的发展，地表扰动、植被破坏、流域内人为原因造成的水土流失进一步加剧。

1. 海河流域地形地貌情况

海河流域山区面积 18.9 万 km²，占 58.7%，平原面积 13.1 万 km²，占 41.3%。总的地势是西北高、东南低，包括海河、滦河和徒骇马颊河三大水系、七大河系、10 条骨干河流。全区一半以上为山地丘陵，地貌组成大致呈"五平、三山、一丘、一台"的构成格局。地形地貌是决定水土流失发生、发展的重要因素，坡度、坡长、坡形、坡向等会对水土流失强度造成一定影响（王庆明等，2022b）。

坡度是山丘区影响水土流失的重要地形因素，一定坡度范围内，地形越陡，水土流失强度越大。因此，陡坡面积是决定海河流域水土流失及其防治的重要限制。根据 30m 分辨率美国 ASTER 数字高程模型数据统计结果，海河流域 15°、20°、25°、30° 和 35° 以上的陡坡面积分别约占全区面积的 25%、17%、10%、6% 和 3%，主要集中于上游山丘区（图 5-2），具有导致水土流失发生的地形条件。因此，从地形地貌角度来看，海河流域上游山丘区是防治自然水土流失的重点。

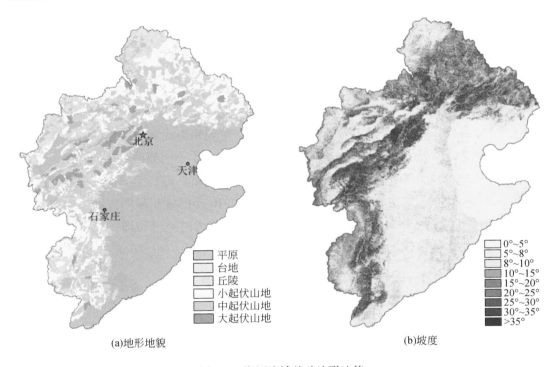

图例（a）：
平原
台地
丘陵
小起伏山地
中起伏山地
大起伏山地

图例（b）：
0°~5°
5°~8°
8°~10°
10°~15°
15°~20°
20°~25°
25°~30°
30°~35°
>35°

(a)地形地貌　　　　　　　　　(b)坡度

图 5-2　海河流域基础地形地貌

2. 海河流域降雨侵蚀力时空演变分析

降雨侵蚀力是反映地表水力侵蚀外营力的有效指标，也是土壤侵蚀预报和风险评价的重要因子。其大小量化了降雨引起土壤侵蚀的潜在能力，是诸多土壤侵蚀模型的主要参数之一。准确、合理地确定区域降雨侵蚀力及其时空变化，是开展土壤侵蚀定量预报、风险评估的必要前提，也是优化区域水土保持措施配置、水土资源开发利用的重要依据。尤其在当前全球气候变化加剧的背景下，强度、频率、年内与年际分配、空间分布格局等降雨特征的变化，造成降雨侵蚀力较为剧烈的时空变化，从而深刻影响了不同的区域土壤侵蚀过程。在全球气候变化和人类治理的双重驱动下，区域土壤侵蚀响应如何，不同因素的具体贡献多大等问题则亟待学界回答。为此，降雨侵蚀力对全球气候变化的响应成为水土保持学科的热点研究内容，确定区域降雨侵蚀力时空变化，将揭示土壤侵蚀变化的气候背景，为土壤侵蚀预报和水土保持措施配置提供重要依据。

海河流域水土流失面积较大，根据主导外营力的类型主要划分为水力侵蚀区和风力侵蚀区。降雨侵蚀力是反映水力侵蚀区主导外营力的重要指标，而在其他侵蚀类型区则不能最有效刻画水土流失的外营力状况。分析流域的降雨侵蚀力变化特征，可为海河流域的水土流失未来发展预测和水土流失治理成效判定提供参考。利用已知样本点的长时序数据进行逐年插值，再将多年插值结果进行平均获得多年平均空间分布，以最大限度地利用插值样本的信息，可较为准确地反映未知区域的时空变化特征。

选用海河流域 38 个气象站的日降雨数据，基于降雨侵蚀力简易算法，结合地统计学、空间差值和秩次相关检验方法，研究近 60 年（1951~2010 年）海河流域降雨侵蚀力时空变化，以期为海河流域水蚀预报、防护及治理的效益评估提供必要支撑。将海河流域 38 个气象站的 1951~2010 年逐日降雨数据进行数据整理和格式转换。以 12mm 作为侵蚀性降雨的最低标准，小于 12mm 的次降雨按 0 处理。为对比不同插值方法的精度，从全部气象站点中随机抽取 10 个站点作为验证站点，其余 28 个站点进行空间插值，以此进行交叉验证。在 ArcGIS 中，采用空间分析模块对 1951~2010 年的逐年降雨侵蚀力时空分布数据进行叠加平均，获取 1951~2010 年多年平均降雨侵蚀力时空分布图，并自动绘制多年平均降雨侵蚀力等值线（图 5-3）。

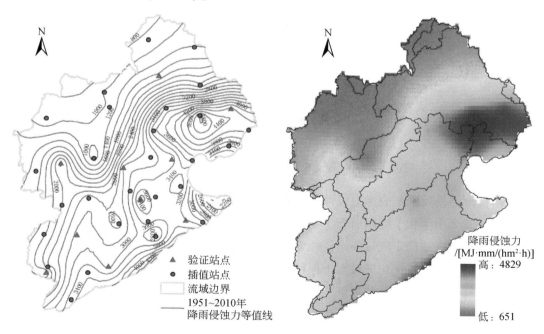

图 5-3　海河流域 1951~2010 年多年平均降雨侵蚀力空间分布

海河流域降雨侵蚀力受气候、地形等因素的影响，从空间分布来看，存在明显的地带性差异，总的趋势是由多雨的太行山、燕山山前迎风区分别向西北和东南两侧减少，上游山地丘陵区明显低于下游平原区（图 5-3）。根据 1951~2010 年降雨侵蚀变化统计结果可以发现（表 5-2），海河流域的平均降雨侵蚀力为 2420.96MJ·mm/(hm²·h)，92% 的年降雨侵蚀力介于 1500~3500MJ·mm/(hm²·h)，1964 年最大为 4083.63MJ·mm/(hm²·h)，2002 年最小为 1347.73MJ·mm/(hm²·h)，年际最大振幅为 2735.90MJ·mm/(hm²·h)。

表 5-2 近 60 年不同年代海河流域平均降雨侵蚀力变化及其距平百分比

区域	降雨侵蚀力/[MJ·mm/(hm²·h)]				Mann-Kendall 非参数检验结果	
	平均值	最大值	最小值	最大振幅	Z	趋势
海河全域	2420.96	4083.63	1347.73	2735.90	-2.07	** ↓
上游山丘区	1850.42	2969.88	1117.45	1852.43	-2.52	** ↓
下游平原区	3184.13	5569.12	1477.88	4091.24	-1.69	* ↓

** 为趋势极显著，$P<0.05$；* 为趋势显著，$P<0.1$。

从相对多年平均降雨侵蚀力的年际波动幅度来看（图 5-4），海河流域降雨侵蚀力在时间序列上呈现减小态势（$R^2=0.2984$，$n=60$）。流域上游山丘区和下游平原区的降雨侵蚀力存在很大差异，前者 1951~2010 年的降雨侵蚀力均值仅为后者的 58.11%。但是在年际变化方面，上游山地丘陵区（$R^2=0.3178$，$n=60$）的降雨侵蚀力相比于下游平原区（$R^2=0.2401$，$n=60$）更为明显。所以，从降雨侵蚀力变化趋势可以发现，自然降雨因素变化对于过去水土流失状况好转也具有一定贡献，海河流域未来水力侵蚀治理压力可能会持续减小。

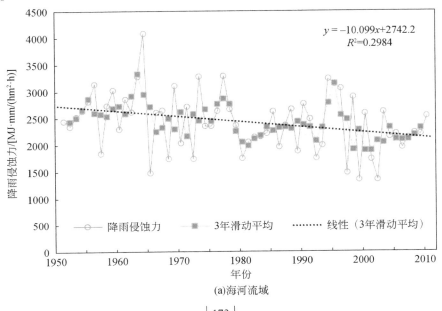

(a)海河流域

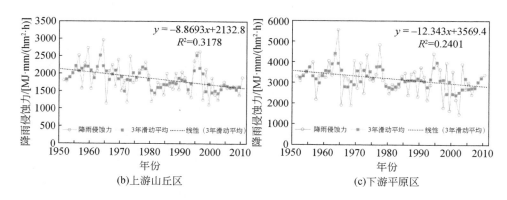

(b)上游山丘区　　　　　　　　　　(c)下游平原区

图 5-4　流域 3 年滑动 1951～2010 年平均降雨侵蚀力波动图

3. 海河流域人为水土流失演变分析

生产建设项目人为水土流失是典型的现代人为加速侵蚀，海河流域是我国政治文化中心、重要工业基地、高新技术产业基地和主要粮食生产基地，经济社会发展快，人为水土流失压力较大。在京津冀协同发展、雄安新区建设、乡村振兴等的推动下，海河流域生产活动仍然处于快速增长状态。2015～2019 年海河流域京津冀地区新增生产建设项目数量不断增加，年审批生产建设项目水土保持方案数量增长了 2.61 倍，5 年新增水土流失综合治理面积 13 098.11km²。海河流域 2020 年生产建设项目水土保持遥感监管数据显示（表 5-3 和图 5-5），海河流域京津冀地区的扰动图斑数高达 16 261 个，扰动图斑面积约为 1041.04km²。

表 5-3　海河流域京津冀地区 2020 年人为扰动图斑情况

区域	扰动图斑个数/个	扰动图斑面积/hm²
北京市	121	769.86
天津市	1 300	9 112.86
河北省	14 840	94 221

《2020 年度海河流域水土流失动态监测报告》显示，流域建设用地的水土流失面积为 0.25 万 km²，其中主要为人为水土流失地块（指监测当期正在发生的因建设、生产活动等引起人为水土流失的地块），面积为 0.14 万 km²，其次为农村建设用地。人为水土流失地块不仅面积大，土壤侵蚀程度也最为严重，中度以上水土流失面积比例高达 78.96%（图 5-6）。

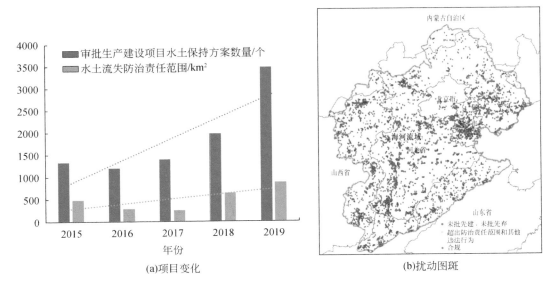

(a)项目变化　　　　　　　　　　(b)扰动图斑

图5-5　海河流域京津冀区域生产建设项目变化和2020年扰动图斑分布

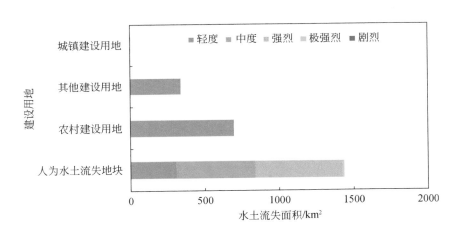

图5-6　海河流域国家级重点防治区2020年建设用地水土流失强度分布

　　海河流域国家级重点防治区2020年人为水土流失地块中，太行山国家级水土流失重点治理区的人为水土流失地块数量最多、面积最大，占比分别达到42.85%和38.53%；黄泛平原风沙国家级水土流失重点预防区的人为水土流失地块数量最少、面积最小，占比仅为2.34%和2.22%。所以，太行山国家级水土流失重点治理区的人为水土流失应重点关注，其次为永定河上游国家级水土流失重点治理区（面积占比33.99%）和燕山国家级水土流失重点预防区（面积占比25.26%）。相比之下，黄泛平原风沙国家级水土流失重点预防区的人为水土流失压力较小，未来应重点关注自然水土流失治理（图5-7）。

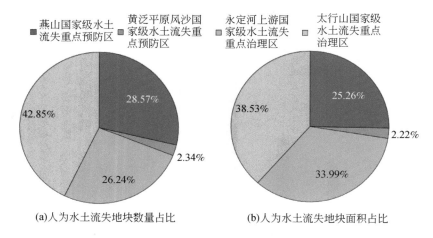

图 5-7　海河流域国家级重点防治区 2020 年人为水土流失地块数量和面积

综上可见，海河流域水土流失的原因有自然因素也有人为因素，自然降雨侵蚀力呈现减少态势，人为水土流失程度处于高位，且呈增长趋势。虽然海河流域建设用地的水土流失面积占比不高，但是其土壤侵蚀程度明显偏高，且随着经济社会的发展面积不断增大。因此，后续在减少水土流失自然存量的同时，应加强人为水土流失管控。贯彻"预防为主，保护优先"的方针，减少人为扰动，依法强化生产建设项目水土保持监督管理，加大水土保持监督执法力度，遏制新增人为水土流失。

5.1.3　海河流域水土流失防治历程

1. 发展历程

海河流域水土流失面积超过 10 万 km²，占山区面积的 50% 以上，占流域总面积的 30%。1980 年开始以户包和"四荒"拍卖等形式的小流域治理和水土流失严重地区的重点防治工作。1983 年对永定河上游进行治理，划定永定河上游为国家级水土流失防治区。1989 年开始治理潮白河、密云水库上游水土流失。1991 年开始治理滦河潘家口水库上游水土流失。21 世纪新一批水土保持重点项目启动，包括京津风沙源治理工程、首都水资源可持续利用规划水土保持项目等（王道坦等，2013）。截至 2020 年，近 15 年累计完成流域水土流失治理面积 3.87 万 km²。

1）试点与重点发展阶段

党的十一届三中全会以来，水土保持工作逐渐得到加强。1980 年，水利部召开了十三省（区）水土保持小流域治理座谈会，从此，海河流域水土保持工作进入了以小流域为单元综合治理的新阶段。与此同时，受水利部委托，海河流域开始开展水土保持综合治理试点工作，截至 20 世纪 90 年代末，先后在北京、天津、河北、山西、山东和河南 6 省（直辖市），15 地（市），31 县（区）开展了 35 处试点示范工程，分别代表石质、土石质、黄土丘陵、洪积坡积裙、坝上风沙区和平原风沙区等 6 个不同水土流失类型区。初步形成了海河流域不同水土流失类型区治理模式的框架，为全流域及全国的水土保持工作提供了宝贵的经验及科学依据。

在试点工作的基础上，随着经济实力的提升，国家开始在海河流域开展水土流失重点区域的综合治理工作，截至 20 世纪末，海河流域先后启动了永定河上游重点治理区、潮白河密云水库上游水土资源保护重点防治区、滦河潘家口水库重点防治区和太行山水土保持生态建设区建设工程。经过治理，重点防治区水土流失得到初步控制，生态环境有所改善，但由于受当时投入能力及其他方面的限制，这一阶段的治理规模及效益相对有限。

2）法治化和社会化防治阶段

随着 1991 年《中华人民共和国水土保持法》的颁布实施，流域水土保持工作进入法治化轨道。流域内各级水土保持部门坚决贯彻执行"预防为主，保护优先"的工作原则，在健全监督机构、完善配套法规、强化"三权"管理等方面取得了较大成绩，初步形成了省、市、县、乡、村五级监督执法网络体系，正在实现水土保持监督管理从薄弱、滞后到规范化、法治化的转变。

改革开放以来，水土保持投入以国家补助为辅、群众投劳投工为主，其中农民"两工"折算投入一般要占到水土保持总投入的 80% 以上。进入 21 世纪后，为了解决水土保持国家投入少、社会参与度低、农村"两工"取消等问题，流域各地不断创新和完善投入机制，坚持多元化投入，逐步由国家补助和群众投劳投工转变为国家、地方、社会、群众等多元化的投入方式，形成了国家加大扶持力度，地方财政配套扶持，社会力量广泛参与，当地群众投工投劳治理水土流失的新局面。

3）可持续发展阶段

进入 21 世纪以来，水利部党组进一步提出"充分发挥生态的自然修复能力"为 21 世纪水土保持生态建设的主导思想，提出了坚持人与自然和谐相处，保护优先，注重遵循自然规律和发挥自然修复能力，改变水土保持工作长期以来单纯治理的模式，人工治理与预防保护相结合，加快水土流失综合防治步伐的防治理念。

在此基础上，海河流域又相继启动了一系列规模更大的国家重点生态建设工程。为改善和优化京津及周边地区水生态环境状况，减轻风沙危害，党中央、国务院于 2000 年和 2001 年紧急启动了京津风沙源治理工程和 21 世纪初期首都水资源可持续利用规划水土保持项目，为解决京津地区社会经济发展中的水资源短缺、水环境污染和生态失衡等问题发挥了重要作用。

4）协同创新治理阶段

近年来，水利部海河水利委员会积极践行习近平生态文明思想，以服务京津冀协同发展、保障流域生态安全为目标，在水土流失综合治理、水土流失预防监督、水土保持信息化等方面取得了明显成效。流域水土流失治理面积不断增加，水土流失强度减轻趋势明显，形成了适应新形势的水土保持监管模式，为流域生态安全和社会经济可持续发展提供了有力保障。

一方面，海河流域水土流失综合治理主动服务京津冀协同发展、乡村振兴等国家战略，坚持"山水林田湖草沙"系统治理。围绕太行山、燕山、永定河上游等国家级水土流失重点防治区及革命老区等贫困地区，相继启动实施了国家水土保持重点工程、京津风沙源治理工程、坡耕地水土流失综合治理工程等重大水土保持项目。项目在改善区域生态环境、助力脱贫攻坚、促进农村地区经济社会发展等方面发挥了重要作用。据统计，自2012年以来，海河流域累计完成水土流失治理面积3.9万km^2，其中小流域综合治理面积1.2万km^2。

另一方面，以京津冀重要水源涵养区为重点，大力推动生态清洁小流域建设，形成了京冀流域上下游之间效益共享、保护成本共担的水土保持生态环境建设新格局。2018年11月，河北省与北京市共同签署了《密云水库上游潮白河水源涵养区横向生态保护补偿协议》，为两地上下游水源涵养保护和生态治理协作提供了长效制度保障。水土流失综合治理稳步推进和效益的持续发挥，使流域水土流失面积和强度"双降"趋势明显，区域生态环境持续好转。

海河流域也是全国水土保持信息化监管探索和发展的排头兵。2013年，为强化生产建设项目水土保持监督管理工作，北京市以房山区为试点在全国率先开展利用遥感影像辅助水土保持监督执法工作。2014年，北京市在全国率先实现了水土保持"天地一体化"监管全覆盖。目前，生产建设项目水土保持天地一体化已在全国范围内开展，综合应用卫星或者航空遥感、地理信息系统、全球定位系统、无人机、移动通信、快速测绘、互联网、智能终端、多媒体等多种技术，开展生产建设项目水土保持监管及其信息采集、传输、处理、存储、分析和应用。随着各级水土保持部门加强落实水土保持监管要求，深入贯彻落实绿色发展理念，进一步提升了生产建设项目水土保持监测、水土保持监督检查、生产建设项目违法行为查处、水土保持设施验收报备等工作质量。流域内各地在监管框架下进一步推进矿山治理，加大区域土地整治和生态恢复力度，使得流域水土保持在"管"和"治"方面取得了明显成效。

2. 治理经验

与2011年相比，2020年海河流域水土流失面积总体下降15.48%，其中除轻度侵蚀增长 55.97% 外，中度、强烈、极强烈和剧烈侵蚀水土流失面积分别下降 91.85%、89.47%、90.31% 和 96.68%，土壤侵蚀呈现高强度向低强度转变的趋势，一定程度上反映了流域生态建设成效显著。海河流域的水土保持工作坚持以小流域为单元，山水林田湖草路统一规划，试点示范，综合治理，坚持不懈地开展水土保持监督执法工作，积累了大量的工作经验，归纳起来主要有以下几个方面。

1）以小流域为单元，统筹规划水土流失治理

流域是一个由自然、经济、人文和社会组成的复杂的大系统，是物质、能量和信息的统一体。以小流域为单元，山水林田湖草路统一规划，由单一措施、分散治理，转到以流域为单元植物措施、工程措施和保土耕作措施因地制宜地优化配置、综合治理。海河流域在小流域综合治理方面不断创新，不断完善提高，提出了新的小流域综合治理开发标准，结合流域特点形成了成功的水土保持经验。不仅控制了河湖库泥沙的源头，而且改善了农业生产条件，成为发展生态农业、调整产业结构的基础。基本数字化构建了省、市、县各大流域和水库上游的流域分布，把所辖区按自然条件划分若干条流域作为管理的基础单元，市、县水土保持规划设计、治理任务的计划和报送都基本实现信息化。海河流域还结合山区径流场和小区观测，以及自动监测信息采集处理设备的应用，开展了山区水土流失和面源污染模型化预测的实验性研究，为水土流失监测奠定了良好的基础，形成了点面结合的流域管理新格局。

2）提出构筑三道防线，建设生态清洁小流域理念

生态清洁型小流域主要位于水库、河道周边的水源保护区、生态敏感区、旅游景点和村镇等区域，以小流域为单元，以山青、水净、村美、民富为目标，在传统水土保持工作开展的基础上，引进小型污水处理设施建设、垃圾填埋设施建设、湿地建设与保护、生态村建设、限制农药化肥的施用、退稻三禁、库滨区水土保持生态缓冲带建设等措施，有效改善生态、保护水源。同时，通过建立生态补偿机制与生态移民，提高了当地群众生态建设的积极性；通过农村污水和垃圾的治理，保证了河道和村镇的清洁，也提高了水资源的利用效率。

海河流域在全国率先开展清洁小流域建设。2003 年，北京提出"以水源保护为中心，构筑'生态修复、生态治理、生态保护'三道防线，采取 21 项措施，实施污水、垃圾、厕所、沟道、面源污染'五同步'治理，建设生态清洁小流域"的工作思路并加以实践。一路走来，生态清洁小流域理念已经在北京深深扎根，保护着首都的绿水青山。截至 2021 年，北京的 1085 条小流域中，已建成 466 条生态清洁小流域。整体上，海河流域在遵循"山水田林路统一规划，工程、治污、生物、农艺相结合，拦蓄灌排节综合治理"的原则下，建设了一批生态清洁小流域，有效发挥了水土保持工程的防洪减灾和水源保护功能，在全国构建生态清洁小流域治理方面起到了很好的示范作用。

3) 尊重自然规律，因地制宜构建多种治理模式

流域各地尊重自然规律，充分依靠大自然自身能力修复生态，按照宜封则封、宜林则林、宜果则果、宜草则草和生态、经济、社会三大效益兼顾的原则，结合土地利用结构和农村产业结构调整，突出"大封禁、小治理"的治理思路。针对不同区域的特点，采取不同的对策措施，在大部分深山、远山地区实行封禁治理，依靠自然恢复生态，保护现有灌草植被，提高生态质量。在浅山、近山则结合山区群众脱贫致富的需要，发展经济效益较高、群众有传统栽植经验的水土保持经济林，如太行山南部山区的花椒、侧柏，中部的大枣、核桃，北部的苹果，永定河上游的柠条、肉用杏，都取得了较好的效果。

在小流域治理过程中，基于不同地区的自然环境特征，形成了多种注重综合效益，在取得良好生态效益的同时兼顾经济效益和社会效益的典型治理模式：①北京汉家川小流域三道防线模式，以封山育灌、坡面多道防护、沟道综合防护为特征，主要用于治理花岗岩类型区；②河北常社川小流域立体防护模式，包括坡面工程措施、沟道工程措施、立体生物措施，主要用于太行山土石质中山区；③河北蟠龙湖小流域综合治理模式，包括坡面工程与生物措施相结合，先上游后下游、先毛沟后支沟的沟道防治体系，荒地、养殖、旅游综合开发，主要用于太行山土石山区治理；④山东郭后平原风沙治理模式，综合植物和水利防治体系，主要用于黄河冲积平原风蚀治理；⑤河北红旗营小流域侵蚀防治模式，综合考虑坡面治理、沟道治理、综合开发，主要用于永定河上游石质山地中度侵蚀区治理。

4) 加强小型水利工程建设，因地制宜建设雨洪利用体系

近年来，海河流域出现持续干旱，水土保持生物措施成活率和保存率已降到历史最低点。在这种情况下，各地大力加强不同形式的水利水土保持工程建设，进一步提高了雨洪资源的利用效率，如北京各山区县建设的"五小"工程，山西天镇、和顺等县建设的"人字闸"工程，河北邯郸、河南安阳、天津蓟州区等地在现有基础上大力开展的水窖等集蓄水工程建设，都发挥了显著的作用。

5) 科学推进水土保持生态建设，助力脱贫攻坚，服务乡村振兴

流域各地在以生态优先，改善环境的同时，坚持以人为本，从服务民生和发展经济入手，积极发展区域经济，把治理水土流失与当地特色产业发展紧密结合起来，把微观经济活动与地方区域经济发展融为一体，把有效的资源开发利用合理地融入各项治理措施之中，不仅生态效益显著，而且通过开发性治理，促进了自然资源升值和农民增收致富。水土流失综合防治过程中，保护土地资源，维系山区群众生计，改善农业生产条件、改善生态环境、促进经济社会可持续发展、坚持精准扶贫、精准脱贫基本方略，强化目标导向，强化责任担当，全面发挥水土保持工作在脱贫攻坚中的重要作用，认真落实水土保持资金使用向贫困县倾斜政策。发挥政府投入在水土保持工作中的主体和主导作用，强化责任、引领市场、社会协同发力，将水保项目和资金向贫困地区倾斜，强化脱贫支撑。全力推进

水土保持生态扶贫，基本实现了生态美、产业兴、百姓富的有机统一，为海河流域生态建设、脱贫攻坚和乡村振兴奠定了坚实基础。

5.2 水土保持生态建设战略目标

5.2.1 水土保持生态建设存在的问题

1. 水土流失治理任务依然艰巨

经过治理，海河流域水土流失面积持续减少，生态环境持续改善。但是截至2020年，海河流域仍有6.68万km²水土流失面积需要治理，特别是有大面积坡耕地、坡林地亟待治理。据统计，海河流域有国家级重点防治区坡耕地1.13万km²，占山区耕地面积的29.51%，如此大面积的坡耕地如不及时加以治理，必然进一步加剧水土流失和环境恶化。坡林地是海河流域水土流失的主要策源地之一，2020年林地水土流失面积高达2.78万km²，应引起有关部门的高度重视。由黄河历次决口、改道和近代引黄灌溉的泥沙形成的鲁北平原风沙源区风蚀总面积已达5000km²，对当地生态和生产环境有着严重的威胁，也亟须治理。同时，流域水土流失治理仍存在治理措施标准偏低问题，治理水平和质量有待提高。因此，海河流域未来的水土流失治理应该增强针对性，科学谋划，统一协调。

2. 人为水土流失监管任重道远

海河流域水土流失有自然因素也有人为因素，自然降雨侵蚀力呈现减小态势，人为水土流失程度处于高位，且呈增长趋势。2015～2019年海河流域仅京津冀地区年审批生产建设项目水土保持方案数量就增长了2.61倍，5年新增水土流失综合治理面积13 098.11km²。2020年，海河流域建设用地的水土流失面积共有0.25万km²，人为水土流失地块面积占56%，中度以上水土流失面积比例高达78.96%。因此，加强生产项目水土保持监管极为重要，应进一步健全水土保持监督执法体系，完善水土保持法律法规及有关技术规范，提高生产建设项目水土保持方案申报率、执行率和水土保持设施验收率等，仍然是水土保持监督执法能力建设发展道路上必须要解决的重要问题。

3. 基础工作有待全面强化

海河流域在水土保持监测、信息化、机制、体制等方面还需要进一步优化提升。水土保持是生态文明建设的基础和保障，其管理水平和工作效益事关全流域生态文明建设大局，在新时代信息化发展趋势下，迫切需要充分利用现代信息技术，加强全流域水土流失监测、水土流失预防监督，遏制人为水土流失；迫切需要充分利用现代信息技术，优化水土保持生态建设工程布局，促进人与自然和谐；迫切需要充分利用现代信息技术，科学开展水土流失监测评价，确定水土流失防治重点，全面提高流域水土保持工作的整体水平和效益，为海河流域高质量发展提供坚实的基础支撑和保障。

4. 方略目标需进一步明确

中华人民共和国成立以来，海河流域开展了大规模的水土流失防治，流域水土流失面积从 20 世纪 80 年的 11.06 万 km² 减少到 2011 年的 7.91 万 km²、2020 年的 6.68 万 km²。从水土流失现象产生的规律看，水土流失特别是自然因素造成的水土流失不可能完全消失，必须要充分考虑自然规律和经济社会人口等发展特征和自然资源禀赋，找准合适的度。但目前对于海河流域水土流失面积应该减少到什么程度、强度应该降低到什么程度、各项预防治理措施应该达到什么程度才恰到好处，还缺乏科学的目标或完备的标准。因此，海河流域未来的水土流失治理应该增强针对性，在顺应自然、尊重规律的前提下，科学谋划，统一协调。

5. 科学研究投入有待增加

海河流域在水土保持先进技术应用和先进模式应用方面存在明显优势，但在科学研究方面还有待补充加强。海河流域是严重缺水地区，水资源的有效保障和水质状况已成为这一区域经济社会可持续发展的先决条件之一。在水土保持生态建设驱动下，流域的林地、草地面积逐渐增加，植被覆盖度逐渐增大，对流域的径流产生影响。但是，当前关于海河流域生态耗水方面的研究比较欠缺。因此，选取流域内典型的水土保持植被和措施，在不同地形和气候条件下结合不同的空间布局，对其土壤侵蚀防治效果和生态耗水情况进行研究，筛选出水土保持效果好且生态耗水少的植被、措施类型和空间布局形式，发展节水型水土保持显得尤为重要。《2019 年中国水土保持公报》显示，海河流域水土流失率（21.06%）居八大流域第三位，但是以海河流域为研究区的水土流失基础研究成果数量存在明显短板，难以为流域水土流失防治方面提供基础理论支撑。

5.2.2 水土保持生态建设目标

根据海河流域水土流失现状和治理过程存在的问题，要弄清海河流域内水土流失面积、强度治理应到什么程度？生产建设的水土保持监管应按什么标准？林草、梯田等主要水土保持措施的实施应到什么规模？坡耕地等重点水土保持对象的治理应到什么效果？等问题。明确流域水土流失生态建设未来治哪里？怎么治？治多少？如何实现系统治理？从而建立全面科学的水土保持目标与标准，实现锻长板、补短板、固底板，推动流域水土保持工作取得新发展。具体可以归纳为以下三个方面。

1. 找准对象，弄清水土流失治理需求

水土流失是自然界的常见现象，不可能完全消除，应结合区域允许土壤流失量，不同侵蚀类型和程度的水土流失区开展科学防治。海河流域西部和北部的山地丘陵区占55.93%，人类扰动较小，但是该区地形起伏大、生态环境脆弱，且是京津冀经济区重要的生态屏障和重要的水源涵养地。从侵蚀动因来看，上游山丘区以减少自然水土流失存量为主要目标。海河流域下游的平原区占44.07%，该区域地形平缓，但是作为主要的人口、经济聚集区，生产建设活动项目数量较多，人类扰动强烈。下游平原区应以控制人为水土流失增量为主要目标，加强生产建设项目水土保持监管力度，预防人为因素导致新的水土流失的发生，并使已经发生的水土流失得到减轻。位于平原和山区中间的过渡区，本身的自然条件导致土壤侵蚀易发生，近年来由于城市建设的扩展，人为干扰加剧，该区自然和人为因素叠加作用下的水土流失问题严重，需要重点关注、加强预防治理。

总之，辨明不同区域的主要水土流失类型和成因，因地制宜，分区施策，提高水土流失治理的针对性，对于提升海河流域水土流失治理效果非常重要。未来海河流域自然水土流失的重点在上游山丘区，而人为水土流失的防治重点主要为京津冀城市建设活跃的下游平原区，同时要在二者的过渡区兼顾自然和人为水土流失治理。

2. 弄清病因，提升水土流失治理水平

目前海河流域水土保持监测站点存在布局不平衡；监测能力不足，设施设备老化；与流域水土保持发展不匹配等诸多问题。监测站点水土流失观测是水土流失及其防治效益定量数据的直接来源，是标定其他手段所得数据的"标准物"。建设布局合理、类型齐全的水土保持监测站点，是水土保持生态监测的必然要求，也是探明区域水土流失发生、发展过程，找出"病因"、找准"治法"的重要手段。海河流域水土保持监测站点后续应做如下改善：①做好顶层设计，空间合理布局；②强化科技建设，提升监测水平；③利用现有站点，开展多方合作。

在人为水土流失监管方面，海河流域以省域为单元分别开展工作，在流域层面存在数据断层，不利于流域人为水土流失情况统计、监管和统一规划治理。因此，有必要在智慧水利建设框架下，加强流域层面的信息化建设，以流域水土流失监测、监督、管理，一张图集成为目标，切实实现流域水土流失信息完整、精准可控。

针对海河流域不同区域的自然环境特点和社会经济发展模式，选择适宜的经验模式。建议根据海河流域水土保持分区，以3个一级区为总体格局区，8个二级区为区域协调区，

14 个三级区为基本功能区，在兼顾生态效益、经济效益、社会效益的基础上，每个三级区内至少筛选出 1 种成功的水土流失治理经验模式。及时将经验模式汇总推广，做到水土流失治理在每个区域有经验可循，在每个区域有成熟模式可用。

3. 科学研判，完成美丽中国建设要求

水土保持是生态文明建设的重要内容。从建设生态文明和美丽中国的要求来看，党的十九大提出了到 2035 年生态环境根本好转、美丽中国目标基本实现；到 2050 年生态文明全面提升的目标。要落实这一目标，亟须尽快搞清楚水土保持工作究竟干到什么程度才算满足了生态文明和美丽中国建设的要求。有了这样的目标，才能使海河流域水土保持工作有的放矢，才能更好地贯彻落实国家生态文明建设的总要求。2020 年 2 月 28 日，国家发展和改革委员会印发《美丽中国建设评估指标体系及实施方案》，水土保持率被纳入 22 项评估指标体系，也要求明确提出不同阶段水土保持率的阈值标准。经水利部牵头，综合考虑我国发展阶段、资源环境现状以及对标先进国家水平，分阶段研究提出了各省（自治区、直辖市）2025 年、2030 年、2035 年预期目标值，并结合各地区经济社会发展水平、发展定位、产业结构、资源环境禀赋等因素，协商地方科学合理分解各地区目标。

海河流域水土保持工作也应结合水土保持率要求，展开流域水土保持率核定，研究明确流域内的水土流失面积减少远期阈值和 2025 年、2030 年和 2035 年阶段目标值。结合流域特点，评估近、中、远期水土保持率目标值，明确每个阶段的水土流失治理任务。结合流域水土流失治理的实际情况，统筹协调流域内的 8 个省（自治区、直辖市），确定每个省（自治区、直辖市）所涉区域的水土保持率目标值，合理分配治理任务，有序推进流域水土流失治理工作。

水土流失作为自然界的常见现象，不可能实现完全消除，因此应该在自然规律的基础上科学制定治理目标。水土流失防治是改善生态生产、促进民生福祉的系统工程，其目标应随社会发展不断适应丰富，面对新时期社会发展主要矛盾，水土保持既要减少流失面积强度，更要优化生态服务功能，提供生态衍生产品等，单纯强调治理面积不能有力发挥全新目标导向。根据《海河年鉴》统计数据，近 17 年（2002～2018 年）海河流域水土流失治理面积呈逐年减少趋势（图 5-8），这并不代表海河流域水土保持工作减少，主要是因为流域内需要治理和可以治理的面积逐渐减少。

基于 2018 年海河流域水土流失动态监测成果，针对海河流域 14 个水土保持三级区，按照"全区综合研判"自上而下、"分区解算汇总"自下而上的双向互检的总思路，即从全区尺度上，根据水土流失现状、自然地理条件、经济社会发展水平和趋势，从地形地貌、土地利用和人类活动等土壤侵蚀过程的主要影响因素入手，分析确定水土流失存量中哪些应当治理、哪些不需要治理，哪些可以完全治理（治理后土壤侵蚀强度可降低到轻度以下）、哪些不可完全治理（治理后土壤侵蚀强度仍在轻度及以上），以及治理后的水土保持效果与水土

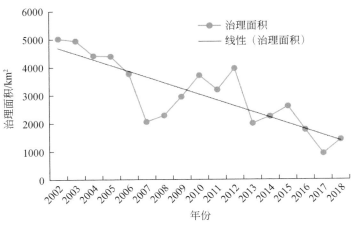

图 5-8　海河流域 2002~2018 年逐年治理水土流失面积

资料来源：2003~2019 年《海河年鉴》

流失情势，进而宏观研判全区水土流失面积减少阈值（郎燕等，2021）。同时，以各区所含三级区为基本单元，基于多时相、多因子空间数据叠加分析，逐片解算远期水土流失存量与分布，进而细观确定不同片区并汇总获得全区及所含省级行政区水土流失面积减少阈值。研究提出海河流域 2025 年、2035 年水土流失面积减少阈值及其 2025 年、2035 年阶段目标，并探索性提出了远期（2050 年）海河流域水土流失强度降低阈值（图 5-9）。

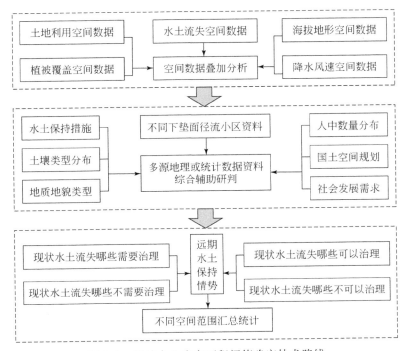

图 5-9　区域水土流失面积阈值确定技术路线

通过计算得到海河流域 8 个省（自治区、直辖市）的现状（2020 年）、"十四五"（2025 年）、2030 年、2035 年和 2050 年的水土流失面积和水土保持率目标值（表 5-4），以及不同时期的水土流失治理任务，具体情况如下。

表 5-4　海河流域相关省（自治区、直辖市）水土保持率阶段目标值　（单位:%）

区域	2020 年	2025 年	2030 年	2035 年	2050 年
北京市	87.29	90.30	93.27	95.00	95.63
天津市	98.29	98.55	98.75	98.90	99.34
河北省	78.12	79.96	82.07	84.07	89.54
山西省	62.38	66.18	69.93	72.43	78.86
内蒙古自治区	51.39	53.11	55.89	56.89	59.16
辽宁省	75.76	78.61	81.16	83.26	89.53
山东省	84.97	86.77	89.42	90.67	93.25
河南省	87.35	88.55	90.65	91.55	93.33

注: 2020 年现状值基于各省（自治区、直辖市）2018 年动态监测数据计算。

（1）北京（面积 1.64 万 km²）：2020 年现状水土流失面积 0.21 万 km²、水土保持率现状值 87.29%；2025 年预期水土流失面积 0.16 万 km²、水土保持率阶段目标值 90.30%；2030 年预期水土流失面积 0.16 万 km²、水土保持率阶段目标值 93.27%；2035 年预期水土流失面积 0.08 万 km²、水土保持率阶段目标值 95.00%；2050 年远期水土流失面积 0.07 万 km²、水土保持率远期目标值 95.63%。

（2）天津（面积 1.19 万 km²）：2020 年现状水土流失面积 0.02 万 km²、水土保持率现状值 98.29%；2025 年预期水土流失面积 0.02 万 km²、水土保持率阶段目标值 98.55%；2030 年预期水土流失面积 0.01 万 km²、水土保持率阶段目标值 98.75%；2035 年预期水土流失面积 0.01 万 km²、水土保持率阶段目标值 98.90%；2050 年远期水土流失面积 0.01 万 km²、水土保持率远期目标值 99.34%。

（3）河北（面积 18.72 万 km²）：2020 年现状水土流失面积 4.10 万 km²、水土保持率现状值 78.12%；2025 年预期水土流失面积 3.75 万 km²、水土保持率阶段目标值 79.96%；2030 年预期水土流失面积 3.36 万 km²、水土保持率阶段目标值 82.07%；2035 年预期水土流失面积 2.98 万 km²、水土保持率阶段目标值 84.07%；2050 年远期水土流失面积 1.96 万 km²、水土保持率远期目标值 89.54%。

（4）山东（面积 15.82 万 km²）：2020 年现状水土流失面积 2.38 万 km²、水土保持率现状值 84.97%；2025 年预期水土流失面积 2.09 万 km²、水土保持率阶段目标值 86.77%；2030 年预期水土流失面积 1.67 万 km²、水土保持率阶段目标值 89.42%；2035 年预期水土流失面积 1.48 万 km²、水土保持率阶段目标值 90.67%；2050 年远期水土流失面积

1.07 万 km²、水土保持率远期目标值 93.25%。

（5）河南（面积 16.68 万 km²）：2020 年现状水土流失面积 2.11 万 km²、水土保持率现状值 87.35%；2025 年预期水土流失面积 1.91 万 km²、水土保持率阶段目标值 88.55%；2030 年预期水土流失面积 1.56 万 km²、水土保持率阶段目标值 90.65%；2035 年预期水土流失面积 1.48 万 km²、水土保持率阶段目标值 91.55%；2050 年远期水土流失面积 1.11 万 km²、水土保持率远期目标值 93.33%。

（6）山西（面积 15.67 万 km²）：2020 年现状水土流失面积 5.90 万 km²、水土保持率现状值 62.38%；2025 年预期水土流失面积 5.30 万 km²、水土保持率阶段目标值 66.18%；2030 年预期水土流失面积 4.71 万 km²、水土保持率阶段目标值 69.93%；2035 年预期水土流失面积 4.32 万 km²、水土保持率阶段目标值 72.43%；2050 年远期水土流失面积 3.31 万 km²、水土保持率远期目标值 78.86%。

（7）辽宁（面积 14.81 万 km²）：2020 年现状水土流失面积 3.59 万 km²、水土保持率现状值 75.76%；2025 年预期水土流失面积 3.17 万 km²、水土保持率阶段目标值 78.61%；2030 年预期水土流失面积 2.79 万 km²、水土保持率阶段目标值 81.16%；2035 年预期水土流失面积 2.48 万 km²、水土保持率阶段目标值 83.26%；2050 年远期水土流失面积 1.55 万 km²、水土保持率远期目标值 89.53%。

（8）内蒙古（面积 119.61 万 km²）：2020 年现状水土流失面积 58.14 万 km²、水土保持率现状值 51.39%；2025 年预期水土流失面积 56.09 万 km²、水土保持率阶段目标值 53.11%；2030 年预期水土流失面积 52.76 万 km²、水土保持率阶段目标值 55.89%；2035 年预期水土流失面积 51.56 万 km²、水土保持率阶段目标值 56.89%；2050 年远期水土流失面积 48.85 万 km²、水土保持率远期目标值 59.16%。

通过计算得到海河流域水土流失率现状值和未来水土流失防治的阶段目标值（图 5-10）。海河流域面积 31.82 万 km²，2020 年现状水土流失面积 6.68 万 km²、水土保持率现状值 79.01%；2025 年预期水土流失面积 6.08 万 km²、水土保持率阶段目标值 80.89%；2030

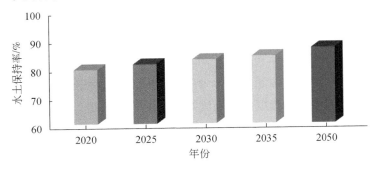

图 5-10　海河流域水土保持率

2020 年现状值基于海河流域 2020 年动态监测数据计算

年预期水土流失面积 5.57 万 km², 水土保持率阶段目标值 82.50%; 2035 年预期水土流失面积 5.21 万 km², 水土保持率阶段目标值 83.63%。为使流域生态环境实现整体提升、良性循环, 并满足美丽中国总体要求, 到 2050 年时, 海河流域通过因地制宜、分类施策的综合防治, 应且能将水土流失率降至 13.36%, 相应允许水土流失面积 4.25 万 km²。

5.3 水土保持生态建设战略措施

2019 年习近平总书记 9.18 讲话提出要 "让黄河成为造福人民的幸福河", 既是对黄河流域治理的要求, 也是对全国流域系统治理的普遍要求。系统治理目标是维护流域生态系统健康与经济社会可持续发展, 与幸福河建设目标高度契合。海河流域地理位置重要, 生态环境备受关注, 防治水土流失是处理流域生态环境问题的基础之一。因此, 应把 "幸福河" 作为系统治理提档升级的目标统领, 使之成为落实水土流失系统治理的出发点和落脚点, 以真正实现 "山水林田湖草沙" 一盘棋综合考虑, 实现区域生态环境效益从量的转变到质的提升。

经过几十年的治理, 海河流域水土流失防治工作虽然取得显著成效, 但仍存在很多问题需要提升改进。未来要遵循 "新阶段近中远期对标统筹, 高质量水土流失综合治理" 的防治理念, 按照 "明确全局目标, 减少自然存量, 控制人为增量, 推进提质增效" 的工作思路。统筹推进 "上减、下控、中兼、全优" 总体布局, 即上游山丘区减少自然水土流失存量, 下游平原区控制人为水土流失增量, 山丘区和平原区的中间过渡区应兼顾自然和人为因素水土流失治理, 在整个流域层面上实现水土流失减量降级、全面优化。结合海河流域不同分区的自然禀赋和水土流失特点, 结合社会经济发展情况, 辨明不同区域的主要水土流失类型和成因, 因类施策, 分区施策, 提高水土流失治理的针对性。

5.3.1 分区施策, 减存量、控增量、提质量

上游山丘区: 海河流域西部和北部的山地丘陵区占 55.93%, 人类扰动较小, 应以减少自然水土流失存量和提升水源涵养能力为主要目标, 推进生态清洁小流域建设, 减少面源污染, 针对不同侵蚀类型和程度的水土流失区开展科学防治。①远山、深山地带, 主要实施封禁治理、生态移民、生态补偿等生态修复和预防保护措施, 降低人为活动干扰影响, 适当补植补种低耗水植物, 提高林草覆盖率, 将汛期洪水转化为潜流, 促进生态改善的同时增强水源涵养能力, 确保北京、天津、唐山等城市供水安全和生态安全。②中山、低山地带, 以水土流失综合治理和控制面源污染为主, 按照人口密集程度和区域定位, 有

序推进坡耕地改造和小型水利基础设施建设，改善农业生产条件。在此基础上，宜农则农、宜林则林、宜果则果、宜药则药，大力发展特色水保经济。有条件的地方，推行与水源保护相适应的生态农业、观光农业、休闲农业，减少化肥、农药的使用量。发展建设生态清洁小流域，在村镇及旅游景点等人类活动密集区，建设小型污水处理及流域垃圾处理设施，改善人居环境，减少面源污染。③浅山、丘陵地带，以供水水库水源地和河道生态保护为主。以河道两侧及湖库周边为重点，通过适当的植物和工程措施，维系河道及湖库周边生态系统，控制水土流失、减少泥沙入河入库、改善水体水质、美化环境。

下游平原区：海河流域的平原区占44.07%，该区域地形平缓，但是人类扰动强烈，应以控人为水土流失增量为主要目标，加强生产建设项目水土保持监管力度。人为因素产生水土流失的主要形式包括工程建设与城镇的快速扩张、过度的农垦及不合理的耕作、植被破坏、不合理的土地利用。海河流域土地利用中生产建设活动频繁，人为引起的土壤扰动加剧了水土流失。为落实水利改革发展总基调，从行业监管方面研究人为水土流失防治机制、手段及措施，对改善海河流域水土流失现状至关重要。具体应遵循预防人为因素导致新的水土流失的发生，并使已经发生的水土流失得到减轻的防治原则。

平原风沙区：海河流域的平原风沙区地势开阔平坦、土质黏结性甚差、大风天数较多，风力侵蚀严重。应注重摒弃以往单一、分散的水土流失治理的模式，向综合、集中、高效治理模式转变，注重水土资源的保护，注重生态环境的改善，促使黄泛平原风沙区从风蚀导致的土地贫瘠、人民贫穷，向农田肥沃、人民致富逐渐发展。在水土流失防控工作上，应坚持预防为主、保护优先的方针，始终如一地坚持综合治理、系统治理和源头治理的思路。①全面做好区域风蚀预防，尤其是在作物比较茂盛前，做好耕地防护；②全面做好生产建设项目督查，督导建设单位全面落实水土保持方案，在防治责任范围内科学配置和综合实施植物、工程和临时措施，形成空间上整体配合、时间上有序衔接的防治体系，既能防止雨季的水蚀又能防止旱季的风蚀，达到建设一个项目、防护一片土地的效果；③坚决依法杜绝滥垦滥伐、乱采乱弃现象，坚决依法禁止未批先建、未验先投现象；④持续督导林地和草地全面保护与治理。

另外，急需推进海河流域水土保持高质量发展。海河流域水资源严重短缺，水土流失治理不仅要考虑防治效果，还应平衡减沙与减水的关系，发展节水型水土保持，科学控制水土保持占用的水资源量。①在节水优先的政策前提下，将节水融入水土保持规划、设计、建设和预防、监督、管理等各环节。②立足全流域视野，优化植被和工程措施空间分布格局，划定流域产流保护区，兼顾上下游水资源关系，力求水资源分配空间均衡。在山丘区水土流失治理过程中，应在水土保持效果相当的前提下，筛选少耗水、多输水、输清水的植被和措施，减少对下游平原区水资源量的影响。③以水定需、因水制宜，注重生态修复，强调流域水资源约束的生态保护和生态治理，实现流域"山水林田湖草沙"系统治理。

5.3.2 因类施策，重点治理坡林地、坡耕地

在综合分析不同土地利用类型存在的水土流失面积和土壤侵蚀强度的基础上，明确治理重点，采取有效措施，实现水土流失减量降级。从不同土地利用类型水土流失面积和土壤侵蚀程度分布情况来看，2020 年海河流域林地的水土流失面积最大，草地次之，耕地排在第三位，三者累计占总水土流失面积的 93.56%，但是整体侵蚀程度较低，轻度侵蚀面积占了 96.18%，其中草地（99.17%）的最高。从土壤侵蚀程度来看，交通运输用地、建设用地和其他土地的面积较小，三者总累计仅占总水土流失面积的 4.02%，但是土壤侵蚀程度较高，交通运输用地中度以上水土流失面积比例高达 85.41%，其他土地中度以上水土流失面积比例为 57.83%，建设用地中度以上水土流失面积比例为 45.89%。另外，建设用地中度以上水土流失面积最大，耕地次之，二者累计占总中度以上水土流失面积的 67.27%（图 5-11）。

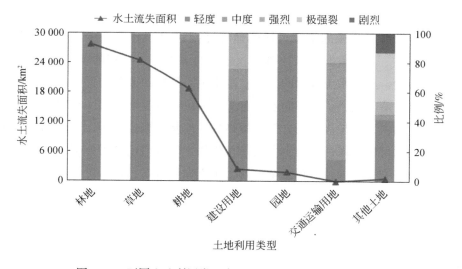

图 5-11 不同土地利用类型水土流失面积及侵蚀程度分布

所以，从减少水土流失面积存量角度，后续应提升林地、草地、耕地的水土保持措施质量，使部分轻度水土流失转变为微度或者直接消除；从降低土壤侵蚀程度角度，建设用地、交通运输用地等人为扰动比较强烈的土地利用类型应重点治理，加强监督管控。此外，在坡耕地水土流失治理方面，海河流域国家级重点防治区内大于 25° 的坡耕地仍有 54.73km² ，应有序退耕还林还草，助力流域水土流失减量降级。

海河流域林地水土流失面积较大，是当前海河流域水土保持工作的薄弱环节，故特别针对坡林地从技术和管理两个方面提出治理策略。①科学使用坡林地水土保持技术方法。

主要通过树下筑盘、水平带状整地、植物绿篱带种植、蓄排水系统建设、封禁治理多种措施综合配置，蓄、排、拦、挡、封相互配合，形成综合防治体系，实现减少林下土壤侵蚀、改善土壤结构、提高林地土壤质量、促进林地植物生长为目的，从根本上治理坡林地的水土流失并兼顾林地本身的经济效益。②优化水蚀坡林地水土保持管理对策。首先，摸清当前坡林地的分布、类型、数量、水土流失状况等底数，提炼、总结当前成熟有效的坡林地治理技术和模式。其次，针对大规模开发的新栽植坡林地，要求依法编报水土保持方案，加强事前、事中、事后监督管理。

5.3.3 提升监管、监测能力，推进水土保持信息化建设

近年来，海河流域各级水行政主管部门认真依法履职，推动水土保持监督管理各项工作取得了明显成效。进入新时代，随着生态文明建设的深入推进，人民对优美生态环境的需求与水土保持监管能力不足的矛盾日益突出，水土保持监督管理"宽松软"的问题逐渐突显。海河流域需要深入贯彻水利部关于进一步深化水土保持"放管服"改革的要求，全面推行流域水土保持区域评估工作，不断压减水土保持方案审批范围，简化生产建设项目水土保持方案审批管理，优化审批流程，提升服务效能。

信息化是水利行业强监管的基本手段和有效保障，区域水土保持信息化系统是决定新时期水土流失预防监督能力和决策管理水平的重要支撑。监测站点是水土流失原因的"听诊器"，通过长期监测可以发现区域的水土流失"病因"所在，从而因地制宜，施以有效治理措施。"天地一体化"监管是水土流失治理的"手术刀"，可以准确发现生产建设项目扰动情况，快速发现、查处违法违规项目。海河流域应以需求为导向，补齐补强信息化支撑，强化新一代信息技术与水土保持业务的深度融合，打造"一把手领导、一制度规范、一张网承载、一中心共享、一平台交换、一张图展示、一门户服务"的工作格局，构建流域智慧水利体系，助力流域水资源、水生态、水环境、水风险统一管控。

海河流域生产建设项目逐渐增长，人为水土流失严重且处于高位，必须加强生产建设项目水土保持监管。"天地一体化"监管技术是水土保持信息化技术应用的重要方面，具有实效性强、覆盖范围广、精准客观等诸多优势。应依托信息化平台，强化对生产建设项目的水土保持监管，规范生产建设项目水土保持方案审批，提高水土保持方案的编制率，依法查处水土保持违规案件，全面落实水土保持"三同时"制度。强化水行政主管部门水土保持监督管理能力，加强水土保持从业及监管人员的培训，配备必要的执法取证设备装备，提高依法行政能力，提高监督执法的质量和效率。充分利用信息化技术手段，建立天地一体、各方协同、信息共享的机制，全面提升生产建设项目监管的准确性、时效性、权威性，从而使生产建设项目监管能实现"查得清""弄得准""干得快"，最终实现生产建

设项目水土保持违法违规行为"管得住"。

水土保持监测站点作为水土保持监测工作的重要组成,当前海河流域水土保持监测站点较多,但在8个子流域中分布非常不平衡。海河流域共有水土保持监测站点62个,整体上空间分布非常不均匀。永定河系(20个)数量最多,北三河系密度(0.45个/万 km²)最大,两个水系的监测站点占总体的60%;滦河系和徒骇马颊河系各仅有2个,黑龙港及运东无水土保持监测站点(图5-12)。

图5-12 海河流域支流水系及水土保持监测站点分布

与2020年基本实现生态环境监测全覆盖的要求相比,水土保持监测的预报预警和信息化能力仍有较大差距,支撑和保障水土保持监测网络建设与发展的相关制度仍不健全。突出表现在:①水土流失动态监测仍未全面开展,对水土流失生态安全预警、水土保持目标责任及有关生态评价考核等的支撑不足。②分级负责的生产建设项目监督性监测效能不高,水土流失案件查处不及时,对人为水土流失的约束作用不足。③水土保持重点工程治理成效监测评价尚未开展,工程效益不明,无法为检查验收、绩效评价和后续项目布局及规划编制提供科学依据。④水土保持监测信息化程度不高，水土保持信息数据共享不足，现代化技术应用不高，远远滞后于自然资源、生态环境等其他部门，相关监测成果共享机制不健全，成果应用范围不广。

针对流域监测站点"布局不平衡""监测能力不足，设施设备老化""与流域水土保持发展不匹配"等问题，海河流域未来应结合子流域分区做好以下几方面：①顶层设计，空间合理布局；②强化科技建设，提升监测水平；③利用现有站点，开展多方合作。最终目标是能够更好地监测流域水土流失情况，帮助分析区域水土流失规律，找准问题所在，为生态文明建设及政府决策以及流域水土保持工作发展做好服务，带动流域水土保持工作质量和水平整体跃升。全面对标智慧水利建设，加强智慧水保投入，按照"需求牵引、应用至上、数字赋能、提升能力"要求，以数字化、网络化、智能化为主线，以数字化场景、智慧化模拟、精准化决策为路径，提升流域水土流失监测信息化水平。

|第6章|　海河流域洪涝灾害风险与应对战略

本章根据流域洪涝灾害特点及未来变化趋势，以现状洪水防御能力评价为基础，系统分析流域防洪短板，提出国家重大发展战略下流域防洪布局调整的新需求；以防范化解重大风险为重点，研究提出超标洪水安排与防御对策措施。

6.1　洪水特性与典型历史大洪水

6.1.1　暴雨洪水特性分析

海河流域西以山西高原与黄河流域接界，北以蒙古高原与内陆河流域接界，南接黄河，东临渤海。流域地跨北京、天津、河北、山西、河南、山东、内蒙古和辽宁8个省（自治区、直辖市），面积31.82万km²，约占全国总面积的3.3%。流域由滦河、海河、徒骇马颊河三大水系组成，流域面积分别为5.45万km²、23.17万km²和3.20万km²。其中，海河水系由北三河系（蓟运河、潮白河和北运河）、永定河系、大清河系、子牙河系、漳卫河系和黑龙港及运东地区组成（刘学锋等，2010）。

1. 暴雨特性

海河流域暴雨具有汛期降雨集中、年际变化大、暴雨强度大和空间分布受地形影响大等特点。

1）汛期降雨集中

海河流域汛期（6~9月）降水量占全年的70%~85%，主要发生在7月、8月，尤其是7月下旬至8月上旬最多。全年降水量常常集中在1~2次大暴雨中。

2）年际变化大

海河流域是我国暴雨年际变化最大的地区之一，年最大24h暴雨变差系数达到0.6~0.8。

3）暴雨强度大

海河流域暴雨强度大，汛期暴雨日降水量常在100mm左右，超过200mm的也不罕见。个别地区24h雨量可达到600~900mm。

4）空间分布受地形影响大

海河流域暴雨空间分布受地形影响明显，沿燕山、军都山、太行山迎风坡存在一条年降水量大于600mm的弧形多雨带，是全国的大暴雨区之一，且降水依次向弧形山脉两侧减少。

2. 洪水特性

海河流域洪水具有洪峰高、洪量集中的特点，多处曾发生过洪峰模数达到或接近世界纪录的洪水。洪水年际变化大，预见期短且突发性强，从山区降雨到河道山口出现洪水，最长1~2天，甚至几个小时。常发生连续性大水，太行山、燕山迎风区极易发生特大洪水。20世纪以来发生的典型大洪水有1939年、1956年、1962年、1963年、1996年、2012年和2016年洪水（表6-1）。其中，1963年8月洪水，大清河新镇站最大3天洪量、6天洪量均接近100年一遇（于紫萍等，2021）。

3. 气候变化及流域下垫面变化影响

从历史降雨序列分析，整个流域的年降水量呈显著减少趋势（郝春沣等，2010），其中北部的内蒙古地区和河南的北部地区降水减少趋势最为明显（王永财等，2014）。夏季下降趋势尤为显著。近年来发生旱涝急转事件更加频繁。根据1956~2010年的降水实测资料，流域短历时极端降水强度有增大趋势，年极端降水的发生频次降低（王刚等，2014）。

流域年尺度及季尺度径流量均表现出显著的减少趋势，人类活动对径流变化的影响大于气候变化，气候变化的贡献率占40.89%。对于季度径流量的变化，气候变化的贡献率分别为43.53%（雨季）和7.15%（旱季），人类活动的贡献率分别为56.47%（雨季）和92.85%（旱季）（王磊，2019）。

根据政府间气候变化专门委员会（Intergovernmental Panel on Climate Change，IPCC）第五次评估报告，海河流域未来降水变化具有较大的不确定性，与基准期（1961~1990年）相比，未来海河流域降水可能呈现增加趋势。3种排放情景下2021~2050年降水量较基准期分别增加3.4%、6.8%和3.4%左右。中排放情景下，到2035年，6~8月降水可能增加0%~10%，北部局部区域的年平均径流可能增加10%~20%。

土地利用类型改变、地下水位下降等流域下垫面变化使河道入渗能力和产汇流条件发生明显变化，对防洪安全有相对有利和不利的双重影响。总体来看，城市不透水面积加大、河道行洪能力衰减、山前支流治理标准低、蓄滞洪区启用难度大等问题，可能使流域未来特大洪涝灾害影响的人口、范围、损失仍极为严重（严小林等，2020）。

表6-1 海河流域典型历史大洪水的降雨、洪水及淹没情况表

洪水年份	降雨		持续时间	洪水			洪水淹没范围
	区域	降水量		代表站	流量/(m³/s)	洪量/亿m³	
1917	7月23~28日暴雨中心，在大清河和滹沱河流域，各河系连降大到暴雨		7~9月	三家店	5 200		水受灾区覆盖今北京、天津、河北、山西、山东、内蒙古等地，共造成156个县受灾，主要分布在海河、漳卫南运河、子牙河、大清河、永定河、北运河、蓟运河和滦河下游，部分县农业减产占2/3，大部被淹农田约占2/3，大部被淹农业减产甚至绝收，海河流域东部平原区受灾严重
				张坊	14 600		
				黄壁庄	13 500		
				孟贤壁	8 200		
				竹山	2 200		
				临洺关	6 680		
				观台	5 000		
1939	全流域。北京西部昌平、三家店一带始终处于几次暴雨中心区域	昌平7月、8月总降水量1137mm，三家店1081mm，潮白河赤城560mm，安阳759mm，石家庄634mm	7~8月	密云	13 000	海河水系7月、8月洪水总量304亿m³	洪水淹没面积4.94万km²，受灾农田5200万亩，天津几平尽成泽国，市区78%的地区被淹，水深1~2m
				通州	2 200		
				三家店	4 670		
				官三区间	4 090		
				张坊	7 100		
				安格庄	3 330		
				郑家庄	10 000		
				黄壁庄	8 300		
				竹山	1 520		
				临洺关	3 550		
				观台	5 620		
1956	全流域	6~9月汛期降水总量平原地区一般为400~600mm，山区为700~1200mm，背风山区多在400~500mm	7月底至8月上旬	观台	9 200	海河水系最大30日洪水总量200.7亿m³	全流域因洪受灾面积约为3.15万km²
				新村	3 380		
				称钩湾	1 980		
				临洺关	2 970		
				朱庄	2 610		

续表

洪水年份	降雨		洪水				洪水淹没范围
	区域	降水量	持续时间	代表站	流量/(m³/s)	洪量/亿m³	
1956	全流域	6~9月汛期降水总量平原地区一般为400~600mm，山区为700~1200mm，背风山区多在400~500mm	7月底至8月上旬	黄壁庄	13 100	海河水系最大30日洪水总量200.7亿m³	全流域因洪受灾面积约为3.15万km²
				平山	8 750		
				献县	1 580		
				王快	4 010		
				西大洋	1 950		
				北郭村	3 390		
				张坊	4 200		
				三家店	2 640		
				通县	1 130		
				苏庄	2 350		
				九王庄	413		
				滦县	2 390		
1963	暴雨分布与太行山平行，形成一条南北长520km，东西宽120km，雨量超过400mm的雨带。雨量的分布很不均匀，南北有两个雨量特大中心，均出现在太行山麓浅山丘陵地带	最大暴雨中心位于河北省内丘县獐么乡，最大7日雨量达2050mm。7日降水总量超过500mm的面积43 800km²，降水总量达600亿m³	8月1~10日	观台	7 040	海河南系8月，9月来水总量332.6亿m³，其中8月为301.29亿m³，8月上旬一次洪水总量为270.16亿m³	造成100余县、市受灾，进水县城32座，被水围困县城33座，保定、邯郸、邢台等市进水，市内水深2~3m；淹没面积6.22万km²
				新村	5 590		
				称钩湾	3 240		
				临洺关	12 300		
				朱庄	9 500		
				黄壁庄	12 000		
				平山	8 900		
				献县	2 770		
				王快	9 600		
				西大洋	9 600		
				北郭村	7 940		
				张坊	5 380		
				三家店	9 920		
				苏庄	800		
				滦县	280		
					558		

续表

洪水年份	区域	降雨		洪水			洪水淹没范围
		降水量	持续时间	代表站	流量/(m³/s)	洪量/亿m³	
1996	海河南系普降暴雨，主雨区分布在太行山迎风坡滹沱河和漳阳河流域	暴雨中心野沟门水库和平山南焦 3 日雨量分别为619mm 和651mm。100mm 雨区笼罩面积10 万 km²，500mm 雨区笼罩面积1100km²。海河南系 8 月降水总量297 亿 m³	8 月 2～5 日	黄壁庄水库	18 300	海河南系 8 月洪量 71 亿 m³	海河南系 160 万 hm² 农田（包括行、蓄滞洪区）遭受不同程度的灾害，其中 60 万 hm² 绝收
				朱庄水库	8 700		
2012	滦河、北三河、大清河河系	流域面平均降水量446mm。7 月 21 日，北京全市平均降水量170mm，是中华人民共和国成立以来最大降雨；城区平均降水量215mm，是1963 年以来最大降雨	7 月	拒马河张坊	2 800		共有 159 个县（市）、1521 个乡（镇）遭受不同程度的洪涝灾害，农作物受灾面积2146 万亩（其中成灾面积1380 万亩）
				滦河滦县站	4 280		
2016	漳卫河系、子牙河、大清河系和北三河系	累计降水量大于 500mm 的笼罩面积为11.2 万 km²。7 月 18～20 日，流域普降暴雨到大暴雨，局部特大暴雨，全流域面平均降水量122mm	7 月中旬	观台站	5 200		
				黄壁庄水库	8 800		
				微水站	8 500		
				艾辛庄枢纽	450		

资料来源：《海河流域防洪规划》（2008 年）、《海河流域综合规划》（2012～2030 年）等。

6.1.2 典型历史大洪水风险评估

本研究选取"63.8"洪水作为流域典型历史大洪水,分析致灾因子和洪灾特征,进行现状工况下的淹没风险评估,分析历史大洪水对当今社会经济的影响,揭示洪灾风险。

1. "63.8"洪水基本情况

"63.8"洪水是海河流域有记录以来最大的洪水。其中漳卫南运河、子牙河、大清河均发生了特大洪水。1963 年 8 月上旬,海河流域处于较深的低槽控制之下,冷暖气流在这一地区不断交汇,受太行山地形的影响,造成强烈的辐合作用,加之西南低涡接踵北上叠加,更加强和维持了这一过程,形成了本次罕见暴雨。

"63.8"暴雨的分布大致与太行山平行,形成一条南北长 520km,东西宽 120km,雨量超过 400mm 的雨带。雨量的分布很不均匀,南北有两个雨量特大中心。南部中心在滏阳河上游邢台、临城以西山区,7 日(8 月 2~8 日)雨量东川口 1464mm、菩萨岭 1562mm、獐么 2050mm;北部中心在大清河上游保定以西山区,7 日雨量司仓 1303mm、七峪 1329mm。南北两个暴雨中心都出现在太行山麓浅山丘陵地带。

"63.8"洪水是海河流域有记录以来最大的洪水,洪水总量 296 亿 m^3。临城水库位于獐么暴雨中心下游,"63.8"洪峰流量重现期为 300~500 年,1 日及 3 日、7 日洪量重现期分别大于 1000 年和 2000 年。安格庄水库位于北部司仓暴雨中心边缘地带,其洪峰流量的重现期 150~180 年,时段洪量 100~120 年。大清河新镇站最大 3 日洪量、6 日洪量均接近于 100 年一遇,15 日洪量相当于 50 年一遇,30 日洪量介于 30~50 年一遇;子牙河献县站最大 30 日洪量超过 300 年一遇。

据调查,"63.8"洪水淹没面积达 50 681.45km²,受灾人口 2200 多万人,特重灾区人口约 1200 万人,死亡 5030 人,伤 4.27 万余人。大牲畜约死亡 5.2 万头,伤 7.8 万多头,猪羊家禽的损失更是无法统计。据铁路部门统计,京广、石太、津浦、石德及支线铁路相继冲坏达 822 处,总长 116.4km,路基冲失土方 165 万 m^3,冲毁桥梁 209 座。房屋损失 57 724m²,通信线路损毁 959.7km,信号设备损坏 102km,电力线路损坏 107km,累计中断行车 372 天。水利工程也受到严重破坏。刘家台、东川口、马河、佐村、乱木 5 座中型水库失事,330 座小型水库垮坝,62% 灌溉工程被冲坏。

2. 现状工况下的洪水风险分析

1)洪水淹没分析

针对该典型历史洪水,本章分析了在现状工况和社会经济发展(2016 年)条件下的洪水风险,得出历史洪水重演造成的经济损失和社会影响,以及现状防御体系应对该洪水产生的防洪效益。

通过分析得出,在现状工况下,遇1963年洪水,大清河中下游、子牙河、滏阳河、漳河、卫运河、漳卫新河的防洪保护区一般能保证安全,但仍会启用20个蓄滞洪区,同时还包括主要支流的淹没和保护区内的暴雨内涝淹没。根据大清河、子牙河、漳卫河洪水调度方案和洪水风险图编制成果,在现状工况下,1963年洪水将造成主要防洪保护区淹没,面积约为21 689.19km²,蓄滞洪区的淹没面积为7565.38km²;内涝面积约为558.97km²,但内涝水深有限,平均水深小于1.03m。以上淹没区域合计29 813.53km²,占海河流域防洪区总面积的22%。

2)洪水影响分析

根据1963年洪水重演的淹没结果,在现状防御体系下,淹没总面积为29 813.53km²,将造成直接经济损失约6690亿元,占防洪区当年GDP的16.30%。其中,防洪保护区损失约4867亿元,蓄滞洪区损失约1698亿元,暴雨内涝损失约125亿元。淹没区人口2561万人,占防洪区当年人口总数的29%,见表6-2。

表6-2 海河流域1963年洪水重演淹没影响及损失统计

洪水	防洪区面积/万km²	防洪区GDP/亿元	防洪区人口/万人	淹没面积		损失		淹没区人口	
				淹没面积/km²	占防洪区面积比例/%	损失值/亿元	占防洪区GDP比例/%	人口/万人	占防洪区人口比例/%
1963年洪水重演	13.58	41 055.44	8 827	29 813.53	22	6 690	16.30	2 561	29

根据调查,1963年洪水对海河南系广大地区造成淹没面积达50 681.45km²,涉及北京、天津、河北、河南、山东五省(直辖市)。经计算,若基于历史当年防御条件,1963年海河流域洪水将对当今经济(2016年经济发展水平)造成9604亿元的损失,淹没区人口约4576万人。

若再遇1963年洪水,历史工况与现状工况相比,淹没面积将由50 681.45km²减少到29 813.53km²,共计减少20 867.92km²,减淹面积比例41.17%;淹没区人口由4576万人减少到2561万人,共计减少2015万人,减淹人口比例44.03%;经济损失由9604亿元减少到6690亿元,减轻损失比例30.34%,即遇1963年海河流域大水现状防御体系(与当年防御体系比较)的防洪效益为2914亿元(表6-3)。

虽然经过近50年的防洪工程体系建设,海河流域如再遇1963年洪水,淹没范围将大幅减少,但仍有约2.98万km²的区域被淹没,2561万人受影响,尤其是淹没区内涉及保定、沧州、邯郸、邢台、新乡等多个地级市，势必会对整个流域的社会经济造成重创。

表 6-3   海河流域现状防御体系下 1963 年洪水防洪效益计算

指标	历史工况	现状工况	减少值	减少比例/%
淹没面积/km²	50 681.45	29 813.53	20 867.92	41.17
淹没区人口/万人	4 576	2 561	2 015	44.03
经济损失/亿元	9 604	6 690	2 914	30.34

6.2 现状洪水防御体系能力评价

6.2.1 现状洪涝灾害防御工程体系和布局

根据《海河流域防洪规划》（2008 年）和《海河流域综合规划》（2012～2030 年），流域按照"上蓄、中疏、下排、适当地滞"的治理方针进行防洪工程体系建设，形成"分区防守、分流入海"的防洪格局。到 2020 年的规划目标是完成病险水库除险加固；1 级和 2 级堤防全部达到国家规范标准；主要蓄滞洪区可按标准启用；流域中下游地区及重点支流河道达到规定的防洪标准；主要河口得到整治，并有维护河口行洪通畅的措施；城市段海堤达到防潮标准；北京、天津、石家庄等主要城市达到规定的防洪标准；主要平原排涝区达到规定的排涝标准；重点中小河流得到整治；最大限度地减少洪涝灾害造成的人员伤亡和财产损失。通过强迫行洪可抗御 20 世纪海河流域曾发生的最大洪水。基本建成现代化防汛指挥系统和社会化救灾体系，形成全社会协同互助的洪水管理、防洪减灾机制。到 2030 年的规划目标是 4 级以上堤防全部达到国家规范标准；蓄滞洪区能按标准启用；各河系中下游地区达到规定的防洪标准；支流河道及中小河流得到整治；海堤达到防潮标准；地级以上城市达到规定的防洪标准；平原排涝区达到规定的排涝标准；杜绝山洪灾害造成的群死群伤事件，财产损失减少到可控范围内。在发生常遇和较大洪水时，防洪工程体系可以有效地运用，流域的经济活动和社会不受影响，保持正常的运作；发生标准洪水时，防洪保护区内重要城市及交通等基础设施和村庄、农田可得到有效保护。当发生超标准洪水时，流域经济社会活动不致发生动荡及造成严重的环境问题。

目前，海河流域已形成由水库、河道、堤防、蓄滞洪区组成的防洪工程体系，通过强迫行洪可抗御 20 世纪曾发生的最大洪水（北系 1939 年型洪水，南系 1963 年型）。流域内山区大型水库 33 座，防洪库容 81 亿 m³，控制了流域山区面积的 84%；开挖、疏浚骨干行洪河道 50 多条，海河水系设计入海能力达 2.47 万 m³/s；流域现有堤防总长 9000 余千米，其中各河系干流 1~3 级堤防规划建设总长 7060km，达标 3453km；蓄滞洪区 28 处，设计蓄滞洪总量 198 亿 m³。

6.2.2　主要河流行洪能力评估

海河流域骨干河流包括滦河、北运河、潮白河、蓟运河、永定河、大清河、子牙河、漳卫河和南运河以及海河干流，上述河流总长度约 3944km。10 条骨干河流均承担防洪任务，承担平原防洪保护区任务的河段长度约 2457km，占河流总长度的 62%。

按现状河道及堤防工程分析，永定河三家店以下河段、大清河南拒马河及独流减河河段、子牙河滹沱河及滏阳新河河段、漳卫南运河的卫运河河段、南运河以及海河干流等河段基本达到防洪规划确定的设计行洪标准，达到防洪标准的河道长度 1383km，占防洪河段总长度的 56%。

未达到防洪标准的河流主要分布在蓟运河、潮白河、北运河和大清河等，河道长度约 1074km，占防洪河段总长度的 44%。滦河干流承担着京唐港及曹妃甸工业区等防洪目标的防洪任务，汀流河以下段行洪能力仅 10 000m³/s，相当于规划行洪流量的 40%，行洪标准仅为 5 年一遇，与 50 年一遇规划标准差距较大。蓟运河下游段承担着天津滨海新区塘沽和中心生态城等重要区域的防洪任务，阎庄以下一些河段现状行洪能力仅 400m³/s，既不满足 20 年一遇原规划行洪要求，更不满足塘沽及中心生态城等重要城市区域的防洪要求。潮白河和北运河承担着北京通州副中心的防洪任务，两河原治理标准为 20 年一遇，2008 年《海河流域防洪规划》将两河道规划防洪标准提高到了 50 年一遇，规划标准提标后仅对部分河段进行了治理，防洪体系尚不满足 50 年一遇防洪要求。大清河承担着雄安新区和天津城区的防洪任务，大清河北支白沟河、新盖房分洪道行洪能力分别为 2000m³/s 和 2500m³/s，行洪标准仅为 10 年一遇，南支潴龙河也不满足规划行洪标准要求。子牙河行洪能力的薄弱河段集中在子牙新河，子牙新河规划设计行洪流量 5500m³/s，现状行洪能力 4000m³/s 左右。漳卫河两大支流河道漳河和卫河均未达到规划设计行洪流量要求，漳河大名泛区以上段设计行洪流量 3000m³/s，现状行洪能力 2000m³/s；卫河洪水通过多个坡洼蓄滞洪区和河道排泄共同防御 50 年一遇设计标准洪水，目前坡洼和河道均为按设计标准进行治理，防洪能力仅为 20 年一遇左右，卫河干流安阳河口以下段现状行洪能力 1500m³/s，不满足 2500m³/s 规划要求。

海河流域骨干河流行洪能力复核成果见表 6-4。

表6-4 海河流域主要行洪河道行洪能力情况

序号	河流（河段）基本情况							河道防洪能力				达标情况
	河流名称	流域面积/km²	河流长度/km	河段名称	河段位置 起点	河段位置 终点	河段长度/km	实际 泄洪能力/(m³/s)	实际 相应标准/年	规划 泄洪能力/(m³/s)	规划 相应标准/年	
1	滦河	11 269	196	京山铁路桥—汀流河段	京山铁路桥	汀流河镇	27	20 000	30	25 000	50	未达标
2	滦河	11 269	196	汀流河—袁庄段	汀流河镇	袁庄	14	15 000	20	25 000	50	未达标
3	滦河	11 269	196	袁庄—入海口段	袁庄	入海口	34	10 000	5	25 000	50	未达标
4	北运河	4 990	195.7	温榆河	沙河闸	曹碾橡胶坝	12.6	890	20	1 260	50	未达标
5	北运河	4 990	195.7	温榆河	曹碾橡胶坝	北关	34.9	1 400	50	1 400	50	达标
6	北运河	4 990	195.7	北关—甘棠	北关	甘棠	11	1 766	50	1 766	50	达标
7	北运河	4 990	195.7	甘棠—杨洼闸	甘棠	杨洼闸	25	1 000~1 300	20	2 220~2 410	50	未达标
8	北运河	4 990	195.7	杨洼闸—土门楼	杨洼闸	土门楼	15	1 000~1 100	10	1 980~2 220	50	未达标
9	北运河	4 990	195.7	木厂闸—筐儿港	木厂闸	筐儿港	41.4	300	50	300	50	达标
10	潮白河	4 284	287.6	潮白河	苏庄	白庙	14.8	2 000	20	3 200	50	未达标
11	潮白河	4 284	287.6	潮白河	白庙	吴村闸上	25.7	2 850~3 600	不足50	2 850~3 660	50	未达标
12	潮白河	4 284	287.6	潮白河	吴村闸下	里自沽闸	60	2 160~3 600	50	2 160~3 600	50	达标
13	潮白河	4 284	287.6	潮白新河	里自沽闸	乐善	24	2 100	20	3 060	50	未达标
14	潮白河	4 284	287.6	潮白新河	乐善	宁车沽闸	15	3 060	50	3 060	50	达标
15	蓟运河	8 297	197.9	九王庄—阎庄	九王庄	阎庄	106	400	约20	400~550	20	达标
16	蓟运河	8 297	197.9	阎庄—蓟运河防潮闸	阎庄	蓟运河防潮闸	48	400（局部城区段1 300）	约5（局部城区段为20年）	1 300	20	未达标

续表

| 序号 | 河流（河段）基本情况 | | | | | | | 河道防洪能力 | | | | 达标情况 |
| | 河流名称 | 流域面积/km² | 河流长度/km | 河段名称 | 河段位置 | | 河段长度/km | 实际 | | 规划 | | |
					起点	终点		泄洪能力/(m³/s)	相应标准/年	泄洪能力/(m³/s)	相应标准/年	
17	永定河	43 683	697.3	三家店—卢沟桥	三家店	卢沟桥	17	6 200	100	6 200	100	达标
18	永定河	43 683	697.3	卢沟桥—梁各庄	卢沟桥	梁各庄	57	2 500	100	2 500	100	达标
19	永定河	43 683	697.3	永定新河	屈家店枢纽	北京排污河口	26	1 400	100	1 400	100	达标
20	永定河	43 683	697.3	永定新河	北京排污河口	潮白新河口	29	1 640	100	1 640	100	达标
21	永定河	43 683	697.3	永定新河	潮白新河口	防潮闸	8	4 640	100	4 640	100	达标
22	大清河	36 780	488.4	白沟河	二龙坑	白沟	53	2 000	约15	3 200	25	未达标
23	大清河	36 780	488.4	南拒马河	北河店	东马营	32.7	3 500	25	3 500	25	达标
24	大清河	36 780	488.4	白沟引河	引河闸下	留通	12	400	—	500	—	未达标
25	大清河	36 780	488.4	新盖房分洪道	新盖房闸下	刘家铺	31	2 000~2 500	约10	5 500	100	未达标
26	大清河	36 780	488.4	潴龙河	人淀口	陈家村	49.7	1 000	10	2 300	50	未达标
27	大清河	36 780	488.4	潴龙河	陈村分洪道	北郭村	30.8	1 500	10	5 700	50	未达标
28	大清河	36 780	488.4	陈村分洪道	分洪口	南圈头	28	800	10	3 400	50	未达标
29	大清河	36 780	488.4	唐河	人淀口	东石桥	23	2 000	10	3 500	20	未达标
30	大清河	36 780	488.4	唐河	东石桥	铁路桥	68	300~800	10	1 190	20	未达标
31	大清河	36 780	488.4	赵王新河	枣林庄	王村闸	20	2 700	20	5 860	100	未达标
32	大清河	36 780	488.4	赵王新河	王村闸	任庄子	21	1 800	不足20	2 700	20	未达标
33	大清河	36 780	488.4	独流减河	进洪闸	防潮闸	67.5	3 600	50	3 600	50	达标
34	子牙河	29 757	725.4	滹沱河	黄壁庄水库	北中山	110	3 300	约50	3 300~4 200	50	达标
35	子牙河	29 757	725.4	滹沱河	北中山	姚庄	61	3 000	约50	3 450~3 100	50	达标

续表

序号	河流（河段）基本情况							河道防洪能力				
	河流名称	流域面积/km²	河流长度/km	河段名称	河段位置		河段长度/km	实际		规划		达标情况
					起点	终点		泄洪能力/(m³/s)	相应标准/年	泄洪能力/(m³/s)	相应标准/年	
36	子牙河	29 757	725.4	滏阳新河	艾辛庄	献县	131	2 800	50	2 800	50	达标
37	子牙河	29 757	725.4	子牙新河	献县枢纽	海口	143	4 000	30	5 500	50	未达标
38	漳卫河	13 001	735	漳河	京广铁路桥	东王村	61	2 000	约30	3 000	50	未达标
39	漳卫河	13 001	735	漳河	东王村	徐万仓	37	1 300~1 500	不足50	1 500	50	未达标
40	漳卫河	13 001	735	卫河	淇门	老观嘴	65	250~300	20	400	50	未达标
41	漳卫河	13 001	735	卫河	老观嘴	浚内沟口	0.9	1 500~1 800	20	2 000	50	未达标
42	漳卫河	13 001	735	卫河	浚内沟口	安阳河口	24	1 680~1 800	20	2 000	50	未达标
43	漳卫河	13 001	735	卫河	安阳河口	徐万仓	85	1 500~2 200	20	2 500	50	未达标
44	漳卫河	13 001	735	共产主义渠	刘庄闸	老观嘴	44	250	20	400	50	未达标
45	漳卫河	13 001	735	卫运河	徐万仓	四女寺闸	151	4 000	50	4 000	50	达标
46	漳卫河	13 001	735	岔河	四女寺闸	大王铺	43	2 000	50	1 970	50	达标
47	漳卫河	13 001	735	减河	四女寺闸	大王铺	52.5	1 500	约50	1680	50	达标
48	漳卫河	13 001	735	漳卫新河	大王铺	辛集闸	70	3 500	约50	3 650	50	达标
49	漳卫河	13 001	735	漳卫新河	辛集闸	人海口	37	1 500~1 000	20	3 650	50	未达标
50	南运河	—	347.3	南运河	四女寺	捷地闸	186	150~300	50	150	50	达标
51	海河干流	2 066	73	海河干流	子北汇流口	海河防潮闸	73	800	—	800	—	达标

6.2.3　重要防洪保护目标及防洪保护区洪水标准复核

1. 城市防洪

海河流域有防洪需求的城市共 24 个，其中全国重点、重要防洪城市为北京市、天津市、石家庄市、邯郸市，北京市、天津市已达设计防洪标准 200 年，石家庄市基本达到防洪标准 200 年，邯郸市现状为 50 年，未达到 100 年防洪标准。

24 个城市中，达标或基本达标的城市个数为 13 个（表 6-5），达标率 54%。

表 6-5　海河流域防洪城市防洪达标情况

序号	城市名称 （地级及以上）	重要性	建成区面积/km²	城区常住人口/万人	现状防洪标准	规划防洪标准	是否达标
1	北京市	全国重点	1469.05	1879.6	200	200	达标
2	天津市	全国重点	1077.83	1295.47	200	200	达标
3	石家庄市	全国重要	309.12	632.65	200	200	基本达标
4	邯郸市	全国重要	188.55	530.77	50	100	未达标
5	沧州市		83.66	394.48	20	50	未达标
6	廊坊市		69.66	219.52	20	50	未达标
7	衡水市		75.59	230.41	50	50	达标
8	德州市		160.06	311.45	50	50	达标
9	安阳市		87	217.2176	20~50	100	未达标
10	鹤壁市		64.12	92.1026	20	50	未达标
11	新乡市		124.76	190.8558	10~20	100	未达标
12	唐山市		249	401.88	100	100	基本达标
13	秦皇岛市		138.43	156.75	20	100	未达标
14	邢台市		105.89	374.21	50	50	达标
15	保定市		195	584.48	20~50	100	未达标
16	张家口市		100.94	227.8	20	100	未达标
17	承德市		78.02	162.25	20~50	50	基本达标
18	大同市		125.2	204.4242	100	100	达标
19	阳泉市		62.2	93.5845	100	100	基本达标
20	长治市		59.3	169.7992	50	50	基本达标
21	聊城市		110.94	292.78	20	50	未达标
22	滨州市		142.4	111.8833	50	50	达标
23	焦作市		113.3	120.5165	20	50	未达标
24	濮阳市		63	119.55	50	50	基本达标

2. 防洪保护区

海河流域有 25 个集中连片防洪保护区（表6-6），其中，滦河下游平原、蓟运河两岸平原、潮白北运平原、永定河左岸平原、淀西平原、淀东清南平原、淀东清北平原、天津市防洪圈、大港平原、滏阳河洼地上游平原、漳滏区间、滏阳新河两岸平原、卫河平原、漳卫区间、黑龙港南部及运东、徒马平原等平原区保护区共 21 个，主要分布在滦河、北运河、潮白河、蓟运河、永定河、大清河、子牙河、漳卫河等骨干河流平原区两岸堤防保护范围；滹沱河上游两岸、桑干河两岸、洋河两岸、长治盆地浊漳南源山丘区保护区共 4 个。集中连片防洪保护区总面积 123 865km²，区内人口 10 739 万人，耕地 66 488km²。其中，未达标的主要分布在滦河下游平原、蓟运河两岸平原、淀西平原、滏阳河洼地上游平原、卫河平原、潮白北运平原、淀东清南平原、淀东清北平原、黑龙港南部及运东、漳卫区间、大港平原、运东北部平原、雄安新区起步区、北京城市副中心，面积 52 179km²，人口 4508 万人，耕地 30 118km²，防洪保护区受保护面积达标率为 58%。

重要防洪目标为北京市城区、天津市城区、雄安新区起步区、北京城市副中心。北京市、天津市城区防洪圈基本形成，已基本达到 200 年一遇防洪标准。雄安新区防洪标准 50～200 年一遇，防洪工程正在逐步建设，白洋淀、新盖房分洪道、赵王新河等有关治理工程尚未开工，尚不能满足超 50 年一遇防洪标准。北京城市副中心防洪工程尚未完全完工，防洪标准不满足 100 年一遇要求。

表 6-6 海河流域重要防洪保护目标及防洪保护区达标情况

防洪保护区名称	面积 /km²	保护人口 /万人	保护耕地 /km²	现状防洪标准	规划防洪标准	现状达标情况
滦河下游平原	1 895	105	1 068	5	50	未达标
蓟运河两岸平原	4 525	467	2 124	5	20	未达标
淀西平原	9 020	842	5 805	10	50	未达标
滏阳河洼地上游平原	3 270	304	2 281	5	50	未达标
卫河平原	5 086	416	2 941	20	50	未达标
潮白北运平原	2 139	300	1 371	10	50	未达标
淀东清南平原	4 382	411	2 882	10	50	未达标
滹滏区间	6 929	461	3 913	50	50	达标
滦河冀东沿海	4 715	242	2 238	10	50	未达标
淀东清北平原	3 109	308	1 827	10	50	未达标
黑龙港南部及运东	9 920	634	5 546	20	50	未达标

防洪保护区名称	面积 /km²	保护人口 /万人	保护耕地 /km²	现状防 洪标准	规划防 洪标准	现状达 标情况
漳卫区间	1 026	120	756	20	50	未达标
徒马平原	31 625	1 812	15 271	50	50	基本达标
永定河左岸平原	2 140	1 435	1 118	100	100	达标
天津市防洪圈	3 010	858	658	200	200	达标
大港平原	1 073	63	414	30	50	未达标
滏阳新河两岸平原	7 373	576	5 114	50	50	达标
黑龙港西部平原	2 809	312	2 396	50	50	达标
运东北部平原	1 650	106	865	30	50	未达标
滹沱河上游两岸	3 304	144	1 466	20	20	基本达标
桑干河两岸	9 367	409	4 157	20	20	基本达标
洋河两岸	3 897	170	1 730	20	20	基本达标
长治盆地浊漳南源	1 232	54	547	20	20	基本达标
雄安新区起步区	214	100	0	50	200	未达标
北京城市副中心	155	90	0	50	100	未达标

6.2.4　海河流域洪水防御体系安全保障程度评价

1. 评价方法

本次洪水防御体系从防洪能力进行指标设计,并根据指标的赋值对流域现状的防御体系保障程度进行评价,查找防洪工程建设、监测预报预警、工程调度和防洪区管理等方面的短板,有针对性地提出提高洪水防御能力的具体措施建议。

指标设计坚持综合客观、简明定量、科学可行的原则,分两级 10 个指标,一级 4 个指标,包括防洪工程达标率、洪水预报预警能力、工程联合调度能力和防洪区管理实施率。防洪工程达标率包括 4 个二级指标,即大江大河堤防达标率、防洪库容达标率、城市防洪达标率、蓄滞洪区蓄洪能力达标率;洪水预报预警能力包括 2 个二级指标,即洪水预报甲等精度比率和主要河流控制断面洪水预警发布率;工程联合调度能力的二级指标为水库防洪联合调度覆盖率;防洪区管理实施率包括 3 个二级指标,即河道行洪通畅率、蓄滞洪区安全设施保障率、建筑物防洪技术规范覆盖率等,如图 6-1 所示。

各项指标的具体含义如下。

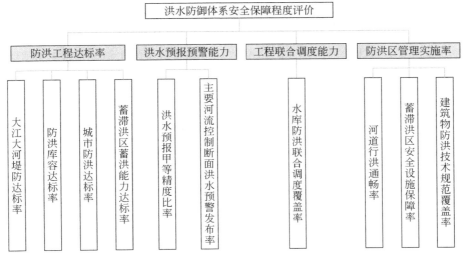

图 6-1 洪水防御体系安全保障程度评价指标层次

（1）大江大河堤防达标率：指大江大河现有防洪堤防达到相关规划要求防洪标准的长度占堤防总长度的比例。

（2）防洪库容达标率：指大（二）型以上水库的现状防洪库容占规划防洪总库容的比率。

（3）城市防洪达标率：指防洪能力达到我国防洪标准要求的城市数量占具有防洪任务的城市总数的比例。

（4）蓄滞洪区蓄洪能力达标率：指蓄滞洪区现状蓄洪能力占规划蓄洪能力的比例。

（5）洪水预报甲等精度比率：指全国汛期洪水预报方案精度达到甲等的水文站数量占编制洪水预报方案水文站总数的比例。

（6）主要河流控制断面洪水预警发布率：指全国发布预警指标的主要河流控制断面数占主要河流控制断面总数的比例。

（7）水库防洪联合调度覆盖率：指已具有防洪联合调度方案或系统的水库数量占根据规划需开展防洪联合调度的水库总数量的比例。

（8）河道行洪通畅率：能正常行洪的河段长度占河道总长度的比例。

（9）蓄滞洪区安全设施保障率：指蓄滞洪区内安全设施可安置人口数占蓄滞洪区总人数的比例。

（10）建筑物防洪技术规范覆盖率：指防洪区内有建筑物防洪技术规范的区域面积占防洪区总面积的比例。

采用式（6-1）进行洪水防御体系保障程度的评价。

$$K = \sum_{i=1}^{n} \lambda_i \alpha_i \qquad (6-1)$$

式中，K 为防御体系保障程度综合指数；α_i 为各指标所对应指数；λ_i 为各指标在其所处层级的权重。各指标的具体取值按照实际情况填写，其所对应的指数阈值及权重根据专家经验判断确定。指数及权重对应关系见表6-7。

表6-7　评价指标指数对应关系及权重赋值

一级指标及权重	一级指标	防洪工程达标率				洪水预报预警能力		工程联合调度能力		防洪区管理实施率	
	一级指标权重	0.6				0.13		0.07		0.2	
二级指标及权重	二级指标	大江大河堤防达标率	防洪库容达标率	城市防洪达标率	蓄滞洪区蓄洪能力达标率	洪水预报甲等精度比率	主要河流控制断面洪水预警发布率	水库防洪联合调度覆盖率	河道行洪通畅率	蓄滞洪区安全设施保障率	建筑物防洪技术规范覆盖率
	二级指标占一级指标比例/%	40	25	10	25	46	54	100	35	35	30
	二级指标权重	0.24	0.15	0.06	0.15	0.06	0.07	0.07	0.07	0.07	0.06
二级指标赋值表	(80, 100]	80~100	80~100	80~100	80~100	80~100	80~100	80~100	80~100	80~100	80~100
	(60, 80]	60~80	60~80	60~80	60~80	60~80	60~80	60~80	60~80	60~80	60~80
	(40, 60]	40~60	40~60	40~60	40~60	40~60	40~60	40~60	40~60	40~60	40~60
	[0, 40]	0~40	0~40	0~40	0~40	0~40	0~40	0~40	0~40	0~40	0~40

在计算得到防御体系保障程度评价指数后，对防御体系保障的安全程度进行评价，评价标准见表6-8。

表6-8　洪水防御保障程度等级划分标准

洪水防御保障程度指数	洪水防御保障程度
(80, 100]	高
(60, 80]	较高
(40, 60]	中
[0, 40]	低

2. 评价结果

海河流域各指标取值情况如下。

1）大江大河堤防达标率

《海河流域防洪规划》（2018 年）范围共有骨干堤防 3535km，其中Ⅰ级堤防总长约 599km；Ⅱ级堤防总长约 2936km。截至 2018 年，完成Ⅰ级堤防达标建设 262.5km，堤防达标率为 43.82%；完成Ⅱ级堤防达标建设 1588.39km，堤防达标率为 54.10%。

2）防洪库容达标率

水利部海河水利委员会直管的潘家口、大黑汀、岳城水库，现状总防洪库容 14.55 亿 m^3，规划防洪库容 14.55 亿 m^3。规划建设的 33 座大型水库中，除双峰寺大型水库正处于试验性蓄水阶段外，其余 32 座大型水库均能按照设计正常发挥防洪作用，因此，防洪库容达标率按 32/33 计算，约为 97%。

3）城市防洪达标率

根据《海河流域防洪规划》（2008 年），具有防洪任务的城市有 24 个，目前达标或基本达标的城市有 13 个，达标率为 54.17%。

4）蓄滞洪区蓄洪能力达标率

根据《海河流域防洪规划》（2008 年），海河流域 28 处蓄滞洪区设计蓄量 198 亿 m^3，根据 2020 年蓄滞洪区现状统计资料，现状蓄量约为 193.95 亿 m^3，蓄滞洪区蓄洪能力达标率为 97.95%。

5）洪水预报甲等精度比率

海河流域现有预报断面 236 个，其中 7 个预报断面的精度评定为甲级，洪水预报甲等精度比率为 2.97%。

6）主要河流控制断面洪水预警发布率

水利部海河水利委员会负责发布潘家口、大黑汀、岳城水库预警信息，故主要河流控制断面总数为 3，发布预警指标的主要河流控制断面数为 3，主要河流控制断面洪水预警发布率为 100%。

7）水库防洪联合调度覆盖率

根据现行调度方案，明确水库有联合调度运用任务的有 7 座，根据规划需开展防洪联合调度的水库有 29 座，水库防洪联合调度覆盖率为 24.14%。

8）河道行洪通畅率

水利部海河水利委员会负责海河流域片（京津冀晋）"清四乱"专项行动跟踪检查，主要包括流域片流域面积 1000km² 以上的 84 条河流，河道总长 10 498km。截至 2020 年 5 月，84 条河道内基本无危及行洪安全的乱占乱建现象，正在实施清除的要求在汛前清障完毕，河道行洪通畅率为 100%。

9）蓄滞洪区安全设施保障率

根据 2019 年蓄滞洪区基本情况，海河流域内蓄滞洪区总人数为 622.78 万人，现状蓄滞洪区内安全设施可安置人口数为174万人，蓄滞洪区安全设施保障率为27.94%。

10）建筑物防洪技术规范覆盖率

目前海河流域只有蓄滞洪区、行洪区内的建筑按照规范要求建设，流域防洪区总面积为135 800km²，洪泛区和蓄滞洪区总面积为12 161km²，因此，建筑物防洪技术规范覆盖率为8.96%。

各指标的具体取值见表6-9和图6-2，根据指数对应关系进行线性插值及权重系数赋值得到的指数评价值见表6-10。

表6-9　海河流域洪水防御保障程度评价指标取值　　　　（单位：%）

指标	取值	指标	取值
大江大河堤防达标率	52.36	主要河流控制断面洪水预警发布率	100
防洪库容达标率	97.00	水库防洪联合调度覆盖率	24.14
城市防洪达标率	54.17	河道行洪通畅率	100
蓄滞洪区蓄洪能力达标率	97.95	蓄滞洪区安全设施保障率	27.94
洪水预报甲等精度比率	2.97	建筑物防洪技术规范覆盖率	8.96

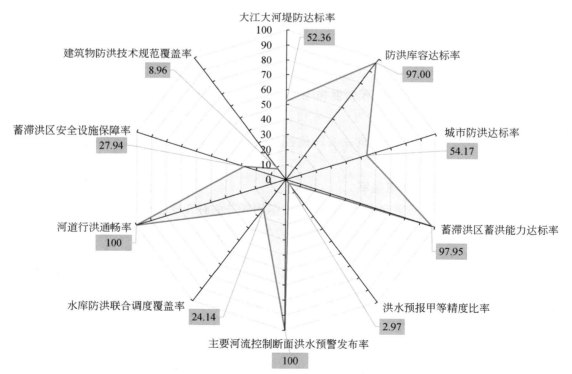

图6-2　海河流域洪水防御体系评价各二级指标得分雷达图（单位：%）

表6-10　海河流域洪水防御保障程度评价指数

保障程度指数	63.42									
一级指标	防洪工程达标率				洪水预报预警能力		工程联合调度能力		防洪区管理实施率	
一级指标指数（一级指标权重×一级指标赋值）	45.059				7.178		1.690		9.493	
一级指标权重	0.6				0.13		0.07		0.2	
一级指标赋值（二级指标指数之和）	75.099				55.217		24.140		47.467	
二级指标	大江大河堤防达标率	防洪库容达标率	城市防洪达标率	蓄滞洪区蓄洪能力达标率	洪水预报甲等精度比率	主要河流控制断面洪水预警发布率	水库防洪联合调度覆盖率	河道行洪通畅率	蓄滞洪区安全设施保障率	建筑物防洪技术规范覆盖率
二级指标指数	20.94	24.25	5.42	24.49	1.37	53.85	24.14	35	9.78	2.69
二级指标赋值	52.36	97	54.17	97.95	2.97	100	24.14	100	27.94	8.96
二级指标权重	0.40	0.25	0.10	0.25	0.46	0.54	1	0.35	0.35	0.30

经评价，海河流域防洪工程达标率、洪水预报调度能力、工程联合调度能力和防洪管理实施率得分分别为75.099、55.217、24.140和47.467，洪水防御保障程度指数为63.42，根据洪水防御保障程度等级划分标准，海河流域洪水防御保障程度较高（图6-3）。

6.2.5　流域应对重大洪涝灾害的短板、问题和薄弱环节分析

通过评价，海河流域洪水防御体系安全保障程度整体达到较高水平，但呈现"一高三低"局面，短板明显。防洪工程达标率相对较高（75.099分），但精准洪水预报预警能力（55.217分）和工程联合调度能力（24.140分）急需提升，基于洪水风险的防洪区管理能力还比较薄弱（47.467分）。

1）防洪工程措施方面

堤防工程和城市防洪达标率是工程措施的最短板，如滦河干流袁庄以下右岸防洪大堤尚未建成，河口段标准较低；永定河由于地面自然沉降，部分堤段超高未达到设计标准；大清河系的雄安防洪体系尚未建立，中游支流河道尚未按规划治理；子牙新河堤防工程年

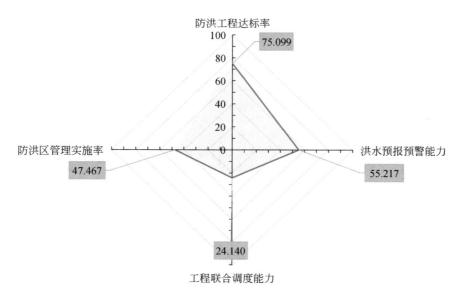

图 6-3　海河流域洪水防御体系评价各一级指标得分雷达图

久失修，险工险段众多，加上堤防沉降，不满足规划要求；漳河岳城水库以下河道堤防未达标，卫河部分河段堤防超高不足，险工险段多。在达标建设方面应该优先考虑，并且应该注重工程的维护。

2）洪水预报预警方面

海河流域截至 2019 年底有 5473 个报汛站资料向流域机构报送，基本建成了覆盖流域的雨、水、工情站点网络。但受流域特殊地理位置、气候条件、河系特征和资料序列等影响，其洪水预测预报难度最大，洪水预报甲等精度比率仅为 2.97%，远远低于七大流域的平均水平。

3）工程联合调度方面

海河流域根据规划需开展防洪联合调度的水库有 29 座，实际已具有防洪联合调度运用任务和能力的水库仅 7 座，水库防洪联合调度覆盖率仅 24.14%，亟待提高。

4）防洪区管理方面

海河流域蓄滞洪区安全设施保障率和建筑物防洪技术规范覆盖率是防洪区管理方面的薄弱环节。流域 28 个蓄滞洪区内的安全设施保障率仅为 27.94%，安全建设普遍比较滞后；我国针对洪泛区和蓄滞洪区的建筑物防洪技术与规范已发布，但没有制定防洪保护区建筑物的防洪技术规范，建筑物防洪技术规范覆盖率仅为 8.96%。从各项指标分值来看，蓄滞洪区安全和避难转移设施的建设、建筑物防洪技术规范的推广急需在前期已有基础上，制定可行计划并逐步实施。

6.3 洪水防御格局研究

6.3.1 流域防御洪水体系的建设目标

根据未来流域经济社会发展布局，提出完善流域防御洪水体系的分阶段建设目标。

2035 年目标：防洪工程体系基本完善。流域防洪工程体系进一步完善，实现"上能蓄能调、中能疏能滞、下能排能泄"。流域中下游重点防洪保护区达到规划防洪标准，河北雄安新区起步区及外围五组团、北京城市副中心等重要城市防洪安全得到保障，形成与京津冀协同发展产业布局相适应的防洪布局。

2050 年目标：防洪薄弱环节全面消除，防洪减灾保障程度整体提高，流域水旱灾害损失降低到最低程度。杜绝山洪灾害造成的群死群伤事件，财产损失减少到可控范围内。发生标准洪水时，防洪保护区内重要城市及交通等基础设施和村庄、农田可得到有效保护。当发生超标准洪水时，流域经济社会活动不致发生动荡及造成严重的环境问题。

6.3.2 流域防御洪水体系的防洪格局和总体方略

1. 防洪格局

1）防洪工程体系建设布局

完善"分区防守、分流入海"的流域防洪格局，即以滹沱河北大堤、子牙新河左堤和永定河左堤等一级堤防为重点，实现流域洪水分区防守，各河系洪水分别单独入海。在此框架下，以河系为单元，按照"上蓄、中疏、下排，适当地滞"的防洪方针，构建以河道堤防为基础、大型水库为骨干、蓄滞洪区为依托的防洪工程体系。

发源于山区背风区的滦河、潮白河、永定河、滹沱河和漳河等，主要依靠潘家口、密云、官厅、岗南、黄壁庄和岳城等水库控制；发源于山区迎风坡的蓟运河、北运河、大清河、滏阳河和卫河等，主要利用青甸洼、大黄堡洼、文安洼、大陆泽和白寺坡等蓄滞洪区缓洪滞洪，并通过进退洪可控建筑物实现分洪水量控制，减少淹没损失；滦河、潮白新河、永定新河、海河干流、独流减河、子牙新河和漳卫新河等尾闾河道承担宣泄洪水入海的任务。

2）重要区域防洪布局

A. 雄安新区

雄安新区起步区防洪标准为 200 年一遇，五个外围组团防洪标准为 100 年一遇，其他特色小城镇防洪标准原则上为 50 年一遇。雄安新区起步区现状防洪标准约 20 年一遇，为保雄安新区的防洪安全，需提前启用文安洼小关分洪。

自 2017 年开始，河北省按年度编制雄安新区起步区安全度汛方案，按照雄安新区起步区防御 50 年一遇洪水的要求，对白洋淀蓄滞洪区的分洪运用方案进行调整，明确规划建设阶段洪水防御措施。度汛方案经水利部批复后执行。2018 年，河北省编制了《河北雄安新区防洪专项规划》，针对大清河流域洪水特点，按照《河北雄安新区规划纲要》设定的新区建设规模、规划布局、防洪安全体系建设要求，提出了新区防洪的指导思想、原则和规划目标，明确了"分区设防、重点保障"的防洪工程总体布局。

新区防洪布局。起步区按白洋淀 200 年一遇洪水位设防，北部利用南拒马河右堤、白沟引河右堤拦挡北支洪水，容城、安新县城位于此体系内，同时达到防洪标准受到保护。雄县利用新盖房分洪道右堤、白沟引河左堤、新安北堤（白沟引河—十里铺）、老千里堤（十里铺—枣林庄）和赵王新河左堤，构建 100 年一遇防洪圈。寨里组团通过障水埝围堤与新区西部边界形成自身封闭圈达到防御 100 年一遇洪水的要求。昝岗组团利用新盖房分洪道左堤、白沟河左堤达到 100 年一遇防洪标准。

南支防洪布局。南支在《海河流域防洪规划》（2008 年）确定的布局基础上，充分利用上游大中型水库调蓄洪水，加强入淀河流综合治理，加高加固新安北堤、障水埝、淀南新堤及四门堤等。在淀区围堤分洪处建设分洪控制工程，提高洪水的可控性。发挥白洋淀及其南部、西部生态滞洪湿地调蓄洪水作用。结合白洋淀水生态、水环境治理进行淀区开卡除塅，提高白洋淀的行洪能力；枣林庄枢纽改建。

北支防洪布局。北支在《海河流域防洪规划》（2008 年）确定的布局基础上，加强南、北拒马河及其他河道的综合治理。加高加固南拒马河右堤、白沟河左堤等，兴建兰沟洼分洪、退水控制工程，加强蓄滞洪区工程和安全设施建设，有效利用蓄滞洪区。远期进一步研究张坊水库的防洪作用以及修建南、北拒马河控制分流工程的必要性。

中下游防洪布局。扩挖赵王新河，扩大白洋淀下泄能力；扩建王村分洪闸。实施东淀、文安洼、贾口洼蓄滞洪区建设，并对新盖房分洪道进行综合治理。

B. 北京城市副中心

北京城市副中心防洪标准为 100 年一遇。其防洪主要依靠周边干流河道堤防及宋庄蓄滞洪区来保障。区域内温榆河、北运河、潮白河、运潮减河规划防洪标准为 50～100 年一遇。

实施宋庄蓄滞洪区配套工程，新建拦河闸、分洪闸、分洪道等配套工程，保障城市副中心100年一遇防洪标准。宋庄蓄滞洪区滞蓄水量900万 m³，面积330hm²，启用标准为50年一遇。

治理温榆河、北运河、运潮减河、潮白河等骨干河道，使其堤防达标。其中，温榆河防洪标准由20年一遇提高至50年一遇，分洪工程以上局部河段堤防应满足100年一遇行洪要求。北运河干流北关闸—榆林庄闸，考虑城市副中心100年一遇防洪标准的要求，上游实施宋庄蓄滞洪区及温潮减河工程后，此段河道100年一遇的设计洪峰流量为1766m³/s，现状甘棠以上河道大部分堤防已按50年一遇标准进行治理，需按100年一遇一级堤防的超高要求复堤。北运河干流榆林庄闸以下河道防洪标准仍为50年一遇。

规划在通州北部、温榆河与潮白河之间开辟温潮减河工程。启用标准为20年一遇。

2. 总体方略

进一步完善"分区防守、分流入海"的防洪格局，继续贯彻"上蓄、中疏、下排、适当地滞"的防洪方针，构建以河道堤防为基础、大型水库为骨干、蓄滞洪区为依托，工程措施与非工程措施相结合的综合防洪减灾体系。

3. 分阶段保障目标

针对防洪体系"一高三低"局面，加强防洪工程体系，健全特大洪涝灾害防御基础；提升洪水预报预警能力、洪水调度能力和风险管理水平，全面提高流域特大洪涝灾害的有序应对水平。实现到2035年流域洪水防御保障程度指数提高至76.8，接近"较高"级别的上限；2050年提高至90.5，保障程度提升至"高"（表6-11、图6-4和图6-5）。具体如下。

表6-11　海河流域洪水防御保障程度评价指标分阶段目标　　　（单位:%）

序号	指标	现状	2035年	2050年
1	大江大河堤防达标率	52.36	70	90
2	防洪库容达标率	97	100（保持）	100（保持）
3	城市防洪达标率	54.17	70	90
4	蓄滞洪区蓄洪能力达标率	97.95	100	100
5	洪水预报甲等精度比率	2.97	30	50
6	主要河流控制断面洪水预警发布率	100	100（保持）	100（保持）
7	水库防洪联合调度覆盖率	24.14	50	80
8	河道行洪通畅率	100	100（动态）	100（动态）

序号	指标	现状	2035 年	2050 年
9	蓄滞洪区安全设施保障率	27.94	50	70
10	建筑物防洪技术规范覆盖率	8.96	50	100

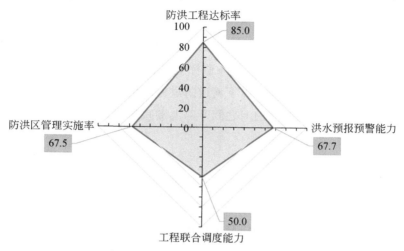

图 6-4　海河流域洪水防御体系评价各一级指标得分雷达图（到 2035 年）

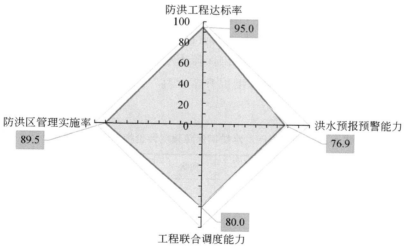

图 6-5　海河流域洪水防御体系评价各一级指标得分雷达图（到 2050 年）

1）全面加强流域防洪工程体系达标提质建设

落实"上蓄、中疏、下排、适当地滞"的流域防洪工程布局，加强河道、水库、堤防、蓄滞洪区等防洪工程体系达标提质、补短板建设；加快防洪工程自身安全保障体系建设，消除防洪安全隐患。到 2035 年，实现大江大河堤防达标率由现状的 52.36% 提高至

70%，防洪库容达标率达到100%，并动态保持，城市防洪达标率由现状54.17%提高至70%，蓄滞洪区蓄洪能力达标率达到100%，防洪工程总体达标率得分85.0，达到高等水平；到2050年，实现大江大河堤防达标率继续提高至90%，防洪库容达标率动态保持100%，城市防洪达标率提高至90%，蓄滞洪区蓄洪能力达标率保持100%，防洪工程总体达标率得分95.0，维持高等水平。

2）全面提升洪水精准预测预报能力和预警覆盖率

以流域各河系干流及主要支流、中小河流有防洪预报任务的断面的洪水预报方案精度提升为核心，不断扩大中小河流洪水预警覆盖度。加强流域洪水预报技术方法的基础性和攻关性研究，推进山前平原河道洪水监测工程建设，形成流域特大洪水"空天地"一体化监测与评估技术体系，推行基于多情景和多方案的流域特大洪涝灾害应对预案编制方法，加强应急预案体系建设，建立特大洪涝灾害防御预案审批备案制度。到2035年，实现洪水预报甲等精度比率由现状的2.97%提高至30%，主要河流控制断面洪水预警发布率动态保持100%，流域总体洪水预报预警能力突破至较高水平，得分67.7；到2050年，实现洪水预报甲等精度比率提高至50%，主要河流控制断面洪水预警发布率动态保持100%，流域总体洪水预报预警能力得分76.9。

3）全面提升防洪工程联合调度能力

以提升水库群联合调度技术和覆盖率为重点，逐步扩展至河湖–堤–库–蓄滞洪区等防洪工程联合调度的趋常规化。急需研发防洪工程体系超蓄、超泄、主动分洪等非常态调度方法，研究水库调洪库容扩大、河道超泄、主动分洪措施等动态潜力挖掘技术，研发基于时序风险的洪水动态调度技术，推进以大型骨干水库群为核心的水工程联合调度系统建设，修订完善水工程联合调度方案。实现到2035年流域水库防洪联合调度覆盖率由现状的24.14%提高至50%；到2050年提高至80%，流域总体防洪工程联合调度能力突破至高等水平。

4）全面提升防洪区洪水风险管理水平

从流域防洪角度，推动《中华人民共和国防洪法》等相关法律法规修订，落实洪涝灾害风险定期普查制度，加强洪水风险意识的宣传教育，积极推行基于风险的防洪区土地空间管控。实现洪水风险图编制和风险区划的全域覆盖，制定和实施河湖管理范围、蓄滞洪区等高风险区的土地利用和产业发展管控措施，开展全民防灾风险教育，宣传普及防洪避险知识技能，健全基层灾害防御组织体系和运行长效机制，研发适应性强的高效抢险技术装备。到2035年，实现河道行洪通畅率动态保持100%，蓄滞洪区安全设施保障率由现状的27.94%提高至50%，建筑物防洪技术规范覆盖率提高至50%，流域防洪区管理实施率达到较高水平，得分67.5；到2050年，实现蓄滞洪区安全设施保障率提高至70%，建筑物防洪技术规范覆盖率提高至100%，流域防洪区管理实施率达到高等水平，得分 89.5。

6.3.3 流域洪水蓄泄关系分析

按照"上蓄、中疏、下排、适当地滞"治理方针，流域基本建成了由水库、河道、蓄滞洪区组成的防洪工程体系。山区建成大型水库 33 座，防洪库容 81 亿 m³，控制了山区面积的 84%；流域设置蓄滞洪区 28 处，设计滞洪容积 198 亿 m³，占设计洪水总量的 65%。遇河系防洪规划设计标准洪水，汇入 25 座大型水库的洪峰流量 135 000m³/s，水库拦洪削峰后下泄流量减少至 52 000m³/s，削减了入库洪峰的 61%。除滦河河系外设有蓄滞洪区的 5 个主要河系，30 天设计洪量 262 亿 m³，蓄滞洪区容积可滞蓄 30 天洪量的 75%，通过蓄滞洪区滞蓄后，设计标准洪水入海流量削减至 19 500m³/s，削减中下游洪峰流量的 70%。从总体上看，海河流域水库和蓄滞洪区对洪水的调控作用是比较强的，防洪效果比较显著，未来继续建设大型防洪水库和蓄滞洪区的必要性不大。随着经济社会发展，蓄滞洪区运用与经济社会发展的矛盾日益突出，蓄滞洪区启用难问题凸显。通过优化蓄滞洪区布局适当减少蓄滞洪区面积是海河流域蓄泄关系调整的方向。未来对一些重要蓄滞洪区增设进洪退洪闸涵，通过有控制的分洪退洪调度，优化调整流域洪水蓄泄关系，减少蓄滞洪区淹没面积和滞洪水量。例如，大清河系建设东淀向文安洼和贾口洼分洪闸，设计标准洪水可减少分洪水量 6.9 亿 m³，减少淹没面积 340m²，同时可将贾口洼调整为超标准洪水滞洪保留区；子牙河系宁晋泊蓄滞洪区增设向小南海区域分洪闸，设计标准洪水减少分洪水量 5.6 亿 m³，减少淹没面积 200km²，同时使 640km² 区域由蓄滞洪区调整为超标准洪水滞洪保留区。

据此，海河流域骨干河流洪水出路安排如下：

滦河水系以滦县站为控制断面，现状和规划设计标准均为 50 年一遇，设计洪水过程时长为 6 天，洪水总量 41.60 亿 m³，其中，水库最大拦蓄洪量 4.30 亿 m³，河道下泄水量 39.60 亿 m³。

海河北系以阎庄（蓟运河）、宁车沽（潮白河/北运河）、屈家店（永定河）为控制断面。阎庄（蓟运河）现状设计标准为 20 年一遇，设计洪水过程时长为 7 天，洪水总量 5.28 亿 m³，规划设计标准为 50 年一遇，设计洪水过程时长为 7 天，洪水总量 7.65 亿 m³；宁车沽（潮白河/北运河）现状、规划设计标准均为 50 年一遇，设计洪水过程时长为 7 天，洪水总量 26.40 亿 m³；屈家店（永定河）现状、规划设计标准均为 100 年一遇，设计洪水过程时长为 15 天，洪水总量 18.38 亿 m³。海河北系现状条件下设计标准为 20 ～ 100 年一遇，洪水总量 50.06 亿 m³，其中，水库最大拦蓄洪量 22.57 亿 m³，蓄滞洪区最大滞蓄水量 12.80 亿 m³，河道下泄水量 25.98 亿 m³；规划条件下设计标准为 50 ～ 100 年一遇，洪水总量 52.43 亿 m³，其中，水库最大拦蓄洪量 24.47 亿 m³，蓄滞洪区最大滞蓄水量 13.48 亿 m³，河道下泄水量 27.97 亿 m³。

海河南系以东淀泄洪闸（大清河）、献县（子牙河）、秤钩湾（漳卫河）为控制断面。东淀泄洪闸（大清河）现状设计标准为 50 年一遇，设计洪水过程时长为 30 天，洪水总量 76.10 亿 m³，规划设计标准为 100 年一遇，设计洪水过程时长为 30 天，洪水总量 95.40 亿 m³；献县（子牙河）现状、规划设计标准均为 50 年一遇，设计洪水过程时长为 30 天，洪水总量 69.60 亿 m³；秤钩湾（漳卫河）现状、规划设计标准均为 50 年一遇，设计洪水过程时长为 15 天，洪水总量 36.66 亿 m³。海河南系现状条件下设计标准为 50 年一遇，洪水总量 182.36 亿 m³，其中，水库最大拦蓄洪量 33.42 亿 m³，蓄滞洪区最大滞蓄水量 83.84 亿 m³，河道下泄水量 159.66 亿 m³；规划条件下设计标准为 50～100 年一遇，洪水总量 201.66 亿 m³，其中，水库最大拦蓄洪量 35.13 亿 m³，蓄滞洪区最大滞蓄水量 97.56 亿 m³，河道下泄水量 177.21 亿 m³。

海河流域骨干河流洪水蓄滞关系分析参见表 6-12。

6.3.4　蓄滞洪区布局调整建议

海河流域目前共有 28 个蓄滞洪区，总面积为 10 693km²，总容积为 198 亿 m³。其中，北三河系 4 个，分别为大黄堡洼、黄庄洼、青甸洼和盛庄洼；永定河系 2 个，分别为永定河泛区、三角淀；大清河系 7 个，分别为兰沟洼、白洋淀、东淀、文安洼、贾口洼、团泊洼、小清河分洪区；子牙河系 4 个，分别为大陆泽、宁晋泊、献县泛区和永年洼；漳卫河系 11 个，分别为良相坡、柳围坡、长虹渠、共渠西、白寺坡、小滩坡、任固坡、广润坡、大名泛区、恩县洼、崔家桥。

海河流域蓄滞洪区建设调整初步方案：现有 28 个，将三角淀调整为防洪保护区，纳入宋庄蓄滞洪区，数量仍为 28 个，但一些蓄滞洪区面积有所减少，如文安洼蓄滞洪区Ⅱ区、贾口洼静王公路以南区域、宁晋泊老小漳河间区域调整为蓄滞洪保留区。调整后，蓄滞洪区总面积为 9722km²，减少了 971km²；现状蓄滞洪区总库容为 198 亿 m³，调整后蓄滞洪区总库容为 166 亿 m³，减少了 32 亿 m³。

调整后海河流域蓄滞洪区总数 28 个，其中重要蓄滞洪区由 10 个调整为 11 个（增兰沟洼），总面积为 5977km²；一般蓄滞洪区由 14 个调整为 13 个（减兰沟洼），总面积为 1712km²，见表 6-13。

表6-12　海河流域骨干河流洪水蓄滞关系分析

分区	河系	断面	工况	洪水重现期/年	设计洪水过程时长/天	设计洪量/亿m³	最大蓄滞洪量/亿m³		时段末的蓄水量/亿m³		设计时段内的河道下泄水量/亿m³
							水库	蓄滞洪区	水库	蓄滞洪区	
滦河水系	滦河	滦县	现状	50	6	41.60	4.30	—	2.00	—	39.60
			规划	50	6	41.60	4.30	—	2.00	—	39.60
海河北系	蓟运河	闸庄	现状	20	7	5.28	4.34	0.52	3.85	0.52	0.91
			规划	50	7	7.65	6.24	1.20	3.85	0.90	2.90
	潮白河/北运河	宁车沽	现状	50	7	26.40	11.23	7.48	11.23	7.48	7.69
			规划	50	7	26.40	11.23	7.48	11.23	7.48	7.69
	永定河	屈家店	现状	100	15	18.38	7.00	4.80	—	1.00	17.38
			规划	100	15	18.38	7.00	4.80	—	1.00	17.38
	北系合计		现状	20~100	—	50.06	22.57	12.80	15.08	9.00	25.98
			规划	50~100	—	52.43	24.47	13.48	15.08	9.38	27.97
海河南系	大清河	东淀泄洪闸	现状	50	30	76.10	7.95	35.60	2.28	9.20	64.62
			规划	100	30	95.40	9.66	51.95	2.28	10.95	82.17
	子牙河	献县	现状	50	30	69.60	14.18	36.94	—	8.42	61.18
			规划	50	30	69.60	14.18	34.31	—	8.42	61.18
	漳卫河	秤钩湾	现状	50	15	36.66	11.29	11.30	—	2.80	33.86
			规划	50	15	36.66	11.29	11.30	—	2.80	33.86
	南系合计		现状	50	—	182.36	33.42	83.84	2.28	20.42	159.66
			规划	50~100	—	201.66	35.13	97.56	2.28	22.17	177.21

表6-13 海河流域蓄滞洪区调整方案

内容	现状	调整后	变化值
总数/个	28	28	—
重要蓄滞洪区/个	10	11（增兰沟洼）	+1
一般蓄滞洪区/个	14	13（减兰沟洼）	−1
蓄滞洪保留区/个	4	4（减三角淀、增宋庄）	—
总面积/km²	10 693	9 722	−971
总容积/亿 m³	198	166	−32

6.4 超标洪水风险分析与防御措施

本研究选取大清河系和漳卫河系作为典型区，基于流域已完成洪水风险图编制区的成果数据，开展了超标洪水风险分析，评估了超标洪水可能造成的淹没和影响损失，并在大清河系的超标洪水影响分析中，考虑了《河北雄安新区规划纲要》实施后的社会经济条件变化的影响，并提出了超标洪水的防御对策措施建议。

6.4.1 超标洪水风险分析

1. 大清河系超标洪水情景分析

1）大清河系现状防洪体系概况

A. 防洪基本情况

大清河系分南北两支，北支包括南、北拒马河，北拒马河在东茨村附近纳大石河、小清河后称白沟河，南拒马与白沟河汇合后称大清河，北支洪水经新盖房分洪道进入东淀。南支白洋淀以上主要支流包括潴龙河、唐河、漕河、瀑河等，呈扇形分布。洪水汇入白洋淀经滞蓄后通过赵王新河泄入东淀。南北支洪水汇入东淀后，由独流减河、海河干流分泄入海。

现状工程条件下，大清河流域中下游基本可防御1963年洪水（相当于50年一遇）。根据《海河流域防洪规划》（2008年），骨干行洪河道中除独流减河外，其他河道近期（到2020年）设计防洪标准基本为20年一遇。目前，除独流减河和南拒马河基本达到原规划设计行洪流量外，其他骨干河道行洪能力仅为原规划设计流量的40%~70%，如白沟河、新盖房分洪道仅为10年一遇。流域内分布有小清河分洪区、兰沟洼、白洋淀、东淀、文安洼、贾口洼、团泊洼7处蓄滞洪区，设计滞洪容积127.55亿 m³，启动标准除团泊洼为超100年一遇，东淀为3~5年一遇外，其他基本为10~20年一遇。下游入海尾闾干流河道独流减河、海河泄洪能力为4000m³/s。

B. 超标洪水安排

根据《大清河洪水调度方案》和《海河流域防洪规划》（2008年），当北支发生超标准洪水时，在充分利用河道泄洪的条件下，超量洪水向兰沟洼分洪；当兰沟洼东马营最高滞洪水位超过17.5m，且继续上涨危及白沟河左堤和南拒马河右堤安全时，视南、北支洪水情况，破南拒马河右堤向白洋淀周边的大、小王淀分洪，或破白沟河左堤向清北地区的白沟河与牤牛河间夹道分滞洪水。当大清河南支发生超标准洪水，在白洋淀及其周边滞洪区已充分利用，十方院达100年一遇水位且继续上涨并威胁千里堤安全时，则在小关扒口向文安洼分洪，以确保千里堤安全。当东淀第六埠水位达到6.44m（大沽8.00m），且继续上涨威胁天津市区安全时，在充分利用独流减河承泄的洪水经工农兵防潮闸和大港分洪道下泄条件下，视水情向贾口洼或文安洼分洪；当东淀、贾口洼、文安洼已充分利用，三洼水位均达到6.44m，且继续上涨威胁天津市区安全时，扒开南运河两堤，运用津浦铁路25孔桥向团泊洼分洪，分洪后，于大港区小王庄附近破马厂减河两堤，洪水经北大港南侧与子牙新河北堤之间夹道——沙井子行洪道入海。

2）雄安新区防洪治理规划情况

按照雄安新区的防洪治理规划，南拒马河右堤、白沟引河右堤、新安北堤起步区段、萍河左堤等堤防将达到200年一遇标准；白沟引河左堤、新盖房分洪道左右堤、赵王新河左堤、新安北堤雄县段、障水埝堤防、寨里西堤等将按100年一遇标准加高加固；新盖房枢纽按照100年一遇设计流量5500m³/s加固，枣林庄枢纽按100年一遇设计、200年一遇校核进行扩建，下泄流量由原设计2700m³/s提供至3700m³/s；赵王新河枣林庄枢纽—王村分洪闸段按100年一遇洪水标准治理，王村分洪闸以下维持原规划设计能力，新盖房分洪道按100年一遇洪水标准治理，设计流量5500m³/s，入淀河流按20~50年一遇洪水标准治理。

雄安新区防洪治理前后各河流、蓄滞洪区的防洪标准或行洪能力变化情况详见表6-14。雄安新区防洪建设任务投资匡算为852亿元。

3）超标洪水淹没分析

根据大清河系洪水调度方案中对超标洪水的安排，结合雄安新区防洪治理后局部区域防洪标准的提高情况，分析了100年一遇洪水发生时，现状和新区防洪治理后的洪水淹没情况。各区域内具体的淹没水深分布采用了全国重点地区洪水风险图编制项目中的成果。

经分析得出，现状防御体系下100年一遇洪水发生时，需启用小清河分洪区、兰沟洼、白洋淀本洼以外部分区域、东淀、贾口洼和文安洼等分蓄洪区分蓄河道超额洪量，以保证重要地区防洪安全。白沟河洪水在兰沟洼蓄洪区运用后，仍会超过河道安全泄量，需在左堤扒口向清北地区分洪，分洪洪水将淹没白沟河以东、牤牛河以西部分区域；进入新

表 6-14 大清河系防洪体系现状、原防洪规划及雄安新区防洪治理后情况对比表

分区	河流名称	现状防洪标准	原规划防洪标准	雄安新区防洪治理规划的规划标准	现状行洪能力	原规划行洪能力	雄安新区防洪治理规划行洪能力	备注
北支	白沟河	约 15 年	近期 20 年，结合兰沟洼分洪达到 50 年	左堤 100 年右堤按 3200m³/s 加高加固	原设计的 40%~70%	3200m³/s		超过 50 年一遇洪水，破白沟河左右堤向清北地区分洪
	南拒马河	20 年		北河店以下右堤按 200 年一遇加高加固	3500m³/s	3500m³/s	北河店以上 2000m³/s；左堤以北按原规划 3500m³/s 治理	基本达到原规划计行洪流量
	白沟引河			左堤按 100 年一遇、右堤按 200 年一遇加高加固	原设计的 40%~70%	500m³/s		
	潴龙河	10~20 年	近期 20 年，远期 50 年	50 年	原设计的 40%~70%	王快水库除险加固后，50 年一遇限泄 3000m³/s，北郭村流量 5700m³/s，陈村以下仍为 2300m³/s，分洪道泄 3400m³/s		
南支	唐河		20	20 年	原设计的 40%~70%	西大洋水库 20 年一遇控泄 1000m³/s，东石桥以上行洪流量 1190m³/s，东石桥以下 3500m³/s	入淀河流按 20~50 年一遇洪水标准进行河道治理	

续表

分区	河流名称	现状防洪标准	原规划防洪标准	雄安新区防洪治理的规划标准	现状行洪能力	原规划行洪能力	雄安新区防洪治理规划行洪能力	备注
南支	漕河			20年	原设计的40%~70%			
	清水河	10~20年		20年	原设计的40%~70%			
	府河			20~50年	原设计的40%~70%		入淀河流按20~50年一遇洪水标准进行河道治理	
	瀑河				原设计的40%~70%			
	萍河			左堤200年				
中下游骨干河道	新盖房分洪道	约10年	20年	100年	1800~2000m³/s	5000m³/s	5500m³/s	新盖房枢纽按100年加固，设计流量5500m³/s
	赵王新河	≤20年		王村闸以上左堤100年		2700m³/s；枣林庄至王村闸段3500m³/s校核	王村闸以上5860m³/s；王村闸以下设计2700m³/s，校核3500m³/s	枣林庄枢纽100年校核，200年校核，下泄流量由2700m³/s提高至3700m³/s
	东淀		行洪标准20年			3600m³/s		
	独流减河	50年一遇	50年一遇		3600m³/s			
	海河				400m³/s			

续表

分区	河流名称	现状防洪标准	原规划防洪标准	雄安新区防洪治理的规划标准	现状行洪能力	原规划行洪能力	雄安新区防洪治理规划行洪能力	备注
淀区及周边防洪堤	白洋淀千里堤	不足50年一遇	100年一遇（相应滞洪水位10.48m）					当白洋淀出流超过2700m³/s时，超量洪水由赵王新河上的王村分洪闸向文安洼分洪
	新安北堤	20年		起步区段200年，雄县段100年				新安北堤以北，障水埝和寨里西堤以东调整为防洪保护区，减少蓄洪容积3.98亿m³，减少淹没面积248km²
	障水埝里西堤	10年		100年				
	四门堤、淀南新堤	10年	50					
蓄滞洪区	小清河分洪区		启用标准10年一遇					
	兰沟洼		启用标准近期20年，张坊水库建成后50年					
	白洋淀周边蓄滞洪区		启用标准为15~20年一遇					
	东淀		使用概率3~5年					
	文安洼		启动标准20年	启用标准大于20年一遇				由一般调整为重要蓄滞洪区

续表

分区	河流名称	现状防洪标准	原规划防洪标准	雄安新区防洪治理的规划标准	现状行洪能力	原规划行洪能力	雄安新区防洪治理规划行洪能力	备注
蓄滞洪区	贾口洼		使用概率20年	启用标准大于20年一遇				
	团泊洼		运用机遇为超100年					
城市、县区和镇	起步区	20年一遇		200年一遇				
	五个外围组团			100年一遇				
	新区特色小镇			50年一遇				
	其他县级市和县城			20~50年一遇				

注：表中灰色背景中的内容指雄安新区防洪治理后与原规划相比与标准提高。

盖房分洪道的北支洪水仍将超过分洪道安全泄量，新盖房分洪道左堤将失守，泛滥洪水将越过牤牛河，淹没牤牛河以东部分区域；白洋淀水位超过保证水位，为保证白洋淀千里堤安全，需在小关分洪口门扒口分洪入清南地区，清南文安洼以南部分区域因小关分洪受淹；枣林庄枢纽下泄洪水超过赵王新河最大泄量，赵王新河左堤以北部分区域受淹。南拒马河右堤、新安北堤和萍河左堤现状仅 10~20 年一遇设防标准，100 年一遇洪水发生时相关堤防可能失守，雄安新区将受淹。南支中的潴龙河堤防仅为 20 年一遇，亦可能失守而影响到右堤保护区范围。各蓄滞洪区和防洪保护区的受淹面积见表 6-15，考虑相互重叠区域后，整个大清河系中下游现状条件下 100 年一遇洪水的淹没包络总面积为 7341.53km²。

表 6-15 大清河系中下游现状和雄安新区防洪治理后 100 年一遇洪水淹没统计 （单位：km²）

分类	名称	现状淹没面积	防洪治理后淹没面积
蓄滞洪区	小清河分洪区	246.7	246.7
	兰沟洼	323.8	323.8
	白洋淀蓄滞洪区	1284.75	987.46
	东淀	359.2	359.2
	文安洼	1594.43	1594.43
	贾口洼	680.06	680.06
防洪保护区	白沟河左堤防洪保护区	350.12	350.12
	南拒马河右堤防洪保护区	213	0
	潴龙河	3182.8	3182.8
	白洋淀千里堤右岸防洪保护区（小关分洪）	2262.5	2262.5
	赵王新渠左岸防洪保护区	210.5	210.5
	新盖房分洪道左堤防洪保护区	629	0
包络总面积		7341.53	6508.61

雄安新区防洪治理后，因新安北堤将达到 200 年一遇标准，障水埝、寨里西堤将达到 100 年一遇标准，新安北堤以北、障水埝和寨里西堤以东的蓄滞洪区将调整为防洪保护区，该区域将不会受淹。新盖房分洪道左堤保护区由于堤防标准均提高至 100 年一遇，也可避免受淹，则治理后 100 年一遇洪水的淹没包络面积为 6508.61km²，较现状减少832.92km²，见表 6-16。

表 6-16 大清河系中下游现状和雄安新区防洪治理后 100 年一遇洪水淹没
包络区内不同水深范围的面积统计

水深区间/m	现状淹没面积/km²	防洪治理后淹没面积/km²
<0.5	894.19	813.38
0.5~1.0	993.54	926.95
1.0~2.0	1644.68	1437.97
2.0~3.0	1484.8	1239.32
>3.0	2324.32	2090.99
合计	7341.53	6508.61

4)超标洪水影响分析

根据《河北雄安新区规划纲要》,雄安新区发展中期,包括起步区、寨里等区域用地规模将达到300km²,常住人口将达到近300万人。分析雄安新区用地和人口规模达到规划水平,大清河系分别保持防洪现状(2018年)和采取防洪治理措施后,发生100年一遇洪水造成的影响和经济损失(表6-17)。在防洪现状条件下,大清河中下游发生100年一遇洪水将造成淹没面积7341.53km²,淹没区人口约665万人,淹没区GDP达到5682.07亿元,造成经济损失约2754.33亿元。开展雄安新区防洪治理后,发生100年一遇洪水将造成淹没面积6508.61km²,淹没区人口约411万人,淹没区内GDP 2689.80亿元,造成经济损失1710.04亿元。可以看出,在雄安新区用地及人口规模达到规划水平,开展防洪治理后,淹没面积减少832.92km²,发生100年一遇洪水淹没区人口将减少254万,淹没区GDP减少2992.27亿元,经济损失减少1044.29亿元,即防洪治理的效益为1044.29亿元,高出雄安新区防洪建设投资预算约194.29亿元。

表 6-17 大清河系中下游现状和雄安新区防洪治理后 100 年一遇洪水淹没影响及损失统计

洪水	淹没面积/km²	淹没区人口/万人	淹没区 GDP/亿元	经济损失/亿元
现状	7341.53	665	5682.07	2754.33
防洪治理后	6508.61	411	2689.80	1710.04
减轻值	832.92	254	2992.27	1044.29

2. 漳卫河系超标洪水情景分析

1)漳卫河系现状防洪体系概况

漳卫河系流域面积37 943km²,上游有漳河和卫河两大支流。漳河支流有清漳河和浊漳河，两河于合漳村汇合，经岳城水库出太行山，讲武城以下两岸有堤防约束，大名泛区为漳河的滞洪洼淀。卫河由淇河、汤河、安阳河、共产主义渠等 10 多条支流汇成，两侧有良相坡、白寺坡、柳围坡、长虹渠、小滩坡、任固坡、广润坡、崔家桥等坡洼行洪滞洪。漳河、卫河于徐万仓汇合后称为卫运河，至四女寺枢纽以下分漳卫新河和南运河。

漳卫河系的规划防洪标准为 50 年一遇。目前，卫河、共产主义渠和漳卫新河（辛集闸以下）基本可防御 20 年一遇洪水；漳河京广铁路桥—东王村段河道行洪能力约 30 年一遇，东王村—徐万仓段不足 50 年一遇；岔河、减河、卫运河、漳卫新河（辛集闸以上）、南运河基本可防御 50 年一遇洪水；河系强迫行洪条件下，可基本防御 100 年一遇标准洪水，但大名泛区、各坡洼需充分滞洪，恩县洼也可能需相机启用，将会造成较大的淹没和损失。

2021 年，受 7 月 17～22 日强降雨影响，漳卫河发生 2021 年第 1 号洪水，漳卫南运河水系卫河及其支流大沙河、共产主义渠、淇河、安阳河，子牙河水系滏阳河支流留垒河 6 条河流发生超警以上洪水，最大超警幅度 1.65～3.93m，其中卫河、大沙河、共产主义渠、安阳河 4 条河流发生超保洪水，大沙河、安阳河、留垒河发生超历史洪水。为防御卫河、子牙河洪水，河南省于 7 月 21 日启用崔家桥、广润坡 2 处蓄滞洪区，22 日启用良相坡、共渠西、长虹渠、柳围坡、白寺坡 5 处蓄滞洪区，30 日启用小滩坡蓄滞洪区。其中崔家桥、广润坡、良相坡、共渠西 4 处蓄滞洪区以自然漫溢方式进洪，长虹渠、柳围坡、白寺坡、小滩坡蓄滞洪区为扒口分洪。河北省于 22 日启用永年洼蓄滞洪区，23 日启用宁晋泊、大陆泽蓄滞洪区。经蓄滞洪区调蓄，有效降低了卫河、滏阳河干流水位，缓解了下游防洪压力。至 27 日，卫河水系广润坡、崔家桥、良相坡、共渠西、长虹渠、柳围坡、白寺坡 7 处蓄滞洪区共蓄滞洪量 4.63 亿 m³。至 30 日，河南省共紧急转移安置新乡、鹤壁、安阳蓄滞洪区内的群众约 44.46 万人。子牙河蓄滞洪区总蓄水量约 1.7 亿 m³，转移群众 1.1 万人。

2）超标洪水淹没分析

本次研究主要以 100 年一遇洪水为例，分析漳卫河系发生超标洪水时可能造成的淹没。目前海河流域漳卫河系风险图编制区面积约 3.2 万 km²，涉及 16 个编制区，主要位于中下游防洪区，占流域总面积的 85%。

经分析得出，现状防御体系下 100 年一遇发生时，需启用大名泛区、崔家桥、广润坡、白寺坡、共渠西、良相坡、柳围坡、长虹渠 8 个蓄滞洪区，卫河、卫运河、漳河、漳卫新河、卫河山前平原片和清漳河两岸保护区将不同程度受淹。各蓄滞洪区和防洪保护区的受淹面积见表 6-18，考虑相互重叠区域后，整个漳卫河系现状条件下 100 年一遇洪水的淹没包络总面积为 4972.19 km²。其中，水深大于 1m 的区域超过 2800km²（表 6-19）。

表 6-18　漳卫河系现状 100 年一遇洪水淹没统计　　　　　（单位：km²）

分类	编制单元名称	淹没面积
蓄滞洪区	河北大名泛区	411.88
	河南崔家桥	66.58
	河南广润坡	136.44
	河南五片联调（白寺坡、共渠西、良相坡、柳围坡、长虹渠）	366.32
	山东恩县洼	307.31
防洪保护区	卫河右堤	983.02
	卫河左堤	454.03
	卫运河右堤	1215.17
	卫运河左堤	384.00
	漳河右堤	1294.65
	漳河左堤	395.28
	漳卫新河右堤	689.99
	漳卫新河左堤	186.62
	河南卫河山前平原片	218.38
中小河流	河北清漳河	29.06
	山西蟠洪河	4.54
包络总面积		4972.19

表 6-19　漳卫河系现状 100 年一遇洪水淹没包络区内不同水深范围的面积统计

水深区间/m	现状淹没面积/km²
<0.5	956.63
0.5~1.0	1208.31
1.0~2.0	1589.90
2.0~3.0	685.28
>3.0	532.07
合计	4972.19

3）超标洪水影响分析

经分析得出，在现状洪水防御条件下，漳卫河系发生 100 年一遇洪水的淹没包络范围涉及河北、河南、山东、山西 4 省共 40 县，其中河南省 17 县，河北省 11 县，山东省 10 县，山西省 2 县。按照 2018 年社会经济发展水平，淹没区人口约 443.19 万人，淹没区 GDP 达到 1518.04 亿元，造成经济损失约 1868.71 亿元。分省受淹情况见表 6-20。

表 6-20 漳卫河系超标洪水（100 年一遇洪水）淹没影响及损失统计

省份	淹没面积/km²	淹没区人口/万人	淹没区 GDP/亿元	经济损失/亿元
河北省	1692.76	149.51	285.05	782.98
河南省	1242.49	144.23	584.11	409.36
山东省	2032.40	139.38	648.61	675.34
山西省	4.54	0.07	0.27	1.03
总计	4972.19	433.19	1518.04	1868.71

6.4.2 超标洪水防御对策措施建议

鉴于防御流域超标洪水灾害面临的新形势、新特点，针对防御流域超标洪水存在的问题和短板，围绕重要河段的工程建设、洪水预测预报、水工程联合调度、蓄滞洪区运用、雨水情信息沟通、洪水预警六个方面提出对策建议，以进一步提升流域超标洪水防御能力。

一是开展重要河段的工程建设。鉴于河系重要保护目标的变化，重点针对雄安新区周边的新盖房分洪道和赵王新河进行河道清障，提高河道泄洪能力；推进北运河通州段综合治理工程进度，开展通州段下游河道治理前期工作。

二是提高洪水预测预报水平。开展流域下垫面调查工作，修正现有预报模型参数，修订预报方案；在太行山、燕山山前平原区重点河道增设临时监测断面，利用实时监测数据实施滚动预报，提高预报精度。

三是充分发挥水工程联合调度能力。根据各河系实际情况，尽快开展水库之间、水库与下游洼淀之间的预报联合调度研究工作，并与有关省市进行沟通协调；督促地方开展清障工作，保障河道行洪安全。

四是确保蓄滞洪区合理有效运用。掌握区域内地形地物变化情况，及时修订细化蓄滞洪区运用预案和抢险预案，提高预案的可操作性；督促和指导地方采取多种形式开展培训演练，利用公众媒体等途径宣传避险自救，增强防灾减灾意识。

五是加强雨水情信息沟通。充分利用海河防总信息共享平台，提高各河系上下游、左右岸之间汛情和调度信息的共享程度，确保水工程防洪能力正常发挥；派出工作组驻守现场，监督调度方案执行，及时协调调度运用中的问题。

六是做好洪水预警预报。充分利用风险图成果，细化人员转移预案，做好撤退转移路线规划，测算撤退路容量，明确安置场所，复核安置场所容纳能力；督促企业做好自保。

|第7章| 海河流域水治理能力提升战略

7.1 水治理现状和问题

7.1.1 水治理的历程

1. 流域机构的治理职能

海河流域包括北京、天津两大直辖市，河北省绝大部分，山西省东部，河南、山东两省北部，内蒙古自治区和辽宁省的一部分，流域面积 32.06 万 km²，是我国的政治文化中心和经济发达地区。为了加强海河流域水利工作的统一领导、统一规划和统一管理，1979 年11 月，国务院批复同意成立海河水利委员会，主要职能为进行海河流域规划，管理流域的水资源；负责主要的工程设计、施工管理；进行省市边界河道的治理，解决边界水利矛盾。1980 年 4 月 1 日，海河水利委员会在天津正式成立，标志着海河流域有了流域性的统一的水利管理机构（杨婧等，2022）。

1988 年《中华人民共和国水法》规定，国家对水资源实行统一管理与分级、分部门管理相结合的制度，水利部作为国务院水行政主管部门，负责全国水资源的统一管理，有关部门按照职责分工负责相关涉水事务管理。2002 年《中华人民共和国水法》修订，规定国家对水资源实行流域和区域管理相结合的管理体制，水利部负责全国水资源统一管理和监督工作。

流域机构作为协调者、决策者和裁决者，参与流域内复杂和多元化的流域涉水事务管理，统筹协调流域与区域、部门与部门、地方与地方、中央与地方的关系，解决流域内上下游之间、区域之间因跨区域水资源污染、取水排水等活动产生的冲突矛盾。

2. 水治理规划沿革

海河流域最早的水利规划是华北水利委员会于 1928 年完成的《永定河治本计划》。中华人民共和国成立后，海河流域经历了三次较大的水利规划，即 1957 年的《海河流域规划（草案）》、1966 年的《海河流域防洪规划（草案）》以及 1986 年完成、1993 年国务院批复的《海河流域综合规划》。

1）1957 年的《海河流域规划（草案）》

1957 年 11 月水利部北京勘测设计院提出了《海河流域规划（草案）》。该规划是海河流域第一个全面的综合性规划，提出应着重消除水旱灾害，以保障农业生产的稳定和不断发展的治理方针。

2）1966 年的《海河流域防洪规划（草案）》

1963 年海河流域发生大洪水，"63.8"大水后，毛主席提出了"一定要根治海河"的号召。1966 年 11 月水利电力部海河勘测设计院提出了《海河流域防洪规划（草案）》。该规划是海河流域防洪专项规划，提出了"上蓄、中疏、下排，适当地滞"的防洪方针。

3）1986 年的《海河流域综合规划》

1980 年，海河水利委员会编制《海河流域综合规划》，规划工作于 1986 年基本完成，于 1993 年获国务院批复。该规划以"全面规划，统筹兼顾，综合利用，讲究效益"作为规划指导方针，包括防洪、供水、除涝治碱、水资源保护、水土保持、水利管理等内容。

4）1998 年以来的规划情况

1998 年以来，在系统总结多年治水实践和经验教训的基础上，提出了一系列新的治水思路。在水资源管理方面，由单纯满足需求向合理配置和统一管理的方向转变，强化节约用水；在水资源保护和生态环境修复方面，由以监测为主转向以水功能区管理为核心、实施排污总量控制为重点的水资源保护制度；在防洪减灾方面，开始由控制洪水向洪水管理转变，注重洪水资源利用。

十八大以来，海河流域水利改革发展迎来新的机遇和挑战。习近平总书记发表"3·14"重要讲话和在黄河流域生态保护和高质量发展座谈会上的重要讲话，提出"节水优先、空间均衡、系统治理、两手发力"的治水思路。南水北调中线一期工程发挥显著效益，京津冀协同发展战略深入实施，雄安新区规划建设启动，水利部党组确立了新阶段水利工作的主题为高质量发展。在新的形势和机遇下，海河水利委员会认真学习贯彻习近平总书记治水重要论述精神和"十六字"治水思路，围绕推动新阶段水利高质量发展，坚持以问题为导向，以推进京津冀协同发展为主线，以全面提升流域水安全保障能力为目标，着力解决水资源、水生态、水环境、水灾害等新老水问题，推进流域水治理能力提升，为流域经济社会高质量发展提供了坚实的水利支撑和保障（王文生等，2022）。

7.1.2 流域水治理成效现状

1. 管理体制机制不断完善

随着《中华人民共和国水法》《中华人民共和国防洪法》《中华人民共和国水土保持法》等法律法规的颁布实施，流域管理体制框架在法律层面上得以明确，海河流域初步建立了流域管理与行政区域管理相结合的水资源管理体制，大力推进了城乡水务一体化进程。初步建立了流域水资源优化配置、水资源保护与水污染防治、防洪减灾等协作协商机制。2008 年成立的海河防汛抗旱总指挥部，为统一领导和指挥海河流域防汛抗旱工作提供了强有力的组织保障，初步建立了涉水事务社会管理体系。

2. 依法治水管水水平不断提升

全面建立河湖长制，组织体系、制度体系和责任体系不断完善，建立海河流域河长制湖长制联席会议制度，推动河湖长制有名、有实、有能。全面开展流域河湖管理范围划定工作，北京、天津、河北基本完成流域面积 1000km² 以上河流管理范围划定。深入开展河湖"清四乱"专项行动，开展小型水库、水闸安全运行、农村饮水安全、大型水库安全度汛、防洪工程调度、山洪灾害防御、水毁修复、水资源管理与节水等重点领域督查。强化水利安全生产巡查和专项整治，流域水利安全生产形势保持平稳。

3. 重点领域管理成效显著

在水旱灾害防御和水资源管理等重点领域，严格落实水资源消耗总量和强度"双控"行动方案，全面推进节水型社会建设，加强计划用水和重点监控用水单位监督管理，节水水平保持全国领先。充分发挥流域防总和流域机构职能，组织编制年度雄安新区起步区安全度汛方案，完善各河系防汛预案和洪水调度方案，强化"以测补报"，近年来成功应对2016 年"7·19"暴雨洪水、2018 年"安比"台风、2019 年"利奇马"台风等多次流域重大汛情，有效保障流域防洪安全。

4. 水利改革不断深化

按照机构改革统一安排，流域各地水利系统按时完成职责划转、人员转隶等工作。落实水利"放管服"改革，推进行政许可标准化建设，加大水行政执法力度，强化省际水事纠纷预防和调处，加强普法和水法治宣传教育，依法治水管水水平不断提升。京津冀晋豫鲁蒙 7 省（自治区、直辖市）纳入水资源税改革试点，实施农业水价综合改革制度、城镇居民用水阶梯水价制度、非居民用水超计划超定额累进加价制度。积极推动建立生态产品价值实现机制，流域各地相继出台《关于健全生态保护补偿机制的实施意见》，京冀两省（直辖市）签订密云水库上游潮白河流域水源涵养区横向生态保护补偿协议，津冀两省（直辖市）签订引滦入津上下游横向生态补偿协议。

7.1.3　存在的主要问题

1. 管理体制机制方面

海河流域管理基础整体薄弱，流域涉水事务管理体制、机制尚不完善，水资源管理体制尚未完全理顺，流域水事协调、水管单位良性发展等机制仍不完善。水生态修复的管理机制尚未建立。洪水管理制度刚刚起步，防洪减灾社会化保障体系亟待完善。水利工程建设和管理的投入相对不足，吸引社会资本投资水利的方法不多，工程运行管理措施与手段需要加强。

2. 社会管理和公共服务方面

水利社会管理和公共服务能力亟待加强，还不能很好地适应水利社会管理的需要。水利应急机制有待完善。水旱灾害防御能力、城乡和水生态应急供水体系不够健全，应对突发水事矛盾和突发水污染事件的应急能力还有待提高。

3. 协商协调机制方面

流域协同管理乏力，流域跨省河流众多，水事关系复杂，治水涉及多行业，目前仍是各省市多头治理。按照京津冀协同发展和系统治理要求，流域和行政区域管理相结合的水治理管理体制需要进一步理顺，省市间、相关部门间协同需进一步加强。

4. 基础能力建设方面

水利信息化工作刚刚起步，基础设施落后、各类数据、业务系统和应用平台缺乏有效的资源整合，业务协同不够，与实现智慧流域、数字海河的目标还存在较大差距，不适应水利行业管理现代化的需要。

7.2　水治理面临的形势

全面建成小康社会、实现第一个百年奋斗目标之后，乘势而上开启全面建设社会主义现代化国家新征程、向第二个百年奋斗目标进军，标志着我国进入了新发展阶段，新阶段对海河流域水利发展提出了新的要求。

7.2.1 对标中央有关决策部署，必须加强流域水利支撑保障

全面建设社会主义现代化国家，要求流域水治理加强长远谋划和顶层设计。党的十九大部署了全面建设社会主义现代化国家"两步走"战略，党的十九届五中全会又对2035年基本实现社会主义现代化远景目标进行了部署安排。水利是全面建成社会主义现代化强国、满足人民美好生活需要的基础内容和重要保障，与人民群众美好生活息息相关，在社会主义现代化强国建设的每一步都不能缺位。流域是水治理的基本单元，随着国家现代化建设的稳步推进，海河流域经济社会发展必将发生深刻变化，推动经济高质量发展、绿色发展、构建新发展格局、提高保障和改善民生、实施区域协调发展、建设美丽中国，对加快推进流域水治理能力提升，增强流域水安全保障能力提出了新的更高要求。流域水治理必须紧紧围绕国家现代化建设目标要求，结合自身实际，聚焦调整人的行为、纠正人的错误行为，从法制体制机制入手，举旗定向、谋篇布局，谋划实现流域治理体系和治理能力现代化的时间表、路线图和任务书。

实现国家治理体系和治理能力现代化，要求强化制度治水、管水。党的十九届四中全会就坚持和完善中国特色社会主义制度、推进国家治理体系和治理能力现代化作出重大部署，第一次系统描绘了中国特色社会主义制度的图谱。围绕国家治理体系和治理能力现代化的目标要求，水利必须坚持依法治水、科学管水，全面提升水利领域国家治理能力和水平。新阶段推进海河流域水治理必须把制度建设摆在更加突出的位置，加快推进流域节水、水资源调度、地下水管理等方面水法规建设，突出抓好水旱灾害防御、水资源管理、河湖管理保护、水生态水环境治理、水利工程建设和运行管理等方面的制度体系建设，加快构建系统完备的涉水法律法规体系、务实管用的规章制度体系、科学有效的行业标准体系。同时，强化制度执行落实，坚持科学谋划、精心组织，远近结合、整体推进，制定务实管用举措，确保水利各项制度不折不扣落实到位，全面提升流域社会管理和公共服务能力。

深入落实"三新一高"战略部署，对流域水治理提出更高要求。"三新一高"是在我国开启全面建设现代化重要时点上，以习近平同志为核心的党中央高瞻远瞩、审时度势作出的重大论断和重大部署。流域水治理要立足党和国家全局，把立足新发展阶段、贯彻新发展理念、构建新发展格局、加快高质量发展的"三新一高"要求，贯穿到流域水治理的全过程和各环节。从适应新发展阶段来看，进入新阶段意味着对流域水治理工作提出了新的需求，要深刻认识人民对美好生活的向往已呈现多样化、多层次、多方面的特点，在更

好解决流域水灾害问题的同时，加大水资源、水生态、水环境治理与保护，更好满足人民群众的涉水需求。同时，对照新需求新定位，全面提升流域水治理相关标准。从贯彻新发展理念来看，理念是行动的先导，新时代新阶段的发展必须贯彻新发展理念，把"创新、协调、绿色、开放、共享"的新发展理念贯穿到流域水治理各项工作中，着力推进流域水利科技创新、跨区域跨部门的统筹协调、上下游左右岸系统治理、生态保护与修复、水利公共服务均等化等，推动实现流域水治理层面的高质量发展。从构建新发展格局来看，水资源格局关系着发展格局，围绕国家层面推进构建新发展格局的思路框架，流域层面也应该在提供供给、创造需求、加强改革创新等方面谋篇布局。一方面，紧紧围绕供给侧结构性改革，加快现代化水利基础设施网络建设，提高水资源供给的质量、效率和水平，加强水土保持、地下水治理，强化河湖长制，推动大江大河和重要湖泊生态保护，提升流域生态系统的质量和稳定性。另一方面，要坚持"两手发力"，加快推动水价、水权、水权交易以及投融资领域的综合配套改革，加强生态产品价值实现机制、生态补偿机制等改革举措研究，释放市场活力，更好发挥政府作用。

7.2.2 落实习近平总书记治水重要论述精神，必须全面提升流域水治理能力和水平

贯彻落实"十六字"治水思路，为新阶段推进流域水治理提供了根本遵循。2014 年 3 月 14 日，习近平总书记就保障国家水安全发表重要讲话，准确把握了当前水安全新老问题相互交织的严峻形势，深刻回答了我国水治理中的重大理论和现实问题，明确提出了"节水优先、空间均衡、系统治理、两手发力"的治水思路。这是习近平总书记综观全局、总结经验提出的大国治水方略，为新阶段推进流域水治理提供了根本遵循和科学指南。海河流域水治理必须始终坚持节水优先，通过抑制不合理用水需求，着力提高水资源利用效率，突出节水的优先地位，把节水作为解决海河流域水问题的根本出路。必须始终坚持空间均衡，立足流域区域水资源承载能力，强化水资源刚性约束，合理规划城市、土地、人口和产业发展，落实以水定城、以水定地、以水定人、以水定产。必须始终坚持山水林田湖草沙综合治理、系统治理、源头治理，从生态系统整体性和流域系统性出发，加强流域内重要江河湖泊湿地生态保护治理，统筹解决流域水资源水环境水生态问题。必须始终坚持两手发力，充分发挥市场在水资源配置中的作用，更好地发挥政府作用，构建科学规范、系统高效的流域水治理体制机制。

对大江大河治理系列部署，为新阶段推进流域水治理指明了目标方向。党中央国务院高度重视江河保护治理，习近平总书记多次深入长江、黄河、淮河流域视察并亲自部署大江大河保护治理。2016 年以来，习近平总书记先后在长江上游、中游、下游召开了三次关于推动长江经济带发展的座谈会，提出当前和今后相当长一个时期，要把修复长江生态环

境摆在压倒性位置，共抓大保护、不搞大开发，强调推动长江经济带发展需要正确把握生态环境保护和经济发展的关系，探索协同推进生态优先和绿色发展新路子。2019 年 9 月 18 日，习近平总书记在黄河流域生态保护和高质量发展座谈会上的重要讲话，站在中华民族伟大复兴和永续发展的战略高度，强调"重在保护、要在治理""把水资源作为最大的刚性约束"，发出"让黄河成为造福人民的幸福河"的伟大号召，为新时期推进流域水治理指明了方向。海河流域水治理要深入贯彻落实习近平总书记对推进大江大河治理的决策部署精神，坚持问题导向，紧密联系流域治水实际，围绕建设"幸福河"总目标，坚持生态优先、绿色发展，把水资源作为最大刚性约束，着力破解流域水资源、水生态、水环境、水灾害四大新老水问题，提升流域水治理能力，满足流域人民对防洪保安全、优质水资源、健康水生态和宜居水环境的根本需要，全面保障流域经济社会高质量发展。

推进生态文明建设，必须统筹解决流域水资源水环境水生态问题。党的十八大以来，以习近平同志为核心的党中央高度重视生态文明建设，提出了一系列新理念新思想新战略，形成了习近平生态文明思想，特别是"绿水青山就是金山银山""山水林田湖是一个生命共同体""建设人与自然和谐共生的现代化"等重要论述，对指导治水实践具有重大意义。海河流域水资源供需矛盾突出，开发利用程度高，水资源和水环境超载严重，引发了河流干涸断流、湖泊湿地萎缩、地下水超采等生态环境问题。新时期推进海河流域生态文明建设，必须坚持生态优先、绿色发展，擅于运用系统观念，从生态系统整体性和流域系统性出发，从源头上系统开展生态环境修复和保护，强化水资源保护，严格河湖管理，加强地下水超采和水土流失综合治理，统筹解决流域水资源水环境水生态问题。同时，依托"完善生态文明领域统筹协调机制"的政策契机，以强化流域综合管理为途径，以河湖长制为平台，以最严格水资源管理制度考核为抓手，强化流域机构统筹协调职能，统筹考虑水环境、水生态、水资源、水安全、水文化和岸线等多方面的有机联系，推进上中下游、江河湖库、左右岸、干支流协同治理，改善生态环境和水域生态功能，推动山水林田湖草在流域层面上实现系统治理、科学治理。

7.2.3 推进京津冀协同发展、雄安新区建设等区域重大战略，必须加快提高流域协同水治理水平

党的十九届五中全会对推动京津冀协同发展，打造创新平台和新增长极提出了新的更高要求。推动京津冀协同发展，高起点规划高标准建设河北雄安新区，是党中央、国务院在新的历史条件下作出的重大决策部署。京津冀绝大部分地区位于海河流域，水资源禀赋条件较差，流域生态环境脆弱，各省市水治理的"一亩三分地"思维仍较普遍。推进京津冀协同发展、建设河北雄安新区，必须立足流域水情，打破行政区域限制，破解体制机制障碍，提高流域协同水治理能力和水平。既要立足当前、着眼长远，统筹谋划流域水利基

础设施网络布局，提升水资源优化配置和水旱灾害防御能力，发挥水利对协同发展的支撑保障作用，也要坚持"以水而定、量水而行"，从资源环境整体性和流域系统性出发，在最严格水资源管理制度基础上，建立健全水资源刚性约束制度体系，严格区域用水总量控制，加强流域水资源优化配置和统一调度，统筹生活、生产、生态用水，发挥水资源价格调节功能，大力推进农业、工业、城镇等领域节水，推动流域区域水资源利用方式由粗放向节约集约转变，切实提高水资源利用效率和效益，充分发挥水资源水环境承载力对协同发展的约束引导作用。

7.2.4 推动新阶段水利高质量发展，必须加快构建现代水治理制度体系

2021 年 6 月 28 日，在"三对标、一规划"专项行动总结大会上，李国英部长作出了推动新阶段水利高质量发展的战略部署，明确了其历史使命、体系构造、目标任务、指导思想和实施路径等，为我们今后及未来一个时期推动水利改革发展工作提供了根本遵循。海河流域水治理工作要准确把握新阶段水利高质量发展的主题主线，把水利发展质量摆在更加突出位置，特别是围绕全面提升流域水治理能力，加快构建现代水治理制度体系，推动水利基本公共服务提档升级，更好地满足人民日益增长的美好生活需要。要准确把握新阶段水利工作的实施路径，在完善流域防洪工程体系、推进国家水网工程、复苏河湖生态环境同时，加快推进数字海河流域建设，构建具有"四预"功能的智慧流域体系，提升全流域水利数字化、网络化、智能化管理水平，强化水资源刚性约束，构建高效节水政策法规体系，以强化河湖长制、健全水利工程保护制度、水流生态保护补偿制度、水利法治等为重点，加强体制机制法治管理，发挥水法规制度对海河流域水利高质量发展的引领和保障作用，为系统解决好流域新老水问题提供制度支撑和保障。

7.2.5 流域水事纠纷违法案件持续增加，规范流域水事秩序面临新挑战

近 3 年来，随着水利行业强监管工作的深入推进，各级水利部门执法监督检查力度明显加大，通过开展大规模暗访督查和集中整治行动，查处了一大批水事违法案件。海河流域水资源禀赋较差，水事关系复杂，经济社会发展与水资源、水生态、水环境之间的矛盾突出，争水争地现象严重，水事纠纷矛盾频发，随着监督检查力度加大，流域查处的水事纠纷违法案件数量持续增加，据统计，2015 ~ 2020 年（截至 2020 年 11 月），海河流域京津冀地区发生的涉水违法案件分别为 1209 件、1593 件、2469 件、4139 件、6377 件和 5864 件（图 7-1）。其中，河湖、水资源、水务领域违法案件数量最多，三个领域案件数

量占到总案件数的 87.7%（图 7-2），涉及的违法行为主要包括非法围垦河湖或围湖造地、未经审批违规建设、非法采砂、非法取用水、非法排污等，以及水资源开发、水污染矛盾等流域水事矛盾。涉水纠纷违法案件持续增加，甚至有的案件反复出现，屡禁不止，一方面是由于监管力度的加大，发现了一些原来没有发现的问题；另一方面是相关领域法规制度不健全不完善的问题，特别是河湖、水资源领域违法案件多发频发，说明在采砂管理、河湖水域岸线管控、水量分配、水权、生态流量监管等方面相关管理制度建设最为薄弱。因此，新时期推进流域水治理，要重点围绕河湖生态、水资源管理等领域存在的顽固性、普遍性、长远性问题，深入分析问题产生根源，有针对性地完善有关管理制度，强化监管措施手段，推动流域水事秩序管理法治化、规范化（郭书英，2018）。

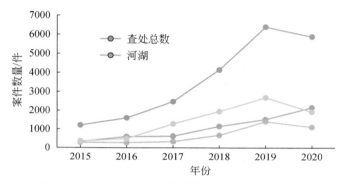

图 7-1　2015～2020 年京津冀水事违法案件数量变化

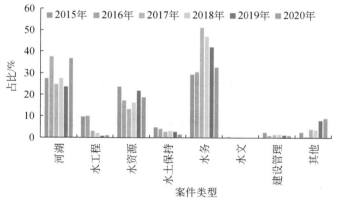

图 7-2　京津冀各类型水事违法案件占比

7.3　水治理总体思路

立足海河流域水治理现状，适应新形势新要求，提出新阶段推进流域水治理能力提升战略的指导思想、基本原则和总体目标。

7.3.1 指导思想

贯彻落实党的十九大和十九届二中、三中、四中、五中全会精神以及习近平总书记系列重要讲话精神，立足新发展阶段，落实新发展理念，构建新发展格局，坚持"节水优先、空间均衡、两手发力、系统治理"治水思路，按照推动新阶段水利高质量发展的部署要求，坚持流域管理与行政区域管理相结合，强化流域统筹规划和综合协调，进一步理顺流域与地方各部门涉水职能；坚持系统治理和行业治理相结合，立足山水林田湖草是一个生命共同体，强化水利部门的行业治理职能，推进有关部门协同治理；坚持政府主导与利用市场机制相结合，加强流域管理制度机制创新，构建完善的流域水治理综合性政策体系和协同机制；强化社会管理和服务能力建设，推进数字海河建设，鼓励社会力量参与水治理；逐步建立并完善具有流域特色的水治理体制机制，全面提升流域水治理能力和水平，为流域高质量发展提供坚实的水安全保障。

7.3.2 基本原则

一是坚持因地制宜。立足河情水情，充分考虑流域实际和水治理对流域可持续发展的至关重要性，遵循水的自然规律，遵循社会发展规律，统筹考虑新老水安全问题。

二是坚持依法治理。充分发挥政府作用，坚持依法治水，建立健全流域法规政策制度体系，推进流域水治理机构、职能、权限、程序、责任法定化，明确利益相关方之间的权利义务关系，有效调节各种社会关系和协调复杂利益诉求。

三是坚持协同高效。严格履责尽责，促进职能边界清晰、责任明确，尽量减少交叉，降低行政成本，提高行政效能；建立高效的部门协调机制，促进水资源统一管理与专业管理、流域管理和区域管理有机结合；建立制度化的参与机制，拓宽参与渠道。

四是坚持系统观念。立足山水林田湖草是一个生命共同体，上中下游、左右岸、干支流步调一致，统筹流域兴利和除害、水资源开发利用与生态保护等，促进政府和社会良性互动、政府和市场协同发力。

五是坚持改革创新。以产权改革和水价改革为重点，充分发挥市场在资源配置中的决定性作用。推进智慧水利系统建设，发挥水利科技作用，促进建立现代化的水利管理体系，提高流域水治理能力，增强水利发展动力和活力。

7.3.3　总体目标

从法规制度、体制机制、基础服务能力建设等方面，分 2025 年和 2035 年两个阶段，分别提出近期和远期目标，并对 2050 年目标进行展望。

到 2025 年，流域水治理制度体系进一步完善，水治理能力明显增强。流域与区域水治理目标责任体系进一步明晰，协商协作、公众参与、监督管理、应急处理机制基本健全，流域管理与行政区域管理结合的协同治水管水能力明显提高。流域水治理法治体系进一步完善；以河长制湖长制为载体的河湖管护责任有效落实，涉水生态空间管控制度基本建立，以京津冀为重点的地下水监控管理体系基本健全；流域水资源刚性约束制度体系得到建立，节水型生产和生活方式基本形成，水资源节约利用效率和效益达到全国领先、世界先进；水旱灾害风险防控机制基本健全，预报、预警、预演、预案能力明显增强；水利工程良性运行机制进一步完善；水权、水价、水流生态保护补偿等重点领域改革取得实质性进展。流域水利科技创新能力和人才队伍素质明显提高，水利数字化、网络化水平和重点领域智能化水平明显提升，社会管理和公共服务水平明显提高。

到 2035 年，基本建成与实现社会主义现代化进程相协调、与流域经济社会发展相适应的水治理制度体系，流域水治理能力显著提高。流域管理与行政区域管理相结合的流域管理体制更加健全。水治理体制机制进一步理顺，广泛、高效、多样的合作机制和参与渠道逐步完善。推动流域综合管理和协同治理的管理制度、配套法规政策体系基本完善。支撑流域水治理的监测、执法、科研与技术创新体系基本健全，流域水安全保障智慧化水平大幅提高，社会管理和公共服务水平显著提升。

到 2050 年，建成与全面实现社会主义现代化强国相协调的决策科学、调度精准、运行高效、管理规范、服务专业的流域水治理制度体系，流域水治理能力和水平全面提升。

7.4　水治理战略举措

立足海河流域治理现状与面临的形势，根据海河流域水治理能力提升的总体思路，针对体制改革、机制建设、制度建设、基础服务能力建设等方面，研究提出新阶段推进海河流域水治理能力提升的战略举措。

7.4.1　完善流域管理体制机制

海河流域地跨八省（自治区、直辖市），大部分河流为跨省河流，部分重要的地下水水源地也位于省界地区，水事关系错综复杂。应坚持系统治理的思维，结合海河流域实际和管理需求，在流域层面上建立健全水治理体制机制，妥善解决流域上、中、下游间、左右岸间、干支流间、各利益相关者间的资源和环境问题。

1. 完善流域管理体制

进一步明晰流域水治理总体目标与地方管理子目标，包括水源地的保护、地表水和地下水、本地水和外调水、上游和下游用水、内陆与近海水域管理等，强化区域管理职能、细化流域分区施治等方面明确要求，实现流域水生态文明，从根本上解决流域水资源保护管理中的跨行政区域管理难、监督难、协调难等问题。研究制定流域与区域事权划分方案，明确流域各级政府的流域管理事权划分。按照事权与财权对等的原则，突出目标控制与属地管理，明确流域上中下游、左岸右岸权责，适当调整流域机构事权，发挥好流域管理的重要职能。

2. 推动建立海河流域统一协调机制

由国务院领导任组长，成员包括水利、发改、财政等有关部门，以及最高人民法院、人民检察院、海河流域各省（自治区、直辖市）政府、海河水利委员会。主要职责是统一指导、统筹协调海河流域水资源开发利用保护、防洪安全保障、生态环境治理等工作，审议海河治理重大政策、重大规划，协调跨地区跨部门重大事项，督促检查海河治理重要工作的落实情况。

3. 健全公众参与机制

加强制度保障及宣传引导，在流域水治理的各个层面和环节引入公众参与，发展多种形式的参与活动。一是畅通公众参与渠道，在流域规划或政策的制定过程中，通过召开听证会或发放公众意见调查表等形式，广泛征求公众的意见；通过设立河湖监督员、民间河长，以及制定以奖代补、村民自治等激励政策，引导和鼓励群众积极主动参与水治理。二是鼓励建立各层面各种形式的用水者协会，建立公众参与的组织平台和制度平台，为促进流域与公众的有机连接搭建桥梁，促进公众更好地参与流域水治理。三是完善流域信息公开机制和平台，加强综合性流域信息发布平台建设，促进各种流域信息及时发布，实行重大涉水政策法规、项目审批、案件处理等政务公告公示制度，扩大公众知情权。

4. 健全应急处理机制

一是建立极端水旱灾害应急处理机制。加强流域机构与各地方水行政主管部门的沟通协调，构建超标准和极端暴雨、洪水、风暴潮、重大工程失事洪水以及极端干旱事件情景，开展各类情景的桌面推演，编制完善海河流域主要河流防御超标准洪水方案、干旱防御方案，制定发生极端灾害情况下的水库、水闸等工程联合调度方案和河道、蓄滞洪区运用应急方案。二是建立起由海河水利委员会牵头，有关省（自治区、直辖市）参加的省际纠纷和重大突发事件应急处理机制，明确应急工作机构，落实预防和响应机制，以省际水事矛盾多发的漳河上游、蓟运河、拒马河等河流为重点，制定重大省际水事纠纷应急处置预案、重大水事违法案件应急处置预案和应对群体性突发事件应急预案。

7.4.2　健全流域法规制度体系

在目前法律法规制度框架下，根据海河流域自身特点以及水治理面临的新情况、新问题，着重加强流域法规建设，强化河湖长制、建立和完善流域水资源刚性约束、节水制度政策、河湖生态环境保护等制度体系，为推进流域水治理能力提升提供制度保障。

1. 强化流域法治建设

一是完善流域法规保障。积极推进海河流域节约用水、水资源配置调度、地下水管理、河湖生态用水保障、河湖管理等方面水法规建设，强化法规刚性约束。针对河湖水域、水资源管理等违法纠纷案件多发频发的领域，加快制定海河流域水资源调度、地下水开发利用监督、河道采砂等领域管理办法。修订完善《海河独流减河永定新河河口管理办法》，制修订潘家口、大黑汀、岳城水库管理和保护，以及漳卫新河等主要入海河口管理办法和规章，修订完善取水许可、跨省河流水量调度、水工程建设规划同意书、涉河建设项目管理、洪水影响评价等行政审批管理办法，为水行政执法和流域涉水活动监管提供法规依据。二是建立健全常态化执法机制。强化日常巡查，建立健全举报机制，实现早发现、早制止、严查处。推进流域与区域、区域与区域、水利与公安等部门联动联合巡查、执法，建立省际边界河流水行政联合执法与巡查制度，加强省际协同配合和联防联控，形成执法监管合力。完善水行政执法与刑事司法衔接机制，严厉打击各类水事违法行为。

2. 强化河长制湖长制

一是进一步完善相关工作制度。利用好河长制湖长制重要平台，强化河长湖长履职尽责，制定完善履职规范，创新履职方式，探索建立有效工作方法，着力推进河（湖）长制工作的规范化、制度化。二是完善河湖长制联席会议制度。研究建立流域省级河湖长联席会议制度，完善流域管理机构与省级河长办协作机制，通过实行联合会商、联合巡查、联合执法、信息共享，因地制宜推进跨界河湖联防联控机制，形成上下游联动、左右岸协同、干支流协调的跨界河湖治理保护格局。三是加强河湖执法监管。指导推动各地方建立完善"河湖长+"机制，加强部门协调联动，推进行政执法与刑事司法相衔接。指导各地加强河湖日常巡查管护，探索创新河湖巡查管护市场化机制，因地制宜设立巡（护）河员公益岗位，着力打通河湖管护"最后一公里"。强化河湖长制工作信息化管理。

3. 建立水资源刚性约束制度

以建立健全最严格水资源管理制度为基础，突出抓好流域水资源刚性约束指标确定、承载能力评价、水资源论证、取水许可等制度建设。一是建立水资源刚性约束指标体系。明确海河流域重要河流基本生态流量，健全用水总量管控指标体系，加快完成流域内跨行政区江河流域水量分配。以县级行政区为单元确定地下水可用水量，建立地下水管控预警机制。推动非常规水纳入水资源统一配置。二是严格落实"四定"。严格流域规划水资源论证，充分发挥水资源在区域发展、相关规划和项目建设布局中的刚性约束作用。强化节水标准的约束作用，新建、改建和扩建项目不满足节水标准要求的，审批机关一律不得批准。三是建立健全水资源承载能力评价制度。以县域为单元定期开展流域水资源承载能力评价与复核，科学评价并提出不同区域城镇发展、人口规模、土地利用、产业布局等方面的水资源承载能力控制上限。建立水资源承载能力监测预警机制，加强对京津冀协同发展水资源水环境承载力约束情况的监管。四是开展海河流域水资源刚性约束考核，将考核结果作为地方高质量发展综合绩效评价的重要内容。

4. 建立健全节水制度政策

一是建立健全初始水权分配和交易制度。将用水总量控制指标尽快落实到各河段、湖泊、水库和地下水等各类地表水源与地下水源，通过对区域可用水量进行批复的方式，确认区域取用水权益。完善用水权市场化交易制度，研究制定海河流域加强用水权交易市场建设指导意见、用水权交易平台监管办法等政策性文件。二是健全节水监督管理制度。根据强化用水总量控制的要求，严格实行计划用水和节水"三同时"管理制度。深入推进工业节水减排和城市节水降损，削减超采区地下水开采量，以京津冀地区为重点，进一步加大缺水地区非常规水利用，推动非常规水源纳入水资源统一配置。加快构建多层次节水定额标准体系，推动京津冀地区制定严于国家标准的地方强制性节水标准。三是建立健全政府节水工作责任考核制度。推进海河流域各省份将节水纳入经济社会发展综合评价体系，地方各级人民政府对本行政区域节水负总责，严重缺水地区要将节水作为约束性指标纳入当地党政领导班子和领导干部政绩考核。四是建立节水激励机制。加大节水产业扶持和市场培育力度，充分调动企业节水的主动性和积极性，扩大节水企业税收优惠范围。

5. 完善流域水流生态保护补偿制度

一是探索建立水生态产品价值实现机制。建立定期、可靠的水生态产品普查制度，全面系统了解不同类型水生态产品基底现值及其变化，加强水生态产品价值理论、核算方法和实现路径研究，深度挖掘和创新水生态产品的价值体系。二是鼓励地方加快建立多元化横向生态补偿机制，积极探索对口协作、产业转移、人才培训、共建园区、购买生态产品和服务等方式，推动补偿方式的市场化、多元化。三是积极探索流域横向水生态补偿实践，充分结合京津冀协同发展国家战略，永定河流域综合治理与生态修复工作等，积极牵头开展永定河流域横向水生态补偿试点工作，总结成效和经验，适时在海河流域内其他地区进行推广。

7.4.3 加强基础服务能力建设

1. 加强数字流域智慧"四预"建设

按照"需求牵引、应用之上、数字赋能、提升能力"要求，以推动信息技术和水利业务深度融合为主线，以网络安全为底线，综合运用物联网、大数据、云计算、数字孪生、仿真模拟等信息技术，加快数字海河建设。以河系为单元，充分运用3S技术，构建海河数字孪生流域模拟仿真平台，建立健全流域监测体系和大数据中心，开展智慧化模拟，构建智能业务应用系统，建设流域智慧调度中心，以水旱灾害防御、水资源管理和优化配置为重点，建立预报、预警、预演、预案"四预"体系，实现数字化场景、智慧化模拟、精准化决策，大幅提升流域智慧化管理水平。

2. 推进水利科技创新

以充分发挥创新驱动、提升流域水利科技含量为目标，联合有关科研院所、高校、企业等创新主体，整合提升技术力量，推动成立京津冀水科学技术协同创新中心。开展京津冀协同发展水安全等重大战略和重大技术联合攻关，加强基础和应用基础研究。加大科技投入，多方开辟经费渠道，加大科技推广的资金扶持力度，制定有效的制度与办法，加大水利科学技术普及力度。加强相关行业的科技交流与合作，流域和地方科技力量的交流与合作。加强国际合作交流，不断提升流域水利科技国际影响和地位。

3. 强化人才队伍建设

创新人才培养机制，制定科学合理的人才培养计划和使用管理办法。通过科技计划支持、改善科研条件、派出进修培训和国际学术活动等形式,切实加强高层次水利科技人才的培养与选拔工作。推动创新型人才培养和创新团队建设,推进人才结构调整。完善人才交流机制,多渠道、多层次推动人才交流,加大基层实践锻炼和研修培训力度。加快建设结构合理、德才兼备、业务精湛、创新能力强的高层次专业化技术人才队伍,造血输血并重提升人才队伍质量。

第8章 海河流域水治理综合战略建议

建议一：控总量、优结构、提效率，持续强化水资源需求管理

2020 年海河流域人均用水量 247m³，万元 GDP 用水量 34.7m³，万元工业增加值用水量 15.7m³，农田灌溉亩均水量 170m³，整体处于国内外较先进水平。但是流域内各地区差距较大，节水不均衡问题依然明显。从用水结构上看，除北京市外，其他省（自治区、直辖市）粮食播种面积占比均在 75% 以上，农业用水占比仍然较高。工业方面，高用水行业产值占比接近 60%，对水资源的依赖性仍然较高（石羽佳等，2022）。为适应海河流域水资源紧缺条件，需要深度加强全流域、全行业水资源需求管理。

一是适水控制灌溉面积和城市规模两大总量。根据水资源承载能力和国土空间规划，合理确定发展布局和规模，研究制定阶段承载上限。地下水严重超采区，综合协调地下水压采、粮食安全等国家战略目标，严格控制灌溉面积和高耗水作物种植面积，以地下水采补平衡和适当修复为目标，实施轮耕休耕制度。坝上区域要以建设首都水源涵养功能区和生态环境支撑区为目标，有序退减水浇地面积，压减地下水开采量。加强城镇绿化节水，科学实施山区植被修复，量水而行，适地适绿。

二是持续优化产业、种植、贸易和消费四大结构。严控水资源开发利用强度，合理确定经济布局和结构，改变"重工业+生产性服务业"的产业布局，以"高端制造+科技创新"为方向，优化产业结构。以减少高耗水作物和蔬菜比例为重点，优化种植结构。以加大水资源密集型产品输入、管控高耗水产品输出为路径，优化贸易结构。以积极倡导推进绿色消费为抓手，优化消费结构。

三是深度挖掘生活、工业和农业三大行业节水潜力。除传统节水工作外，需要深度挖掘各行业节水潜力和节水模式。农业要由高产灌溉模式转向高效率用水模式，大力推广关键期灌溉、最小灌溉制度，以小幅度单产损失换取大幅度水分利用效率提升。工业要充分推广应用先进技术与工艺，以颠覆性节水技术研发与推广应用为主实现跨越式发展。生活要实现从终端用户龙头到水厂源头全过程节水，推广建筑内部分质供水循序利用技术和新型节水器具的使用。

四是重点加强再生水和海水两大非常规水源利用。落实《关于推进污水资源化利用的指导意见》，科学设定流域污水资源化利用总体目标，根据不同地区经济社会发展水平、水资源开发利用情况，核定再生水利用配额，推动流域内各省（自治区、直辖市）污水资源化利用工作。督促沿海地区制定海水淡化产业发展专项规划,推进高耗水产业逐步向沿海布局,提升海水淡化供水保障水平,扩大工业园区海水淡化利用规模,拓展淡化利用技术应用领域,健全海水淡化产业相关领域的政策法规。

建议二:以地下水系统健康为目标,加强"量-位-质"立体化修复

海河流域是我国乃至全世界地下水超采最严重的区域,平原区几乎全部超采,超采面积和超采量占全国的40%以上。根据地下水位变化估算,1960~2019年海河流域平原区浅层地下水位累计超采达869亿 m^3;考虑地下水越流补给和侧向径流,基于地面和 InSAR 观测地面沉降体积,估算深层地下水累计超采756亿 m^3,海河平原地下水累计超采达1625亿 m^3,可恢复的地下水超采量为1067亿 m^3。2014年地下水超采综合治理以来,北京市和天津市地下水超采整体已经遏制,河北省地下水位下降趋势得到初步扭转,但是长期累计超采量巨大,治理修复也不是短时间可以完成的。需要在现状地下水超采综合治理基础上,以实现地下水系统健康为目标,加强地下水"量-位-质"立体化、持久化修复(刘蓉等,2022a)。

一是明确"健康地下水位"目标。海河平原是强人类活动地区,地下水位的恢复目标不仅需要考虑自然生态,也应考虑人类活动和社会发展的需求。建议应该在保障生态健康的基础上,最大限度支持当地社会经济发展。"健康地下水位"理念是以保障生态健康为导向,以地下水获得最大补给为基础,以降低对社会经济发展用水影响为要求,由一系列不同类型地下水位服务功能目标构成,是一个随时间变化的空间分布式复合型地下水位修复目标。

二是高度重视地下水治理的持久性。近年来,得益于持续大规模地下水超采治理投入、南水北调中线生态补水、黄河引水条件较好和流域降水相对较丰沛,治理效果已逐步显现,北京市平原区浅层地下水累计回升3.72m。但地下水与地表水相比响应速度慢、修复周期长,国外通常以10年为单位评估地下水治理效果。此外,前期修改的水利和农田水利等设施,随着时间的推移维护成本会逐渐上升,中东部平原深层地下水超采仍未系统解决,地下水治理仍面临众多困难,因此将地下水治理纳入长期发展规划,持续性投入。

三是将地下水健康修复作为南水北调后续工程目标。但是地下水治理效果研究表明,现状水资源格局下,海河平原区难以实现持久性采补平衡,受降水丰枯和南水北调补给量影响较大。要实现采补平衡和健康修复,南水北调东中线后续工程生态补水和水量置换极其关键,需要作为后续工程的重要调水服务目标。

四是完善机井管理,加强地下水储备。健全地下水井封管机制,实行地下水机井动态跟踪、分类管理,结合华北地区地下水超采治理工作,重要水源井封而不废,保证应急状态下正常启动。实施地下水战略储备,太行山前平原呈近南北向条带状分布,构成巨大的山前淡水含水体系统,可作为水资源地下调蓄空间。

五是防控地下水安全系统风险。沿海地区长期过度开采地下水造成海水向内陆淡水入侵，造成水质咸化，应严控深层地下水开采，防止海水入侵。地下水开采导致地面沉降危害巨大，从 20 世纪 70 年代开始，海河平原开始广泛开采利用地下水，地面沉降问题越来越突出，影响建筑物安全，甚至压缩疏干含水层，给生产和生活带来很大影响。近年来海河流域平原区地下水，特别是浅层地下水遭受了一定程度的污染，工农业生产活动产生了大量废弃物，其可溶与淋失部分若进入地下水，则会造成地下水水质降低。建设地下水动态监测预警系统，实时跟踪评估地下水位现状和变化趋势，识别地下水回补过程中可能形成地下水水质安全风险。

建议三："本地水–外调水–再生水"三水互补，促进河湖湿地生态复苏

海河流域存在河道断流、湖泊湿地萎缩、河流连通性低、水质较差、水生生物多样性低等问题，归根结底主要是由河湖生态水量不足造成的（缪萍萍等，2020）。全国十大一级区 400 个代表性断面（其中海河流域 53 个）生态基流达标现状评价表明，海河流域近 10 年平均达标率仅为 32.3%，年均不达标天数 103 天，平均破坏深度 59.3%，均为全国最差水平。鉴于海河流域社会经济发展态势和水资源条件，只有通过"本地水–外调水–再生水"三水互补，才有可能从根本上解决流域生态水量不足和河湖退化问题，实现河湖逐步复苏。

一是实施山前水库生态基流保障行动。针对山前水库，建立水库生态水量泄放设施与生态调度机制，保障生态基流。非天然断流河流或河段，应制定贯穿全年的基流目标；枯水期断流的季节性河流，应制定非枯水期基流目标。需要考虑水库建设前后天然和现状下泄流量，开展分区分类的生态基流目标制定，同时建设完善水库生态基流泄放设施与生态调度机制，保障生态基流。近期以流域生态基流占比最小值控制，枯水期 6%，非枯水期 9%；远期以推荐值控制，枯水期 10%，非枯水期 17%。

二是实施海河流域生态水量提升行动。加强用水总量控制和水量分配，发挥水资源最大刚性约束作用；加强南水北调东中线生态补水，切实提升流域生态水量、入海水量保障程度。在保障生活用水的基础上，考虑水资源调配可能性，结合天然和当前实际水文过程，科学制定河流年生态水量占断面多年平均天然径流量比值的分区分类阈值。比较发现，在高人类活动影响下，海河流域小站（集水面积 <2000km²）生态水量占比阈值为 38%，中站（集水面积 2000～10 000km²）为 42%，大站（集水面积 >10 000km²）为 50%。在保障陆面河湖生态健康的同时，根据河口生态需求，增加入海水量。

三是实施城市用水清水退河和再生利用行动。城市退排水是流域平原区河湖的主要水源，实施清水退河和再生利用是解决平原区河湖水质不佳和生态水量不足的重要手段。一方面要大力完善废污水收集管网，提升废污水收集率和进场浓度；另一方面要提升污水处理厂处理能力和出水水质，逐步推行推广 IV 类和准 IV 类水排放标准。此外，优化城市湿地格局和功能，充分发挥湿地的尾水净化作用；加强再生水回用，建立再生水利用补偿补贴机制等。

四是实施河湖横向与立体连通性提升行动。海河流域鱼类特有种仅 8 种，在全国十大一级区里面最少，鱼类资源保护问题并不突出。但海河流域位于"东亚—澳大利亚"候鸟重要迁徙路线上，候鸟栖息地和迁徙路径是流域水生态保护重点，对流域河湖湿地的横向和立体连通性要求高。因此要加大干支流河漫滩、洲滩、湖泊、库湾、岸线、河口滩涂等生物多样性保护与恢复，提升江河与附属湖泊、湿地之间横向连通性；加强湿地网络格局恢复，提升流域水域湿地面向候鸟栖息迁徙的立体连通性。

建议四：防控山丘区径流进一步衰减，保护极为有限的地表水资源

海河是全国十大一级流域中地表水资源衰减最剧烈的流域，与第一次水资源评价期相比，2000 年以来海河流域地表水资源减少了 166 亿 m³，超过南水北调中线一期工程向京津冀规划调水量的 3 倍，超过京津冀用水总量的 60%，其中山丘区水资源减少 124 亿 m³，占减少总量的 75%（杨永辉等，2018）。未来水资源若进一步衰减，将严重威胁流域供水安全和生态安全，并且会极大地对冲抵消巨额投资建设的引调水工程，付出高昂的社会成本和发展代价。为防控山丘区径流性水资源进一步衰减，建议如下：

一是优化海河流域山丘区治理模式，保护极为有限的径流性水资源，控制持续性衰减趋势。水的命脉在山。过去 30 年，海河流域山丘区水土流失治理成效显著，植被覆盖率显著提升，绿色屏障不断稳固，但未来治理工作中要增强多功能协同和精细化管理，既要维护山丘区健康优美的生态环境，又要保护极为有限的径流性水资源。①要坚持以水定绿，量化水资源的植被承载力，以雨养、节水为导向，宜林则林、宜草则草、宜荒则荒；②要坚持近自然修复，保护好现存的天然植被，生态修复以天然更新、自然生态恢复或人工促进天然更新为主；③要坚持山水林田湖草沙多功能统筹协调，综合考虑包括产水功能在内的各种服务功能来规划设计森林覆盖率、植被与土地利用结构和空间格局。

二是加强海河流域山丘区农业节水，大力推广低耗水种植和灌溉模式，维持合理的进入下游平原地区的径流性水资源，实现山丘区与平原区统筹兼顾。目前华北地区地下水超采综合治理主要聚焦在平原区，对山丘区农业节水考虑较少。海河流域地表水主要产自山丘区，必须实现山丘区与平原区统筹治理，维持合理的进入下游平原地区的径流性水资源，才能长久有效控制平原区地下水超采问题。为此，需要合理规划山丘区（包括坝上地区）农田灌溉面积，推广低耗水种植模式和灌溉方式，鼓励旱作雨养，发展滴灌、微灌等高效节水灌溉，避免过度建设蓄水池、集水窖等拦蓄设施，控制大规模蔬菜生产供应基地的规模，同时要加强生态补偿力度，切实保护农民利益。

三是在南水北调东、中线后续工程规划论证中，需要充分考虑海河流域水资源进一步衰减的影响，确定适宜调水规模。为落实 2021 年 5 月 14 日习近平总书记在推进南水北调后续工程高质量发展座谈会的讲话精神，国家相关部门正在抓紧开展南水北调东、中线后续工程规划论证。急需考虑海河流域水资源急剧衰减的事实，优化调整现有规划论证方式，除了传统的预测未来水平年受水区合理经济社会与生态环境用水需求，还必须充分考虑流域水资源量进一步衰减的影响，在供需双向合理预测分析的基础上，研判受水区需调水量规模和布局，才能实现健康的流域水平衡，保障海河流域水资源安全。

建议五：以优化南水北调东中线后续工程布局为核心，完善现代水网格局

京津冀水网是典型的自然-人工复合水网，以天然水系为动脉，以南水北调东中线工程、万家寨引水工程、引黄入冀补淀等国家级调水工程为静脉，以地表水库和湖泊湿地为调蓄节点的复杂水网体系。优化完善京津冀四区一带、三纵七横的现代水网格局，对京津冀地区经济社会可持续发展、地下水压采、水环境水生态功能提升等具有重大意义。

一是优化南水北调东线后续工程规模与线路。东线工程建设通水以来，全线增供水量消纳率最高的年份不足 20%，资产闲置问题突出，充分利用东线一期工程穿黄隧洞 $100 \text{m}^3/\text{s}$ 的供水能力，近期充分挖掘海河流域供水能力，缓解地下水超采问题。后续工程需要北延到北京，构建首都双源保障的稳定格局，同时建议比选论证经白洋淀进京方案，在作为北京和天津重要后备保障水源的基础上，充分发挥东线后续工程的生态效益，串联白洋淀、衡水湖、永定河等重要河湖湿地，可向滏阳河、大清河、永定河等平原河网水系自然补水；自流覆盖范围更广泛，与南水北调中线、引黄入冀补淀等工程联动作用更强，更有利于构建多元互补的京津冀水资源保障网；可为千年大计雄安新区的供水保障和生态宜居的城区建设提供稳定可靠的水源保障（赵勇等，2022c）。

二是南水北调东中线工程效益北延滦河流域。无论是已经通水的南水北调东、中线一期工程，还是后续工程原有规划，受水区最北端只供水到北京市，受水范围并不包括滦河流域。但 20 世纪 80 年代初建设的引滦入津工程，为南水北调受水区和滦河流域建立了工程联系，如果能够整体优化南水北调工程受水区和非受水区的水量配置方案，完善滦河水系格局，共享南水北调工程红利，则不需要新增工程措施和资金投入，仅通过引滦水量分配方案的调整，就可将南水北调工程战略效益向北延伸到滦河流域，惠及承德、唐山和秦皇岛等地市，受益人口超过 1000 万人，社会经济和生态效益巨大。具体实施需要在保证天津市供用水安全的基础上，枯水年份滦河水量分配向唐山市生产生活用水适度倾斜，避免出现重大供水危机，并在南水北调东中线后续工程规划方案中，进一步优化水量分配方案，保障滦河流域经济社会高质量发展。

三是南水北调东中线后续工程京津冀调水规模。南水北调东中线后续工程对缓解京津冀地区地下水超采、保障河湖健康、支撑经济社会发展具有十分重要的作用，以 2035 年京津冀需水达到峰值为保障目标，在现状水资源条件下，当南水北调东中线后续工程增调水量达到 29 亿 m^3 时，在保障经济社会正常发展用水需求下，可以实现河湖最小生态需水和地下水采补平衡目标；当南水北调东中线后续工程增调水量达到 36 亿 m³ 时，可以实现河湖适宜生态需水和地下水采补平衡目标（翟家齐等，2022）。如果要实现河湖适宜生态需水和地下水累计超采 50 年恢复到健康水平，则需要东中线调水规模达到 50 亿 m³。如果考虑未来山丘区地表水资源持续衰减影响，建议南水北调东中线后续工程京津冀地区最小调水规模为 46 亿 m³，最大规模为 60 亿 m³，才能实现区域供水安全。

四是增强受水区水资源调蓄能力。南水北调工程通水以来，受水区对引江水的依赖程度越来越高，需要充分利用已有调蓄水库，适当兴建调蓄工程，增强受水区调蓄能力，切实保障供水安全。同时要实施水库汛限水位和旱限水位动态调控，依据已经确定的汛限水位和旱限水位控制值，根据水库工程现状、短期和长期降水预报、来水水文特征及预报等信息，面向常态与应急综合管理需求，强化预报调度、错峰调度，建立动态汛限水位和旱线水位科学测算与决策体系，提升水库综合效率与效益。

建议六：明确新时期水土流失治理目标，探索新阶段治理模式

水土流失防治是改善生态生产、促进民生福祉的系统工程，其目标应随社会发展不断适应丰富，面对新时期社会发展主要矛盾，水土保持既要减少流失面积强度，更要优化生态服务功能、提供生态衍生产品等，单纯强调治理面积不能有力发挥新目标导向。随着水土保持工作的不断推进，海河流域水土流失治理正从单一治理阶段逐渐向系统治理阶段过渡，改变原有水土保持工作更多关注如何减少土壤侵蚀单一目标的不足。

一是研究新时期水土保持方向和重点工作。根据水土流失现状、自然地理条件、经济社会发展水平和趋势，从地形地貌、土地利用和人类活动等土壤侵蚀过程的主要影响因素入手，分析确定水土流失存量中哪些应当治理、哪些不需要治理、哪些可以完全治理（治理后土壤侵蚀强度可降低到轻度以下）、哪些不可以完全治理（治理后土壤侵蚀强度仍在轻度及以上），以及治理后的水土保持效果与水土流失情势，进而宏观研判全区水土流失面积减少阈值。结合当前政策，研究提出海河流域 2025 年、2035 年水土流失面积减少阈值及其阶段目标，探索性提出远期 2050 年海河流域水土流失强度降低阈值。

二是确定水土流失防治阶段目标。2025 年预期水土流失面积 5.37 万 km²、水土保持率阶段目标值 83.24%；2030 年预期水土流失面积 4.65 万 km²、水土保持率阶段目标值 85.51%；2035 年预期水土流失面积 3.91 万 km²、水土保持率阶段目标值 87.80%；2050 年应且能将水土流失率由目前的 20.85% 降至 7.73%，相应允许水土流失面积 2.48 万 km²。

三是探索节水型水土保持模式。未来可以通过构建不同植被和措施的水土保持效益和生态耗水之间的耦合关系，明确水土流失防治效果和水土保持生态耗水的最佳平衡点。选取流域内典型的水土保持植被和措施，在不同地形和气候条件下结合不同的空间布局，对其土壤侵蚀防治效果和生态耗水情况进行研究，筛选出水土保持效果好且生态耗水少的植被、措施类型和空间布局形式。在植被措施方面，优化空间分布格局，提升植被配置质量；在工程措施方面，以调控为主，减少拦蓄，变急流为缓流；在退耕还林方面，应适度而行，以减少水土保持生态耗水。

建议七：常态和应急统筹，针对性完善流域特大洪涝灾害防御短板

海河流域自 1963 以来已有 60 年没有发生全流域的大水，但从洪水发生的规律分析，目前海河流域发生大洪水的概率非常高，防汛形势不容乐观。鉴于流域存在河道防洪治理达标率偏低、重点河段堤防质量不高、重要保护目标尚未达到新调整设计防洪标准、蓄滞洪区工程建设滞后等硬件短板，且洪水预测预报难度大、水库防洪联合调度覆盖率低等薄弱环节，考虑气候变化和经济社会发展新形势、新需求，以"两个坚持、三个转变"防灾减灾新理念为指引，以强化"四预"防范为基础，提出"4+4"完善流域特大洪涝灾害防御短板的措施建议。

一是加强能力建设，做好常规应对措施。①开展重要河段的防洪工程建设。重点提高雄安新区周边新盖房分洪道和赵王新河泄洪能力，推进北运河通州段综合治理，开展通州段下游河道治理。②建设空天地一体化洪水监测系统。加快河源水文监测空白区、太行山和燕山山前平原河道、骨干节点工程的洪水监测站网布局，通过高分辨率航天、航空遥感技术和地面水文监测技术的有机结合，建立流域洪水"空天地"一体化监测系统，实现对流域雨情、河湖水情、工程险情、洪涝灾情等全方位、全过程的实时协同监测和高效处理。③提高洪水预测预报水平。加强流域洪水预测预报技术方法的基础攻关性研究，开展流域下垫面调查，修正现有预报模型参数，修订预报方案，利用实时监测数据实施滚动预报，提高洪水预报精度。④确保蓄滞洪区合理有效运用。根据地形地物变化，及时修订细化蓄滞洪区运用和抢险预案，确保洪水"分得进、蓄得住、退得出"，在保证流域防洪安全前提下，对蓄滞洪区规模和布局进行优化调整。

二是抓好"四预"建设，做好超标洪水应对措施。①坚持"保重点、挖潜力、谋出路、定方案"的总体思路，充分运用数字流域、洪水风险数值模拟、遥感解译等先进技术手段，抓好"四预"建设，以确保人民生命安全为首要任务，尽可能减少灾害损失。②拓展洪水灾害预警服务范围。推动流域–省–市–县等多级洪水灾害预警服务平台的建立，拓展和深化现有洪水灾害预警信息服务，从行业内向与洪水灾害系统相关的社会公众和交通、能源、供水、供电、通信等生命线系统行业全面扩展，形成常态化的专业预警服务机制。③提高洪水灾害预演智慧化水平。在应对超标洪水灾害过程中，充分运用数字化、智慧化手段，根据雨水情预报情况，模拟预演水库、河道、蓄滞洪区蓄泄，实现对洪水演进、防洪工程体系运行、淹没影响等信息的实时动态更新，为工程调度提供科学决策支持。④充分挖潜水工程防洪能力调度超标洪水。研究水库之间、水库与下游注淀之间预报联合调度、超蓄、超泄、主动分洪等非常态调度方法和技术，研究水库调洪库容扩大、河道超泄、主动分洪措施等水工程潜力挖掘技术，推进以大型骨干水库群为核心的水工程联合调度系统建设，修订完善流域水工程联合调度方案。⑤动态修编洪水灾害防御预案。根据防洪形势变化和经济社会发展需求，动态修订流域洪水灾害防御预案。⑥推行基于多情景和多方案的预案编制方法，形成超标洪水预案实时修正和动态调整体系。⑦充分利用风险图成果，细化人员转移预案，做好撤退转移与安置方案。

建议八：完善法制体制机制和基础服务能力，提升流域水治理水平

党的十八大以来，海河流域积极践行"十六字"治水思路，强化流域综合管理和协同治理，流域治水管水水平不断提升，为流域经济社会发展提供了有力的水安全保障。然而，随着经济社会的快速发展和人民群众涉水需求不断提高，流域水资源、水环境和水生态问题愈加凸显，尤其水资源供需矛盾越来越尖锐。与此同时，流域内治水主要矛盾发生深刻变化，人民群众对优质水资源、健康水生态、宜居水环境等方面的需求更加迫切，流域水治理能力和水平已难以完全适应新形势新要求。急需立足新发展阶段，以创新法制体制机制为抓手，建立健全具有海河流域特色的水治理体制机制，全面提升流域水治理能力和水平，为海河流域水利高质量发展提供体制机制法治保障。

一是完善流域管理体制机制。①进一步明晰流域水治理总体目标与地方管理子目标，强化区域管理职能，研究制定流域与区域事权划分方案，明确流域各级政府的流域管理事权划分。②推动建立由国务院领导任组长，水利、发改、财政等国务院有关部门以及海河流域各省（自治区、直辖市）政府、海河水利委员会组成的海河流域统一协调机制，统一指导、统筹协调海河流域水资源开发利用保护、防洪安全保障、生态环境治理等工作，协调跨地区跨部门重大事项。③完善公众参与机制，畅通公众参与渠道，鼓励建立各层面各种形式的用水者协会，完善流域信息公开机制和平台。④建立健全由海河水利委员会牵头、有关省（自治区、直辖市）参加的省际纠纷和重大突发事件应急处理机制，以省际水事矛盾多发的漳河上游、蓟运河、拒马河等河流为重点，制定重大省际水事纠纷应急处置预案、重大水事违法案件应急处置预案和应对群体性突发事件应急预案。

二是强化流域法治建设。①完善流域法规保障。推进海河流域节约用水、水资源配置调度、地下水管理、河湖生态用水保障、河湖管理等方面水法规建设，强化法规刚性约束。修订完善《海河独流减河永定新河河口管理办法》，制修订潘家口、大黑汀、岳城水库管理和保护，以及漳卫新河等主要入海河口管理办法和规章等，为水行政执法和流域涉水活动监管提供法规依据。②建立健全常态化执法机制。强化日常巡查，建立健全举报机制，实现早发现、早制止、严查处。推进流域与区域、区域与区域、水利与公安等部门联动，建立省际边界河流水行政联合执法与巡查制度，加强省际协同配合和联防联控，形成执法监管合力。

三是健全流域管理制度体系。①强化河长制湖长制。利用好河长制湖长制重要平台，健全完善海河流域河湖长制联席会议制度，统筹协调全流域河湖长制工作，强化河长湖长履职尽责，推进河（湖）长制工作的规范化、制度化。②建立水资源刚性约束制度。明确海河流域重要河流基本生态流量，加快完成流域内跨行政区江河流域水量分配，严格流域规划水资源论证，建立健全水资源承载能力评价制度，开展海河流域水资源刚性约束考核，将考核结果作为地方高质量发展综合绩效评价的重要内容。③建立健全节水制度政策。完善用水权市场化交易制度，加强节水监督管理，严格实行计划用水和节水"三同时"管理制度，健全政府节水工作责任考核制度，推动将节水作为约束性指标纳入政府政绩考核。④完善流域水流生态保护补偿制度。建立定期、可靠的水生态产品普查制度，深度挖掘和创新水生态产品的价值体系，鼓励地方加快建立多元化横向生态补偿机制，充分结合京津冀协同发展国家战略，永定河流域综合治理与生态修复工作等，积极牵头开展永定河流域横向水生态补偿试点工作，积极探索流域横向水生态补偿实践。

四是加强基础服务能力建设。①加强数字流域智慧"四预"建设。按照"需求牵引、应用至上、数字赋能、提升能力"要求，以河系为单元，充分运用3S技术，构建海河数字孪生流域模拟仿真平台，建立健全流域监测体系和大数据中心，开展智慧化模拟，构建智能业务应用系统，建设流域智慧调度中心，全面提高流域预报、预警、预演、预案能力。②推进水利科技创新。以充分发挥创新驱动、提升流域水利科技含量为目标，联合有关科研院所、高校、企业等创新主体，整合提升技术力量，推动成立京津冀水科学技术协同创新中心。开展京津冀协同发展水安全等重大战略和重大技术联合攻关，加强基础和应用基础研究。

参考文献

鲍超，贺东梅．2017．京津冀城市群水资源开发利用的时空特征与政策启示．地理科学进展，36（1）：58-67．

鲍振鑫，张建云，严小林，等．2021．基于四元驱动的海河流域河川径流变化归因定量识别．水科学进展，32（2）：171-181．

曹广忠，陈思创，刘涛．2021．中国五大城市群人口流入的空间模式及变动趋势．地理学报，76（6）：1334-1349．

曹晓峰，胡承志，齐维晓，等．2019．京津冀区域水资源及水环境调控与安全保障策略．中国工程科学，21（5）：130-136．

曹寅白，韩瑞光．2015．京津冀协同发展中的水安全保障．中国水利，（1）：5-6．

常奂宇，翟家齐，赵勇，等．2018．基于马尔可夫链的北京市546年来的旱涝演变特征．南水北调与水利科技，16（5）：27-34．

常奂宇，赵勇，桑学锋，等．2022．京津冀水资源-粮食-能源-生态协同调控研究Ⅰ：方法与模型．水利学报，53（6）：655-665．

程晓陶．2018．京津冀协同发展进程中水安全保障的压力与挑战．北京水务，（3）：3-7．

盖美，耿雅冬，张鑫．2005．海河流域地下水生态水位研究．地域研究与开发，（1）：119-124．

宫辉力，李小娟，潘云，等．2017．京津冀地下水消耗与区域地面沉降演化规律．中国科学基金，31（1）：72-77．

郭书英．2018．海河流域水生态治理体系思考．中国水利，841（7）：4-7．

郝春沣，贾仰文，龚家国，等．2010．海河流域近50年气候变化特征及规律分析．中国水利水电科学研究院学报，8（1）：39-43，51．

京津冀协同发展领导小组．2015．京津冀协同发展规划纲要．

康绍忠，杨金忠，裴源生．2013．海河流域农田水循环过程与农业高效用水机制．北京：科学出版社．

郎燕，刘宁，刘世荣．2021．气候和土地利用变化影响下生态屏障带水土流失趋势研究．生态学报，41（13）：5106-5117．

李和平，史海滨，苗澍，等．2008．生态地下水研究进展和管理阈值指标体系框架．中国农村水利水电，（11）：8-11．

刘蓉，赵勇，王庆明，等．2022a．海河平原区浅层地下水位健康修复目标研究．水利学报，53（9）：1105-1115．

刘蓉，赵勇，何鑫，等．2022b．海河平原区地下水累计可恢复超采量评价．水利学报，53（11）：1336-1349．

刘学锋，向亮，于长文．2010．海河流域降水极值的时空演变特征．气候与环境研究，15（4）：451-461.

马梦阳，赵勇，王庆明，等．2023-6-20．海河流域不同等级降水对水资源衰减影响研究．中国农村水利水电．http://kns.cnki.net/kcms/detail/42.1419.TV.20230113.1130.013.html.

缪萍萍，张浩，孔凡青．2020．海河流域水生态环境问题诊断和对策研究//中国水利学会，黄河水利委员会．中国水利学会 2020 学术年会论文集第一分册．北京：中国水利水电出版社．

欧阳志云，郑华，彭世彰．2014．海河流域生态系统演变、生态效应及其调控方法．北京：科学出版社．

裴源生，赵勇，张金萍．2007．广义水资源合理配置研究（Ⅰ）——理论．水利学报，（1）：1-7.

桑学锋，王浩，王建华，等．2018．水资源综合模拟与调配模型 WAS（Ⅰ）：模型原理与构建．水利学报，49（12）：1451-1459.

石羽佳，王忠静，索滢．2022．基于多源数据融合的海河流域降水资源评价．水科学进展，33（4）：602-613.

汪林，董增川，唐克旺，等．2013．变化环境下海河流域地下水响应及调控模式研究．北京：科学出版社．

王道坦，陈太文，张萤雪．2013．海河流域水土保持概况及发展对策．海河水利，（5）：16-18.

王刚，严登华，张冬冬，等．2014．海河流域 1961 年—2010 年极端气温与降水变化趋势分析．南水北调与水利科技，12（1）：1-6，11.

王浩，王建华，贾仰文．2016．海河流域水循环演变机理与水资源高效利用．北京：科学出版社．

王浩，胡春宏，王建华，等．2019．我国水安全战略和相关重大政策研究．北京：科学出版社．

王浩，王建华，胡鹏．2021．水资源保护的新内涵：“量–质–域–流–生”协同保护和修复．水资源保护，37（2）：1-9.

王建华．2014．社会水循环原理与调控．北京：科学出版社．

王磊．2019．气候变化和人类活动对海河流域径流变化的影响．水利科技与经济，25（4）：49-55.

王庆明，张越，赵勇，等．2022a．场次降雨条件下考虑田埂高度的农田产流规律模拟．农业工程学报，38（8）：55-63.

王庆明，张越，颜文珠，等．2022b．海河流域近 30 年不同类型水体面积变化分析//2022 中国水利学术大会论文集（第二分册）：36-43.

王文生．2021-01-22．提升水安全保障能力 助力京津冀协同发展．中国水利报，（01）．

王文生．2022．坚定不移强化流域治理管理 奋力推动海河流域高质量发展．水利发展研究，22（11）：13-16.

王延贵，陈吟，陈康．2020．水系连通性的指标体系及其应用．水利学报，51（9）：1080-1088，1100.

王永财，孙艳玲，张静，等．2014．近 51 年海河流域气候变化特征分析．天津师范大学学报（自然科学版），34（4）：58-63.

严小林，张建云，鲍振鑫，等．2020．海河流域近 500 年旱涝演变规律分析．水利水运工程学报，（4）：17-23.

杨舸．2021．我国“十四五”时期的人口变动及重大“转变”．北京工业大学学报（社会科学版），21（1）：17-29.

杨婧，薛程 . 2022. 海委书写幸福海河新篇章 开启乘势而上新征程 . 中国水利，949（19）：52-55.

杨毅，邵慧芳，唐伟明 . 2017. 北京城市河道生态环境需水量计算方法与应用 . 水利规划与设计，（12）：46-50.

杨永辉，任丹丹，杨艳敏，等 . 2018. 海河流域水资源演变与驱动机制 . 中国生态农业学报，26（10）：1443-1453.

于紫萍，宋永会，魏健，等 . 2021. 海河 70 年治理历程梳理分析 . 环境科学研究，34（6）：1347-1358.

翟家齐，赵勇，赵纪芳，等 . 2022. 南水北调来水对京津冀地区用水竞争力的影响 . 南水北调与水利科技，20（3）：440-450.

张长春，邵景力，李慈君，等 . 2003. 华北平原地下水生态环境水位研究 . 吉林大学学报（地球科学版），（3）：323-326，330.

张建云，贺瑞敏，齐晶，等 . 2013. 关于中国北方水资源问题的再认识 . 水科学进展，24（3）：303-310.

张现苓，翟振武，陶涛 . 2020. 中国人口负增长：现状、未来与特征 . 人口研究，44（3）：3-20.

赵勇 . 2021. 京津冀水资源安全保障技术研发集成与示范应用 . 北京：中国水利水电科学研究院 .

赵勇，翟家齐 . 2017. 京津冀水资源安全保障技术研发集成与示范应用 . 中国环境管理，9（4）：113-114.

赵勇，陆垂裕，肖伟华 . 2007. 广义水资源合理配置研究（Ⅱ）——模型 . 水利学报，（2）：163-170.

赵勇，李海红，刘寒青，等 . 2021. 增长的规律：中国用水极值预测 . 水利学报，52（2）：129-141.

赵勇，王庆明，王浩，等 . 2022a. 京津冀地区水安全挑战与应对战略研究 . 中国工程科学，24（5）：8-18.

赵勇，常奂宇，桑学锋，等 . 2022b. 京津冀水资源–粮食–能源–生态协同调控研究 Ⅱ：应用 . 水利学报，53（10）：1251-1261.

赵勇，何凡，王庆明，等 . 2022c. 南水北调东线工程黄河以北线路优化构想 . 中国工程科学，24（5）：107-115.

中国人民共和国水利部 . 2019. 华北地区地下水超采综合治理行动方案 .